上海社会科学院创新成果丛书

主编 王战 于信汇

海外高层次科技人才流动与集聚问题研究

The Flow and Clustering of High-level Overseas Chinese S&T Talents (Rencai)

高子平 著

上海社会科学院出版社

SHANGHAI ACADEMY OF SOCIAL SCIENCES PRESS

丛书编委会

　　在上海社会科学院创新工程实施三年之际，通过本套丛书集中展示了我院在推进哲学社会科学理论创新中的成果，并将分批陆续出版。在编撰过程中，我们既强调对重大理论问题的深入探讨，也鼓励针对高端智库决策成果中的热点现实问题进行理论探讨。希望本丛书能体现高端智库的研究水平、社科院的研究特色，对国家战略性、前瞻性、基础性问题进行深入思考，也为繁荣新时期中国哲学社会科学理论创新添砖加瓦。

丛书主编

2016 年 11 月 15 日

丛书总序

在中国特色社会主义伟大实践中加快构建中国特色哲学社会科学,既是开创中华民族伟大复兴的思想基础,也是应对当前深刻复杂国际形势的重要支撑。党的十八大以来,以习近平同志为核心的党中央把加快构建中国特色哲学社会科学作为提高治国理政能力、推进国家治理体系和治理能力现代化的战略任务,高度重视、精心部署、全力推动。这也为上海社会科学院新时期的发展提供了目标方向。

理论的生命力在于创新。古往今来,世界大国崛起路径各异,但在其崛起的过程中,无不伴随着重大的理论创新和哲学社会科学的发展。面对新挑战、新要求,中国哲学社会科学特别需要加强理论前沿、重大战略、综合领域、基层实践的诠释和指导能力。作为国家哲学社会科学的重要研究机构,2014年上海社会科学院率先在地方社会科学院实施哲学社会科学创新工程;2015年又成为国家首批高端智库试点单位。上海社会科学院从体制机制入手,以理论创新为突破口,围绕"国家战略和上海先行先试"定位,以智库建设和学科发展"双轮驱动"为创新路径,积极探索,大胆实践,对哲学社会科学的若干重大理论和现实问题开展前瞻性、针对性、储备性政策研究,完成了一批中央决策需要的、具有战略和全局意义、现实针对性强的高质量成果。

用人的需求来看,我国都亟须克服海外人才引进或者研究长期面临的信息不对称的顽疾,充分运用各种现代信息技术手段,加大海外高层次科技人才的信息采集与数据挖掘工作,并辅之以多种形式的海外实证调查,从而为进一步的理论探讨、决策咨询研究等提供最新、最重要的基础数据和实证依据。

近年来,上海社会科学院的高子平研究员带领"海外人才信息研究中心"的各位科研人员,克服了诸多困难,致力于解决上述难题,从最初的专题性动态资料收集着手,在凝聚出一系列主题之后,开始建设专题性的数据库,如海外华人科学家数据库、海外理工科华人教授数据库、海外理工科博士后数据库、海外理工科博士生数据库等,以及海外专业技术社团数据库、海外科技人才引进政策数据库、科技海归数据库等,及时进行严格规范的数据清洗与更新维护,从而逐步形成了分级分类分层次的海外科技人才数据库群。在此基础上,该团队于 2016 年 5 月初步建成了以数据库群为核心的"海外人才大数据平台"。

海外人才大数据平台的建设为最终实现海外科技人才信息采集的及时化与动态跟踪的全覆盖提供了技术支撑,同时也为理论研究、决策咨询研究与社会服务的"三位一体"提供了技术保障。一种独特的研究路径正在逐步形成,并将逐步实现人文学科、社会科学与自然科学的交融与互通,使海外人才研究真正建立在信息科学的理念、方法、技术之上,并产生多种形态的高质量研究成果。

正是在长期的深入研究与大规模信息采集及数据挖掘的基础上,《海外高层次科技人才流动与集聚问题研究》一书将动态数据挖掘与深层次的学理分析相结合,将历史维度的多源流政策分析与前瞻性的顶层设计相结合,将思辨维度的研究范式转型与操作层面的可行性探讨相结合,形成了一种独特的研究思路、方法和路径,在战略设想和政策建议层面提出了一些新议题、新观点,同时,在理论研究和方法论层面提出了一些新角度、新思路。我相信,本书的出版能

序

"盖有非常之功,必待非常之人。"富于时代特征和创新潜能的高层次人才是我国实施创新驱动发展战略的重要保障,也是实现中华民族伟大复兴的重要驱动。2016年5月30日,习近平总书记在"科技三会"上强调指出:"我国科技发展取得举世瞩目的伟大成就,科技整体能力持续提升,一些重要领域方向跻身世界先进行列,某些前沿方向开始进入并行、领跑阶段,正处于从量的积累向质的飞跃、点的突破向系统能力提升的重要时期。"他进一步明确要求"聚天下英才而用之"。这是对新时期人才工作的战略指引,也充分反映了我国经济社会发展对人才的需求进一步增强、要求进一步提高。其中,海外高层次科技人才是不可或缺的一部分。

改革开放以来,随着国家公派及自费留学规模的不断扩大,一批理工科留学人员学成未归,成为了海外高层次科技人才群体的最主要来源,并直接决定了这一群体的结构特征、内部关联及学术网络向度。无论身处何处,这一群体都为中国与世界科技的接轨提供了重要桥梁,也为中国有效延展并有序承接国际科技网络、追赶并赶超世界科技前沿提供了独特渠道。

但是,随着规模的不断扩大,海外科技人才的分布更趋分散,结构更趋复杂,职业意愿及迁移决策也更趋多元化。无论从国内学术界与智库的研究需要来看,还是从主管部门决策以及用人单位选人为这一领域的学术研究与决策咨询研究提供一定的启发,也希望高子平研究员及其团队沿着近年来所开辟的独特研究路径,将海外人才信息研究工作持续深入地推进下去,形成更多更好的研究成果,以飨学界同仁及业界同行,为相关主管部门和引智单位提供决策参考,并为中国人才学的创新发展作出自己的贡献。

谨以为序。

国家人力资源与社会保障部原副部长　　　何　宪
中国人才研究会会长

2017 年 5 月 28 日

目　录

第一章　导论 …………………………………………………… 1

一、海外科技人才的内涵与外延 …………………………… 2

二、海外科技人才队伍的形成与政策演进 ……………… 6

三、研究的主要目的与意义 ……………………………… 16

四、国内外研究现状 ……………………………………… 22

五、调查研究的基本方法 ………………………………… 28

第二章　海外高层次科技人才的分布态势 ……………… 34

第一节　海外华人科学家的分布态势 …………………… 35

一、海外华人科学家的基本结构分析 ………………… 35

二、海外华人科学家空间分布的 GIS 分析 …………… 45

第二节　海外理工科华人教授的分布态势 ……………… 51

一、海外理工科华人教授的基本结构分析 ……………… 52

二、海外理工科华人教授空间分布的 GIS 分析 … 58

第三节　海外理工科博士生(后)的分布态势 ………… 68

一、在美理工科博士生的分布态势 …………………… 68

二、海外理工科博士后的分布态势 …………………… 81

第三章 海外高层次科技人才的流动趋势 ……… 87

第一节 趋势性逆转 ……………………………… 88

一、回流意愿稳步增强：面向海外科技人才的回流
意愿调查 …………………………………… 89

二、回流意愿稳步增强：面向海外理工科博士生
(后)的回流意愿调查 ……………………… 95

三、海外科技人才的滞留率逐步下降 …………… 102

四、回流(来华)人才的结构进一步优化 ……… 104

第二节 块状分布 ………………………………… 106

一、海外高层次科技人才的区域集聚 …………… 107

二、海外高层次科技人才的专业集聚 …………… 110

第三节 层次性提升 ……………………………… 113

一、外籍华人院士规模的逐步扩大 ……………… 114

二、华人科学家国际学术影响力的持续增强：
以脑科学为例 ……………………………… 116

第四节 虚拟集聚 ………………………………… 121

一、Scholers Net 的建立与演变 ……………… 122

二、Scholers Net 的角色与功能分析 ………… 129

第五节 学缘网络的形成 ………………………… 133

一、学缘网络的内涵与特质 ……………………… 134

二、海外校友分会 ………………………………… 136

三、海外专业技术社团 …………………………… 143

第六节 阶段性流动 ……………………………… 147

一、阶段性流动现象日渐频繁 …………………… 147

二、海外科技人才在中外之间的阶段性流动 …… 151

第七节 海外网信人才的崛起 …………………… 155

一、网信人才成为全球追逐的新型人才资源 …… 156

二、基于博士学位论文的海外网信人才数据

分析 ……………………………………………… 162

第四章 海外高层次科技人才面临的突出问题 ……… 168
第一节 科技情报安全问题凸显 …………………… 168
一、海外科技人才在从业过程中遇到的情报安全
问题 ……………………………………… 169
二、海外理工科留学人员面临的科技情报安全
问题 ……………………………………… 172
第二节 海外科技人才与中国科技创新的学术相关度
问题 ……………………………………… 179
一、学术相关性成为海外科技人才与中国之间的新议
题 ………………………………………… 179
二、海外科技人才与中国经济科技之间的学术相关
度偏低 …………………………………… 183
第三节 专业外语交流与"唐人圈"的形成 ………… 186
一、更多的非英语国家成为留学目的地,语言能力
问题引起关注 …………………………… 186
二、少数理工科留学生的语言能力与所在国学术交
流的要求存在差距 ……………………… 187
三、少数海外留学生的语言能力使其难以成为国际
科技交流合作的纽带 …………………… 188
第四节 海外科技人才对我国经济科技发展水平的认知
偏差 ……………………………………… 191
一、海外理工科留学生的自我评价偏高 ………… 191
二、海外理工科留学生对中国本土人才科研(研发)
能力的估计偏低 ………………………… 195

第五章 海外科技人才研究面临的主要问题 ……………… 199

第一节 信息采集工作滞后,数据平台建设滞缓 ……… 199

一、部门分割现象突出,海外人才信息不共享 … 200

二、海外人才信息系统尚未形成,诚信流动体系远
未建立 ………………………………………… 201

三、信息采集的意愿不强,动态跟踪与数据更新工
作滞后 ………………………………………… 202

四、虚假信息时有出现,甄别的难度大、
成本高 ………………………………………… 204

第二节 海外实证调查与国别研究不多,动态信息掌握
不够 …………………………………………… 205

一、海外理工科留学生实证调查工作的缓慢
进展 …………………………………………… 206

二、海外实证调查工作滞缓的主要根源 ………… 207

第三节 沿袭 Brain Drain 研究范式,远未构建中国话语
体系 …………………………………………… 209

一、西方 Brain Drain 研究范式的逻辑困境 …… 210

二、我国沿袭 Brain Drain 研究范式导致的政策
困境 …………………………………………… 215

第四节 专业研究亟待加强,专家队伍仍未形成 ……… 219

一、海外人才理论研究不成系统,政策研究难以满
足决策需要 …………………………………… 219

二、应急式研究风格导致很多成果缺乏全局性、战
略性、前瞻性 ………………………………… 223

三、海外人才领域缺少相对稳定的专业研究队伍和
知名的领军人才 ……………………………… 225

第五节 各类媒体及中介频繁炒作,出现了一些似是而非的
伪命题 ………………………………………… 227

一、夸大新加坡的"向世界借人才"策略,忽视了这一政策的买办性质 …………………… 228

二、曲解印度已经废止的 PIO 卡,虚构所谓的印度"双重国籍"政策 …………………… 231

三、过度宣传被束之高阁的 STEM 法案,臆想所谓的美国"人才强国战略" …………………… 237

四、忽视人力资源统计技术漏洞,夸大出国留学人才的实际规模 …………………… 240

五、混淆留学生与留学人才的差别,夸大顶尖级人才的流失数量 …………………… 245

第六章 "常态化流动周期"的战略选择 …………………… 248

第一节 走出"人才抄底"迷思,审慎迎接"常态化流动周期" …………………… 248

一、国际金融危机:中国正式迎来了国际人才的"常态化流动周期" …………………… 250

二、基于"谨防炒作、谨慎抄底"原则的几点反思 …………………… 259

三、中国的海外人才开始进入"常态化流动周期" …………………… 264

第二节 实现端口前移,改进理工科留学人才培养工作 … 269

一、进一步加强理工科公派学生的专业语言训练 …………………… 270

二、将科研选题作为吸引海外高层次人才回流的重要抓手 …………………… 271

三、帮助海外理工科留学人才提高科技安全意识 …………………… 273

第三节 立足国际人才市场新格局,整合海外科技人才

资源 …………………………………………… 275

一、推进信息采集与动态跟踪,实现信息对称基础
上的供需均衡与市场化配置 ……………… 275

二、补齐国际人才市场服务短板,培育具有中国特
色和全球抱负的国家猎头 ………………… 279

三、设定分类评价标准,提高海外人才引进的透明
度与规范性 ………………………………… 283

四、密切联系海外专业技术社团,拓宽与理工科留
学生的交流渠道 …………………………… 286

五、搭建开放共享的网络平台,促进科技人才的跨
国交流与知识共享 ………………………… 288

六、遵循国际人才市场交易规则,重新设计高层次
人才薪酬体系 ……………………………… 290

第四节 顺应大数据时代发展趋势,柔性集聚海外科技
人才 ………………………………………… 292

一、探索顶尖科学家的团队式(整建制)引进模式
及家庭式引进方式 ………………………… 293

二、实施海外理工科博士生储备计划,推出中国特
色的 STEM 方案 …………………………… 297

三、创设海外研发基地,就地引进和使用海外科技
人才 ………………………………………… 299

四、规范阶段性流动,为各种形式的短期交流提供
便利 ………………………………………… 302

主要参考文献 …………………………………………… 306

第一章

导　论

　　自近代工业革命以来，国际人才流动与集聚经历了几个高峰期，并深刻影响了全球的经济及产业布局。但在不同的"技术—经济"发展周期，人才集聚与产业集聚之间的相互关系有所区别，人才集聚模式和管理方式也存在很大的差异。近年来，随着云计算、物联网、大数据、人工智能（简称"云物大智"）的兴起，一个崭新的时代——大数据时代已经到来。在大数据时代背景下，全球面临着经济形态的系统性转换，而不仅仅是创新驱动、科技发展、社会治理创新、人才开发等层面的问题。就中国而言，平台经济、共享经济、微经济三位一体，逐步构成中国的新经济形态，ICT 产业及其技术的深度应用、制造业的精准化与智能化成为新兴产业发展的核心，产业发展对人才，包括国际人才的需求也相应发生了深刻变化。一方面，高度富集并高效流转的个体数据重塑了人才的价值体系，新兴产业的形态与周期特征深刻改变着人才的知识结构、能力结构、基本形态与集聚指向，只有不能被人工智能所替代的劳动力是人才[①]；另一方面，基于平台指向的柔性集聚重构了人才与产业之间的耦合关系，同步耦合的内在

[①] 高子平：《不能被人工智能替代的才是人才》，相关论述参见《解放日报》2016 年 9 月 26 日《见识》栏目专访《大学毕业生排行：人才能被量化吗》，记者吴越。

需求直接导致国际人才的流动与集聚呈现出一系列新态势,如虚拟集聚、阶段性流动(短期流动)、就地集聚(属地化集聚)、离岸集聚等,组织层面的管理模式也必然会随之改变,并将上升至国家层面的战略转型与政策重塑。

一、海外科技人才的内涵与外延

海外科技人才是我国海外人才库中的核心资源,也是祺祥政变以来最受国内各界关注和期许的海外人才群体。从广义上讲,海外科技人才主要包括三种类型:一是海外理工科留学人才,身为中国公民;二是源自中国、漂洋过海的技术移民,身为华侨抑或华人;三是外籍华裔科技人才,身为外国公民,与中国已无主权意义上的权利—义务关系。从法理上讲,三者并无共通之处。但鉴于中国近代历史演进的特殊进程,民族求存及复兴过程中的东方族裔意识根深蒂固,依据血缘主义理念在三者之间找到了共同点。换言之,三个群体统称为"海外科技人才"的最主要纽带是血缘关系,以及一定程度上的中华文化关联。海外人才的本意就是海外华人人才,海外科技人才就是专指海外华人科技人才。[①] 事实上,"海外"一词本身就是血缘主义的产物,特指中国大陆与中国台湾地区之外的地区,其中中国大陆包括内地、香港特别行政区和澳门特别行政区,也就是说,港澳台地区不属于海外[②]。之所以要进行广义的概念界定,关键在于上述三个群体之间存在角色转换的可能,比如,海外理工科留学人才学成之后滞留海外并申请外国国籍(中国国籍将会自动丧失),则转换为了外

---

① 需要进一步说明的是,海外人才专指海外华人人才,这是在中国自身的语境之下的表达方式,在单独使用该词时,不需要刻意强调"华人"二字;但在与其他类似概念并列使用时,为了避免混淆,需要强调"华人"二字。比如,海外华人工程师与海外印度裔工程师、海外华人科学家与海外韩裔科学家等。这里的"华人"二字强调了族裔属性,以示区别。

② 某些地方部门曾经将港澳台专才引进工作纳入海外人才引进事务范畴,属于原则性错误。

籍华裔科技人才,也称为外籍华人科技人才,再度到中国发展则称为"来华工作"而不是回流(回国发展);外籍华裔科技人才如果放弃了外国国籍,申请获得(或者恢复)了中华人民共和国公民身份,则可以视为科技海归;外籍华裔科技人才如果获得了在华永久居留身份,持有中国"绿卡",则可以称为在华外籍华人科技人才,但不同于科技海归;源自中国的技术移民如果没有申请加入外国国籍,也就是没有放弃中国国籍,则为海外华侨科技人才,回国之后则为科技归侨;源自中国的技术移民如果放弃了中国国籍、皈依了外国国籍,则成为了外籍华裔科技人才,即使再度来到中国发展和生活,也不能成为科技海归,而只能是在华外籍华人科技人才的身份。进行上述界定的三条标准:一是《中华人民共和国国籍法》,二是血缘主义原则,三是国际移民法的相关准则。

从狭义层面来看,海外科技人才主要包括两类:一是海外理工科留学人才,属于中国公民,但不具有华侨身份;二是海外理工科留学人才学成之后滞留海外,申请了所在国的永久居留身份(绿卡)甚至皈依了外国国籍(自动丧失了中国国籍),但通常是针对1949年之后特别是改革开放之后发生的此类情形。可见,狭义层面的海外科技人才是我国现行引才引智政策所能涵盖或者力求涵盖的范畴,在理论上和实践层面均可成为我国公共政策设计及实施的对象。本书主要在狭义层面使用"海外科技人才"概念,亦即即使是外籍华裔科技人才(如海外华人科学家),也必须是1949年之后离开中国,从而

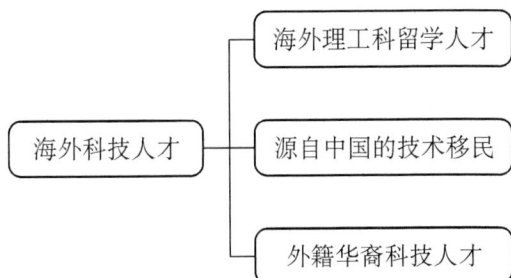

```
                        ┌─────────────────┐
                    ┌───│ 海外理工科留学人才 │
                    │   └─────────────────┘
┌───────────┐       │   ┌─────────────────┐
│ 海外科技人才 │───────┼───│ 源自中国的技术移民 │
└───────────┘       │   └─────────────────┘
                    │   ┌─────────────────┐
                    └───│ 外籍华裔科技人才  │
                        └─────────────────┘
```

图 1-1　海外科技人才的基本结构

有效规避了诸如"马来西亚籍在美华裔科技精英是否纳入政策考量"、"如何区隔新加坡华人科技人才"等议题。

改革开放之后,随着国家公派及自费留学规模的不断扩大,一批理工科留学人员滞留海外,成为了海外科技人才群体的最主要来源,并直接决定了这一群体的结构特征、内部关联及学术网络向度。无论身处何处,这一群体都为中国科技与世界科技接轨提供了重要桥梁,也为中国有效延展并有序承接国际科技网络、追赶并赶超世界科技前沿提供了独特渠道。但长期以来,由于来源地的高度多元化(中国之外,还包括外国本土的华裔如印度尼西亚本土出生的华裔科技精英、国外跨国流动的华裔如马来西亚赴美留学的华裔理科生等),国际学术界、国际移民组织(如 IOM 等)、国际移民法等的界定角度各异,以至于我国学术界、业界及官方文件对于"海外高层次科技人才"的定义也存有不少争议,衡量标准和维度时有交叉、雷同但又不尽相同。

本著作参照国家人事(保)部、教育部、科技部、财政部于 2005 年联合下发的《关于在留学人才引进工作中界定海外高层次留学人才的指导意见》的定义,并根据信息采集和数据挖掘的实际需要,赋予了三个方面的群体性特征:第一是学历高。这与世界科技领域的发展趋势及中国科技的发展层级相一致,具体包括两种情况:获得国外硕士(含)以上学位的公派、自费出国留学人员;在国内获得硕士(含)以上学位或中级以上专业技术职务任职资格并到国外高校、科研机构进修一年(含)以上的访问学者或进修人员。第二是国外背景。我国目前引进的海外高层次人才,通常包括高层次留学人才和外国专家,不涉及港澳台地区,也不涉及非华裔的外国科技工作者。第三是资历深。如在国际学术界享有一定声望的著名科学家;国外著名高校、科研院所担任相当于副教授、副研究员及以上职务的专家;在世界五百强企业中担任高级管理职务的技术管理专家;在国外政府机构、政府间国际组织、著名非政府机构中担任中高层管理职务的科技专家;在国际著名的学术刊物发表过有影响的学术论文,或获得过有国际影响的学术奖励的专家;主持过国际大型科研或工程项目的专家;拥有重大技术发明、专利等自主知识产权或专有技术的专业技术人员。

为了便于进行信息采集和实证调查,本项研究所涉及的海外高层次科技人才是指符合上述标准的理科或工科人才。近年来,随着海外高层次科技人才规模的不断扩大,这一群体的层次性特征日渐显现,并逐步呈现四个较为清晰的群体:一是海外华人科学家(顶尖级海外科技人才);二是海外理工科华人教授;三是海外理工科研修人员,如访问学者、博士后等;四是海外理工科博士生。其中,后两类之间的层级区隔相对不太明显。此外,这一群体还包括一定数量的海外高科技创业者、企业高层管理者及专业化的自由职业者等。为了便于统计分析,本书将上述四个较为清晰的群体作为信息采集与海外实证调查的主要对象。已有研究表明,上述四个群体的流动与集聚态势均在发生深刻变化,比如:海外华人科学家的流动往往会带动一个团队的流动,海外理工科博士生(后)呈现出"块状分布"及"观望性滞留"态势(高子平,2015),海外理工科教授群体按专业形成了全新的学缘网络与阶段性的流动模式等。流向与流量的变化、集聚度与集聚方式的改变等,都意味着迁移决策模式及职业心理的变化,亟待引起相关主管部门及学界、业界的高度关注。

借助于信息采集、问卷调查、参与式观察、远程访谈等诸多实证途径,以及大数据、云计算等诸多现代技术手段,全面洞悉这一群体流动与集聚的态势,不仅可以进一步提高公派出国留学政策的针对性和海外人才引进工作的精准性,从技术层面对"精准引智"进行可行性探索,而且可以为我国在大数据时代实现国内国外两支人才队伍的互联互通提供思路,为促进国内国际两种人才制度的有序衔接提供路径,为充分利用国内国际两种人才资源提供技术支撑。

华人科学家

海外理工科华人教授

海外理工科研修人员
（博士后、访问学者等）

海外理工科博士生

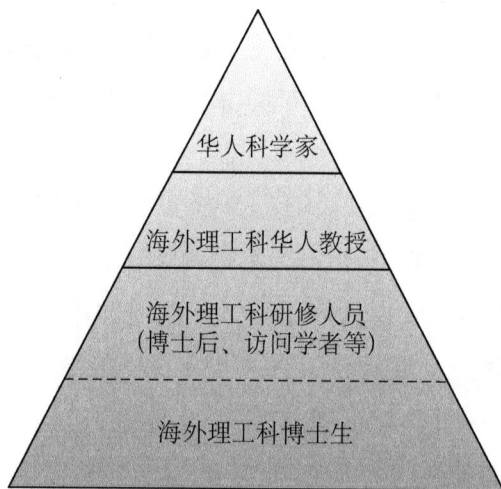

图 1-2　海外高层次科技人才的基本结构

二、海外科技人才队伍的形成与政策演进

自崖山之役以来，由于种种复杂的历史原因，中国的农技和手工艺未能与工商业良性互动，并顺利演进为独立、系统的科学技术，从而与西洋（及明治后的东洋）背道而驰，以致在近代科技勃兴与竞逐过程中，渐趋边缘化。国门洞开后，一个全新的历史命题摆在了面前：到世界科学技术的中心地带虚心学习。由此，大批有志于"师夷长技以制夷"的国人从近代满清版图或其藩属奔赴东洋、西洋，并逐步形成了一定规模的海外科技人才群体。综观这一群体在以往一个多世纪中的演进历程，有三个最基本的特征：一是绝大多数直接来自于近代中国版图之内，并以沿海省份居多；二是形成真正意义上的海外科技人才队伍，是在中国改革开放之后；三是中国本土与东洋、西洋之间的科学技术发展差距不仅始终存在，而且是大批海外科技人才学成不归的根本原因。这就不仅需要通过公共决策过程的跨时空分析，追溯决策依据及政策风险评估过程，而且需要直接从微观层

面进行实证调查,探求政策初衷与政策效应相悖的深层次原因,并准确掌握这一特殊群体的心理需求与未来发展意向。有鉴于此,本项研究开始之前,需要对当前海外科技人才队伍的形成背景与过程进行简要梳理。

(一)学习世界先进科学技术:赴外留学的历史使命

归根到底,中西方之间自近代以来的科技发展持续失衡,既严重威胁到中国原有社会建构的延续性,又危及重新建构的选择空间。通俗地讲,面对与东洋、西洋之间的巨大科技差距,不仅中国的现代化进程受阻,而且国家民族的基本安全与独立甚至成为了头等大事。祺祥政变之后,通过出国留学的方式进入世界知识和科技中心地带,接受所在国的专业学习与训练,逐步成为了南北洋通商大臣及其他执掌大权的地方洋务精英的共识,国家层面的留学政策由此起步。

同治十一年(公历 1872 年),几经周折后,第一批赴美留学生进入美国麻省理工学院和耶鲁大学等学校学习。与此前的容闳出洋不同,这是第一次真正意义上的出国留学教育运动,中国中央政府首次将出国留学视为一种政策选择,并进行严格的行政指导。相应地,这批留学生所肩负的使命,首当其冲的就是要满足以曾国藩、李鸿章、张之洞等人为代表的洋务派的实业之需,学习西方的先进科学技术,造出可以与西方匹敌的坚船利炮,谋求国家民族自强与王朝自保。也正是围绕这一次留学教育运动的展开和发展,传统意义上的中国开启了近代意义上的科学技术事业。此后,虽屡遭国难,但派遣青少年赴洋留学,接受先进科技的教育和训练,这一基本目标始终未变。即使在"卢沟桥事变"之后,国民政府依然维持了在不得汇兑外币前提下的自费出国留学政策。

新民主主义革命胜利后,国家民族命运发生了根本性变化,现代意义上的独立主权国家诞生,但中国的科技事业历经磨难后,几乎成了一张白纸,全国仅存约 40 家研究机构,勉强在岗的科技工作者仅为 1 000 多人。一方面,政务院积极宣传新中国的政策主张,推动大批在欧美地区学有所成的科技人才回国效力,从而形成了近代史上第一个回流高峰。以李四光、严济慈、华罗庚、周培源、钱三强、钱学森、邓稼先等为代表的海外学子心系新生的共和国,克服种种阻挠与艰辛,回国效力,形成了约 3 000 人的海归队伍,成为了新中国当时最主要的一支科技队伍,并与当时在华苏联专家队伍形成了交相辉映的格局,为"一五"时期逐步恢复科技工作及随后的援华项目落实等提供了科技人才保障,更为独立自主地开展各项科研工作、奠定新中国独立自主的科技体系,尤其是国防高科技体系作出了卓越贡献,堪称"建国海归"。同时,尽管特殊的外部环境继续影响着中国留学政策的制定与实施,新中国政府继续推行向先进国家派遣留学人员政策。从 1950 到 1965 年,经过教育部或高教部选拔,共向前苏东地区、朝鲜、古巴等 39 个国家和地区派出留学生 10 698 人,并以理工科为主。据国家高教部留学生管理司 1964 年统计,"理工科占全体留学生的 67.9%"。① 这一部分人才中的绝大多数都在学成之后奉命回国,对新中国科技发展起到了重要推动作用。

但 1966 年"文化大革命"开始后,赴外留学工作完全终止。不仅如此,许多留学回国人员也被戴上"里通外国"的罪名而遭到迫害。1972 年以后,情况略微好转,少数留学人员被派出国学习外语。截至 1976 年底,"我国仅向 49 个国家派遣留学人员 1 629 人"②,主要是学习外国语言或者外事经验等。"文革"十年,全国大约有 300 多种科技刊物停办,对科技领域的破坏和摧残极其严重,导致我国与世界科学技术水平的差距进一步拉大,以至于邓小平当时曾坦承"现在看来,同发达国家相比,我们的科学技术和教育整整相差了二十年"③。

---

① 李滔:《中华留学教育史录》,高等教育出版社 2000 年版,第 487 页。

② 中国教育年鉴编辑部编:《中国教育年鉴 1949—1981》,中国大百科全书出版社 1984 年版,第 980—981 页。

③ 邓小平:《邓小平文选》(第二卷),人民出版社 1994 年版,第 40 页。

（二）改革开放之后：赴外留学政策的形成与完善

历经劫难之后，我国从总体上不仅与发达资本主义国家之间的科技发展差距拉大，而且远落后于当时的苏东地区，从而在整个世界科技领域处于被动状态，并对改革开放造成了巨大压力。1978 年 6 月 23 日，在视察清华大学时，邓小平与国家教委几位负责人谈话，并郑重指出："我赞成增大派出留学生的数量，派出去主要学习自然科学。要成千上万的派，不是只派十个八个。"这一定调对后来的留学生政策有三层含义：一是在审慎分析了中外科技发展差距之后，近代以来的派遣青少年学子赴洋留学政策在国家层面得到重新肯定；二是近代以来赴洋留学的主要目的始终是学习科学技术，或者说，是以自然科学为主；三是要求实现留学生派遣的规模化与常态化，而不是如晚清、北洋、南京政府时期那样，断断续续、稀稀拉拉。以这一宣示为标志，现代中国的大规模派遣学生出国学习国外先进科学技术的大幕拉开了。迄今为止，这一政策先后经历了七个阶段：

第一阶段：1978—1982 年

当时，公派留学的总方针是"在确保质量的前提下，根据国家的需要和可能，广开渠道，力争多派"。1978 年 7 月，国家教委向中央提交了《关于加大选派留学生数量的报告》，扩大派遣留学生的决策对于开创中国的出国留学教育工作具有划时代的意义。在公费留学打开渠道的同时，自费留学的闸门也打开了。1981 年 1 月，国务院批转了教育部等七个部门《关于自费出国留学的请示》，并颁布了《关于自费出国留学的暂行规定》。《关于自费出国留学的请示》中指出，"自费出国留学是培养人才的一条渠道，对自费留学人员和公费留学人员在政治上应一视同仁"。《关于自费出国留学的暂行规定》要求自费出国留学的范围和基本条件是：具有高中或大学文化水平，持有国外亲友负担其出国学习全部费用的保证书和入学许可证者，即可申请自费出国留学。1982 年，中央根据出国留学总体形势的变化，作出了《关于自费出国留学若干问题的决定》,国务院根据中央的政策精神重新修订了《教育部、公安部、外交部、劳动人事部关于自费出国留学的规定》,规定"高等学校的在校本科生、专科生以及高等学校的在校研究生,不准自费出国留学,高校毕业生工作两年后,经批准,才能对外联系自费出国留学"。"属于国外华侨、港澳同胞、外籍华人和归国华侨在国内和内地的子女、亲兄弟姐妹及其子女(配偶),具备自费出国条件的,可不受在校生不准自费留学和高等学校毕业后工作两年的限制。"自此,赴外留学不仅是为了国家的功利而有目的地选择一部分人出国接受教育,而是成为一种对公民受教育权利和机会的保护。留学教育从绝对的国家功利主义桎梏中解放出来,逐步成为公民的一种法定权利,并通过公民自身素质的提高与完善,最后达到服务于公民自己、服务于国家的目的。

1979 年和 1980 年两年共派出的出国留学人员有 3 800 多人,约 3 200 人为进修人员。派遣人数的大量增加使得回国问题浮出水面。"中国出国留学人员的思想意识、思维方式和传统观念逐渐发生了变化,开始出现了一些公派留学人员以种种正当或不正当的理由'推迟'或'不归'的现象;另外,西方国家有意无意地截留中国留学人才的形势也在不断地扩大。"为了改善公派留学人员滞留不归的状况,公派留学人员回国问题和公派留学回国政策制定与改进成为此时工作的重点。比如,1981 年《关于做好留学人员回国工作的通知》重申了政策原则,指出要做好出国进修人员的工作,"进修人员学习年限为 1—2 年,不得攻读学位,学习期满后,不得申请工作"。

第二阶段:1982—1985 年

这一时期的基本方针是强调"解放思想"。1984 年 11 月,国务院召开全国引进国外人才和出国留学人员工作会议,会议提出要"解放思想",克服"左"的和封建社会遗留下来的闭关锁国、因循守旧的思想影响,改革出国留学人员的管理体制,增派留学人员,关心海外学子,改进分配工作,开创出国留学人员工作新局面。值得注意的是,本次会议第一次提出了要改进留学人员回国工作安排的问题。1984年12月26日,国务院颁发了《关于自费出国留学的暂行规定》,重申"自费出国留学是培养人才的一条渠道,也是贯彻对外开放政策、引进国外智力的一个方面",规定"凡我国公民个人通过正当和合法手续取得外汇资助或国外奖学金,办好入学许可证件的,不受学历、年龄和工作年限的限制,均可申请自费到国外上大学(专科、本科)、作研究生或进修";规定"高等院校在校的专科生、本科生和在学的研究生,可以在学校或单位申请自费出国留学,出国后,保留学籍1年";对取得硕士、博士学位的自费出国留学人员(包括由自费转为自费公派留学人员),回国参加工作的,由国家提供回国国际旅费。在国家公派留学人员的类型上,以"派出国攻读学位的研究生为主"。

此外,为了吸引留学人员回国并更好地安置留学回国人员,在一批顶尖级的华裔科学家的建议与支持之下,我国开始试行博士后科研流动站制度,并探索中外联合培养博士的途径,在1986年发布了《关于1986—1987年度资助部分高等学校选派博士生与国外合作培养的通知》。

第三阶段:1986—1989年

这一阶段的基本方针是"按需派遣,保证质量,学用一致"。1986年12月,国务院转发了国家教育委员会《关于出国留学人员工作的若干暂行规定》,即著名的107号文件。这是中国政府第一个公开发表的关于出国留学教育政策的法规性文件。《关于出国留学人员工作的若干暂行规定》明确了派遣留学生政策是对外开放政策的组成部分,必须长期坚持;确定了新的留学方针,即"按需派遣,保证质量,学用一致";国家公派留学人员为大学生、研究生、进修人员和访问学者;公派出国留学人员办理出国手续前,要与选派单位签订"出国留学协议书";对自费出国留学人员,鼓励他们早日学成回国,为祖国经济科技发展服务。

1987年发布的《关于签订"出国留学协议书"的通知》规定了协议

书的内容,包括留学内容、目标、期限、国别、身份、经费(来源及支付方法)以及协议双方各自应承担的义务和享有的权利。"出国留学协议书"的签订,将回国要求提升到了法律的层面,是我国公派留学政策的重大转折。但是,由于法律意识淡薄、法律效力有限、执行力度不够等条件的限制,该政策当时并未发挥预期的效果,但它对今后的公派留学回国政策产生了深远的影响。

第四阶段:1989—1991 年

这一时期,中央根据国内外形势的变化,确定了"调整结构,精选精派,力争保质保回"的方针。国际风云变幻莫测,苏联解体、东欧剧变,社会主义运动处于低潮,国内改革开放正处于一个关键的历史时刻,出现了"八九"政治风波。面对西方大国的巨大政治压力,我国的留学工作遇到了空前挑战。在这种情况下,政府一方面仍然坚持派出工作,同时在政策上做了若干调整。1990 年,国家教委实施《关于具有大学和大学以上学历人员自费出国的补充规定》,强调大学以上学历人员应当完成服务期后方能申请办理自费出国手续。

自 1991 年起,公费出国访问学者采用"限额申报,专家评议,择优录取"的办法。国家公费出国留学以选派访问学者和高级访问学者为主;选派学科仍以应用学科为主;在派往国别上,坚持"博采各国之长"的原则;对攻读博士学位的研究生,在立足国内培养的前提下,根据重点学科建设和目前国内尚不具备培养研究生条件的薄弱、边缘、新兴学科的发展需要,派出少量攻读博士学位和联合培养的博士生。此外,采取国内外校、所之间以双边交流和科研合作等形式向国外教学、科研水平高的重点大学、研究机构和企业成组配套派出留学人员,以提高出国留学效益。

第五阶段:1992—2000 年

1992 年,邓小平的南方谈话厘清了重大历史转折关头围绕是否"姓社"的诸多困惑,尤其是超越了基于经济体制属性的长期争论和误区,正式宣告了改革开放的全新历史发展阶段的开始。针对当时出国留学人员的去留问题上,邓小平高瞻远瞩地提出:"希望所有出国学习的人回来。不管他们过去的政治态度怎么样,都可以回来,回来后要妥善安排。这个政策不能变。告诉他们,要做出贡献,还是回国好。"①随后,中共"十四大"首次提出大陆经济体制改革的目标是建立社会主义市场经济体制,坚持对外开放。改革开放促使中国由计划经济向市场经济过渡,这是形势发展的必然结果,中国的留学政策当然也要适应这一变化,因此,提出了进一步放开留学教育,把"支持留学,鼓励回国,来去自由"作为留学工作的总方针。这是中国留学政策的重大转变,并预示着公派留学政策的进一步规范化、法制化,以及自费留学人员的剧增。

当时,在剧烈的体制转型过程中,行政渠道下公派留学工作的一些弊端开始显露,具体体现在选派人员质量没有保证、广泛性不够等问题日益凸现。为此,国家留学基金管理委员会于 1996 年正式成立,并对国家公派出国留学人员实行了新的选拔办法,即根据国家经济建设和社会发展的需要,在政府宏观指导下,实行"个人申请,专家评审,平等竞争,择优录取,签约派出,违约赔偿"的办法。新办法在一定程度上体现了"公开、平等、竞争、择优"的原则。公派留学工作从此逐步进入良性循环的轨道。同时,国家教委于 1993 年 7 月颁布了《关于自费出国留学有关问题的通知》,彻底解除了大部分中国人不能申请自费出国留学的限制,自费出国成为主要的留学方式,吸引高层次留学人员回国工作成为留学教育政策的重要考量。

第六阶段:2000—2008 年

2000 年 6 月 8 日,中共中央和国务院批准了人事部印发的《关于鼓励海外高层次留学人才回国的意见》。2000 年 7 月,在国家人事部召开的全国留学工作会议上,提出了创造良好环境、重视和开发我国留学人才资源、吸引更多的留学人员回国工作、为国服务的留学教育

---

① 邓小平:《邓小平文选》(第三卷),人民出版社 1994 年版,第 378 页。

思路,并明确把吸引高层次留学人才回国视为当前留学工作的总体目标,形成了《关于鼓励海外高层次留学人才回国工作的意见》。这一文件的出台,对吸引海外高层次留学人才回国工作或以多种形式为国服务,提供了有力的政策和机制上的保证,是对以"鼓励回国"为核心的新时期出国留学教育政策的完善和落实。2001年4月6日,人事部印发《留学人员科技活动项目择优资助经费申请与管理办法》,同时宣布废止此前陆续印发的四个文件,即《关于非教育系统留学回国人员科技活动择优资助经费管理暂行办法》(1990年)、《非教育系统留学回国人员择优资助经费有偿使用暂行办法》(1992年)、《资助留学人员短期回国到非教育系统工作暂行办法》(1994年)、《关于重点资助优秀留学回国人员开展科技活动的通知》(1995年)。

与此相应,中国科协、科技部、国侨办、中国侨联、中国对外友协等涉外部门纷纷出台专项行动计划,积极吸引海外科技人才回国效力。其中,中国科协于2004年2月9日正式启动了"海外智力为国服务行动计划"。2007年1月,人事部发布了《留学人员回国工作"十一五"规划》,提出了"十一五"期间留学人员回国工作的指导思想和基本原则,提出"拓宽留学渠道,吸引人才回国,支持创新创业,鼓励为国服务"的工作要求。该"规划"首次提出实施留学人才创业计划、鼓励留学人才回国创业;实施智力报国计划;不求所在,但求所用,尝试推行"柔性流动"等更为灵活的引智模式;开辟绿色通道、健全服务体系。2007年4月27日,第十届全国人大常委会第二十七次会议决定任命留德回国人员万钢为科技部部长。2007年6月29日,第十届全国人大常委会第二十八次会议决定任命留美回国人员陈竺为卫生部部长。2008年1月8日,2007年度国家科技奖励大会召开,1955年从美国回国的留学人员闵恩泽获2007年度国家最高科技奖。2009年2月23日,中国科协印发了《关于贯彻落实海外高层次人才引进工作,深入实施海智计划的指导意见》。

第七阶段：2008 年以来

2008 年是中国的出国留学工作与海外人才引进工作的重要拐点。一方面，美国次贷危机诱致的国际金融危机快速蔓延，世界经济科技的中心地带呈现连带性、持续性的经济衰退与失业率攀升，重击了欧美国家传统的留学生政策及技术移民政策；另一方面，"国家千人计划"正式出台，向全球科技人才尤其是留学不归的海外科技人才发出了响亮的号召，标志着我国从国家战略层面高度重视并全力推进海外高层次人才的回国创新创业工作。作为国际国内职业发展环境深刻变化的晴雨表，海外科技人才的回流意愿稳步攀升，回流增长率从此一直维持在两位数，标志着中国在国际人才市场上的一个全新时代的到来。

2010 年，《国家人才发展中长期规划纲要（2010—2020）》出台，从人才强国战略的高度，明确提出要积极应对激烈的国际人才竞争，大力吸引海外高层次人才和急需紧缺专门人才，坚持自主培养开发与引进海外人才并举，积极利用国（境）外教育培训资源培养人才。这标志着中国海外人才政策的进一步提升，预示着海外科技人才在中国人才强国战略中的地位与作用进一步凸显，相应的配套政策措施也纷纷出台。中国进入了大规模吸引海外科技人才回流的全新历史发展阶段，并从政策、制度、环境、待遇等不同层面，致力于营造良好的发展环境和宽广的发展平台。2013 年 10 月 21 日，习近平主席在欧美同学会成立 100 周年庆祝大会上郑重宣布：党和国家将按照支持留学、鼓励回国、来去自由、发挥作用的方针，把做好留学人员工作作为实施科教兴国战略和人才强国战略的重要任务，以更大力度推进"千人计划"、"万人计划"，千方百计创造条件，使留学人员回到祖国有用武之地，留在国外有报国之门。①

---

① 习近平：《在欧美同学会成立 100 周年庆祝大会上的讲话》，《人民日报》2013 年 10 月 22 日。

综观新世纪以来的中国留学生政策,有比较突出的几个特点:一是海外科技人才及科技海归自身发生了深刻的层次性、结构性变化,集中体现在自费比例提高,进一步年轻化,海外留学区域分散,回国创业或自主就业比例增加等;二是从中央到地方,普遍将吸引海外科技人才回流问题,作为当前人才工作中的重要方面,甚至提高到了战略层面;三是新一代科技海归(相对于建国海归而言)在我国经济科技发展中的地位与作用进一步凸显,甚至大批进入了中国科技(科研)管理的核心层面,在创新型国家建设和跨国科技合作中扮演了关键性角色;四是从业途径与从业方式发生了深刻变化,越来越多的海外科技人才回流后自主择业甚至自主创业,或者进入体制外的民营企业等。因此,他们与政府之间的关系、对海外人才引进政策的态度等都与以往有所不同。

三、研究的主要目的与意义

自 2008 年以来,随着我国海外科技人才规模的持续扩大,这一群体的海外分布也发生了深刻变化,总体上呈现"全球性散布、区域性集中"的格局,集聚速度显著加快,流动模式多样化。这不仅将深刻影响这一群体的自组织行为,而且将对我国的海外科技人才引进战略产生深远影响,通过信息采集、实证调查、实地调研与比较研究等,厘清海外科技人才流动与集聚的宏观背景、动因及趋势,勾勒海外高层次科技人才全球分布与流动的图谱,具有重要的决策参考价值和学术研究价值。

(一)海外高层次科技人才是加快实施创新驱动发展战略的宝贵资源,亟须深入调查这一群体的流动与集聚态势,提高引智层次、质量与效率

当前,我国经济已经进入了第三次动力转型阶段,实施创新驱动发展战略是加快经济结构转型升级、打造增长动力源、培育新的增长点的关键性环节,海外高层次科技人才是实施这一战略、全面缩短与世界科技前沿的差距的重要推动力。但尽管在国家"千人计划"、"长江学者奖励计划"等项目引导和"中国留学人员广州科技交流会"、海创周、华创会等创新创业平台支持下,越来越多的海外科技人才选择回国创新创业或以其他形式为国服务,诸多深层次问题也开始凸现,集中体现在居于世界科技前沿的顶尖级海外科技人才回流速度不快、规模不大,很多接近世界科技前沿的理工科博士生(后)学成未归,抱持观望犹豫心理,一部分科技海归未能充分发挥科研(研发)潜力,"二次流动率"偏高(董阁礼,2010;高子平,2011),这与我国台湾地区、韩国、新加坡等的海外人才回流周期及成效形成了一定的差异。如何打造中国高科技人才的"国际化梯队",无疑是对创新驱动发展战略的重大考验。

2016 年 5 月 30 日,习近平主席在全国"科技三会"上发表讲话时指出:"要改革人才培养、引进、使用等机制,努力造就一大批能够把握世界科技大势、研判科技发展方向的战略科技人才,培养一大批善于凝聚力量、统筹协调的科技领军人才,培养一大批勇于创新、善于创新的企业家和高技能人才。"①这就需要借助于信息采集、问卷调查、案例剖析、实地调研等途径,深入调查分析海外高层次科技人才流动与集聚态势,围绕一些战略性新兴产业和重大科研(研发)领域,通过大规模的专项引进和专业性引进,夯实高层次科技人才队伍的基础,为有效推进集成创新、原始创新和协同创新提供条件,有效提升我国在全球科技链上的位次,争取在某些涉及到国计民生的重点领域尽快进入世界科技最前沿,从而为真正实现从"中国制造"向"中国创造"的历史性飞跃提供才智保障。

---

① 习近平:《为建设世界科技强国而奋斗——在全国科技创新大会、两院院士大会、中国科协第九次全国代表大会上的讲话》,2016 年 5 月 30 日。

（二）调查分析海外科技人才的流动与集聚态势，是重点引进领军式科学家、大胆实施高端研发团队引进、加快培育创新集群的重要依据

我国的海外引智工作曾一度受到招商引资工作思路的影响，主要采取个体式引进方式，以至于很多地方甚至出现了攀比引进数量与速度、追求所谓"超额完成任务"的趋势，而对于引进者的结构特征、专业相关度等的关注明显不够，不仅时常使一些科技海归成为"花瓶"，而且"拉郎配"的使用方式使科技海归的工作冲突、二次流动率升高。据本研究团队于 2012 年度的大规模调查，科技海归的工作冲突率达到了 19.3%，"二次流动"意愿超过了两成。同时，顶尖级的科技精英回流率一直不高，这一问题备受国内外关注。以材料科学为例，根据 Thomson Reuters 2014 年度公布的全球材料科学家 Top100 榜单，前六位均为华人，其中有五位原先毕业于中国科技大学。中国科协时任副主席陈章良也曾在"《财经》年会 2015：预测与战略"上表示："我国领先的科学家才 100 来位，顶级的科学家才占世界的 4.1% 左右，而美国占了 42%。"甚至有海外学者（AnnaLee Saxenian，2001；Cao Cong，2002；Zweig David，2004）曾经一度作出过悲观的预测。

如今，很多地方在产业升级过程中，纷纷提出提高海外科技人才的引进层次，借此培育创新集群，发挥区域性科技资源集聚的优势，海外科技人才的集聚态势（如：块状分布）为团队式引进、整建制引进、领军式科学家的重点引进等提供了外部条件，而创新集群培育则为团队式引进提供了内部条件，三者的协同并进有助于落实创新驱动发展战略，从根本上克服个体式引进方式的局限性，彰显海外科技人才引进工作的系统性、长远性与战略性特征。从 2008 年开始，上海市外国专家局曾经探索实施"雏鹰归巢计划"，聚焦哈佛、斯坦福、剑桥、牛津等世界排名前 100 的名校，选择最优秀的留学人员以及在国外跨国公司中担任中高级职位的海外高层次人才进行跟踪联系，纳入高端海外人才储备库。2015 年 11 月，上海市在"双自联动细则"①中明确提出要实施"首席科学家集聚工程"：围绕战略性产业培育、重大科技攻关领域，面向全球引进首席科学家等高层次科技创新人才，为国内外首席科学家提供专业实验室定制服务。支持企业、高校和科研院所等以跨境项目合作方式吸引外国科学家及团队提供智力服务。

（三）海外高层次科技人才的流动与集聚态势正在发生深刻变化，需要在系统的调查研究的基础上，探索分级分类分专业引进的有效路径

长期以来，我国在国际人才市场上一直处于"出超"地位，特别是大批优秀的理工科毕业生赴外求学未归，引发了国内外关于"人才流失"的种种担忧与争议。近年来，伴随着全球经济波动及中国经济科技的迅速发展，越来越多的海外科技人才开始意识到中国科技发展环境的持续优化及带来的职业发展机会，回流意愿率稳步攀升，人才流入与流出规模"同步扩大，渐趋均衡"。海外科技人才的规模庞大，内部结构正在发生深刻变化，集中体现在层次结构、专业结构、能力结构、空间分布、回流意愿等方面，总体上呈现出多元化、层次化、复杂化的趋势。比如，留学及居留目的国（地）越来越多，但在全球科技格局调整、理工科教育资源整合的国际背景下，高层次理工科留学生不仅没有趋于分散，反而更加集中。同时，滞留海外或赴外工作的科技人才也进一步呈现向世界 500 强企业、知名研发机构集聚的态势，以至于在加州伯克利分校、澳大利亚塔斯马尼亚大学、新加坡国立大学及南洋理工大学、加拿大阿尔伯特大

---

① 《关于加快推进中国（上海）自由贸易试验区和上海张江国家自主创新示范区联动发展的实施方案》，沪府发〔2015〕64 号。

学等,来自中国的海外理工科留学生不仅规模庞大,而且专业相近,并由此催生了一系列自发组织的海外专业技术社团。与之相似,在美国南加州地区的中国信息技术精英、新加坡科技园的中国工程师、美国五大湖地区的中国汽车专业技术人员等,也都呈现了区域性的集聚趋势。

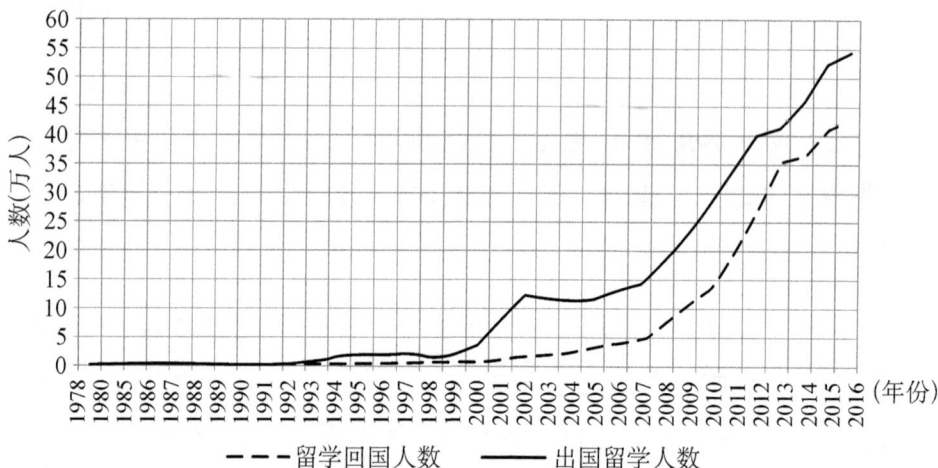

图 1 - 3 我国出国留学与留学回国人数变化 ①

无论从回流意愿率及政策期许的角度来看,还是从回国求职能力及国内(社会)认知来看,不同群体尽管总体上都属于我国亟待引进的重要人才资源,却需要对应不同的引智政策、方法和模式。但各级政府部门及用人单位对海外高层次人才队伍的流动与集聚态势缺乏总体把握和规律性认识,在政策设计主体与客体之间存在严重的信息不对称现象,往往过于笼统地强调引进对象的"高层次",却难以进一步明细化、专业化,以至于引进政策的针对性不强,引进者以"中高层次"居多,甚至引起了国内科技界的某些负面反响(司江伟,

---

① 出国留学人员、学成回国留学人员数据来自中国国家统计局网站;关于来华留学人员数,2000—2012 年的数据来自《中国教育年鉴》(2001—2013 年),1999 年数据来自中国高等教育学会外国留学生教育管理分会,网址:http://www.cafsa.org.cn/index.php?mid=6。

2013;孙早,2014)。这就需要系统深入地调查研究这一群体流动与集聚态势的差异性,为出台更富针对性的政策举措并构建中国特色的技术移民制度体系提供依据。

(四) 调查分析海外高层次科技人才的流动与集聚态势,是全面勾勒海外科技人才分布图谱、为出国留学工作及海外引智工作提供指南的重要依据

长期以来,由于海外科技人才与国内之间存在严重的信息不对称,很多地方和部门的海外引智工作存在决策依据不足、目标不明确、工作方向不清晰、工作流程难以细化等难题。出国留学工作更由此而存在一定程度的盲目性,甚至成为了"海归待业"及"二次流动率"偏高的重要诱因。在海外科技人才以公派为主的时期,政府有关部门可以从总体上掌握一些基础数据。同时,在海外科技人才规模不大、零散分布状况下,也难以开展面上的调查统计。如今,海外科技人才的流动与集聚态势正在发生深刻变化,已经难以通过传统的统计方法进行较为精准的掌握,并进一步凸显了调查分析这一态势的紧迫性与必要性。只有借助于信息采集、实证调查及实地调研等,全面勾勒海外高层次科技人才的分布图谱,准确把握人才流动、知识技术流动的方式与模式,才能为相关部门及单位的留学政策制定、海外引智决策等提供依据,逐步扭转国内政策主管部门和用人单位与海外科技人才之间的信息不对称状态,优化公共决策,提高留学及引智效率,使中国的海外引智决策水平及服务能力与中国在国际人才市场上的全新地位相匹配。

总之,正由于在国际人才流动中的主被动关系地位逐渐扭转,中国开始获得国际人才市场上的"市场经济地位",真正成为跨国人才流动和全球人才大争夺的重要参与方,从而得以在国际人才市场层面激活存量、盘活资本,从更广泛的知识流动、学术交流、科技合作、海外投资的角度出发,把握海外高层次科技人才的流动与集聚态势,放眼全球,依图索骥,重点解决顶尖级科技精英不愿回流等"老大难"问题,并借此全面提高我国海外科技人才引进的层次、质量与效率,有效引进更多顶尖级的科学家和工程师。

四、国内外研究现状

(一)国外学术界的相关研究

一是关于全球层面的科技人才流动与集聚态势分析:Victor Yan(2009)认为,新兴经济体的人才回流正在改变全球人才流动的模式,并对传统的人才目的地(发达国家)的人才引进政策产生影响,认为永久性迁移将不再是国际人才流动的主要形式,短期交流、阶段性流动和人才环流将更为普遍;Bruce Weinberg(2010)的研究发现,1981—2003 年间的全球最杰出科学家中,每八位就有一个出生于发展中国家,但这些科学家后来都移民到了美国等发达国家;Patrick Gaule(2010)他于 1993—2007 年间追踪过美国大学里 2 000 位高级外籍化学家的流动,发现只有 9% 会选择回国,其中,35 至 45 岁的人回国的可能性,比 50 岁以上的人高 7 倍。2012 年 12 月,*Nature Biotechnology* 杂志发表了"全球科学"(GlobSci)调查报告,调查涉及四个领域(生物学、化学、地球与环境科学、材料学)内 16 个国家 17 000位研究者的迁移,这是对许多国家人才流动情况的首次系统性研究;M. G. Finn(2010)[①]借助于税收记录的相关数据,对在美国获得理工科博士学位的外国留学生进行了去留状况分析,发现 1996 年是中国理工科博士生滞留美国的最高峰(96%),通常基本维持在 92% 左右,但进入 21 世纪以来已经呈现出逐步下降的态势;Jin-

---

① M. G. Finn, "Stay rates of foreign doctorate recipients from US universities, 2007", Oak Ridge Institute for Science and Education, 2010.

Young Roh(2013)的博士学位论文①专门对 2000—2010 年间获得美国国家科学基金资助的外籍博士生毕业之后的职业规划进行了研究,并从个人、组织及国家三个层面分析了这一群体的职业发展目的地,认为无论如何流动,都会对其祖(籍)国的经济发展、知识流动、科技创新等产生积极影响,但以英语为常用语言的发达国家仍在全球人才流动中占据显著优势。

　　二是关于中国的海外科技人才流动与集聚态势的调查分析: Cao Cong(2009)对国际金融危机以来大批海外青年科技人才回流中国的趋势进行了分析,认为这是中国在长期"人才流失"之后真正开始获益,并预示着新兴经济体在全球科技人才流动中的新角色;Robert Zeithammer(2011)调查了在美国攻读博士学位的近 300 名中国籍理工科学生,发现目前中国的博士生更愿意留在美国,主要是因为美国的薪水高得多,而不是内心深处希望留下;Philip G. Altbach(2012)认为 21 世纪的国际人才交流极为复杂,但发达国家的移民政策扮演了重要角色,中国、印度等金砖国家在全球人才流动中趋于有利,但全球范围内的人才单向流失依然严重;Emilio Zagheni(2014)借助于 LinkedIn 等学术社交媒体的基础数据分析,发现美国在全球高层次技术人才流动中的份额有所下降,中国等新兴经济体收获显著,很多海外优秀毕业生回到中国谋职。

　　三是关于应对措施的相关研究: Metka Hercog(2008)分析了主权国家在全球人才大争夺中的角色定位,认为中国等新兴经济体需要通过有吸引力的移民政策设计,大力延揽国外人才资源,这一观点反映了国际社会的普遍意向。国际移民组织(IOM)2014 年 12 月发布的"Global Migration Trends:an Overview"也显示,全球已有 39% 的国家出台了吸引科技人才的政策举措,而这一比例在 2005 年

---

① Jin-Young Roh, "What Predicts Whether Foreign Doctorate Recipients from U. S. Institutions Stay in the United States: Foreign Doctorate Recipients in Science and Engineering Fields from 2000 to 2010", University of Kansas, March 5,2013.

仅为 22％；Richard Van Noorden(2012)对全球 2 300 位受访者进行了调查，结果显示，受访者对中国未来的科技影响力的期许最高，但这些来自欧美的受访者很少愿意移居中国，恰恰是很多海外华人科技精英热衷于回国发展。他认为，全球范围内科学人才流动的大趋势是，科学家总会跟随研究经费迁移，中国研发经费增加为回流的科学家和工程师提供了机会。

不难看出，海外学者的研究成果发生了诸多变化，集中体现在以下几个方面：一是自 2008 年以来，国外学术界格外关注中国的海外科技人才流向问题，研究成果持续增加；二是数据分析与实证调查明显增多，甚至出现了几千个样本的大型调查；三是越来越认识到中国在全球科技人才资源配置中的地位变化，并对中国的海外科技人才引进政策趋于肯定；四是开始借助于 LinkedIn、Academia、Research Gate 等新兴科研社交媒体进行网络调查，这对中国同行开展海外调查研究提供了重要启示。

（二）中国学术界的相关研究

20 世纪 90 年代中期以前，国内学术界对于海外人才问题的研究主要体现在两个方面：一是编译、介绍发达国家、"四小龙"等的成功经验，二是对中国出国留学人员滞留不归现象的反思与分析。自 20 世纪 90 年代中期以来，中国国内学术界对于海外人才的关注迅速增多，相关研究成果更是连年递增。本研究团队通过"中国知网"对 1991—2015 年期间的文献分析惊人地发现，以往 15 年间共有 3 121 篇以"海外人才"或者"国外人才"、"外籍人才"为关键词的学术论文（剔除了会议论文、媒体文章等），2008 年之后的增速显著。同时，有相同关键词的博士、硕士学位论文共计 115 篇，自 2011 年以来的增幅也非常大。

从具体内容来看，专门或者主要研究海外科技人才的学术论文或学位论文约占四成。其中，国内学术界对于海外科技人才流动与

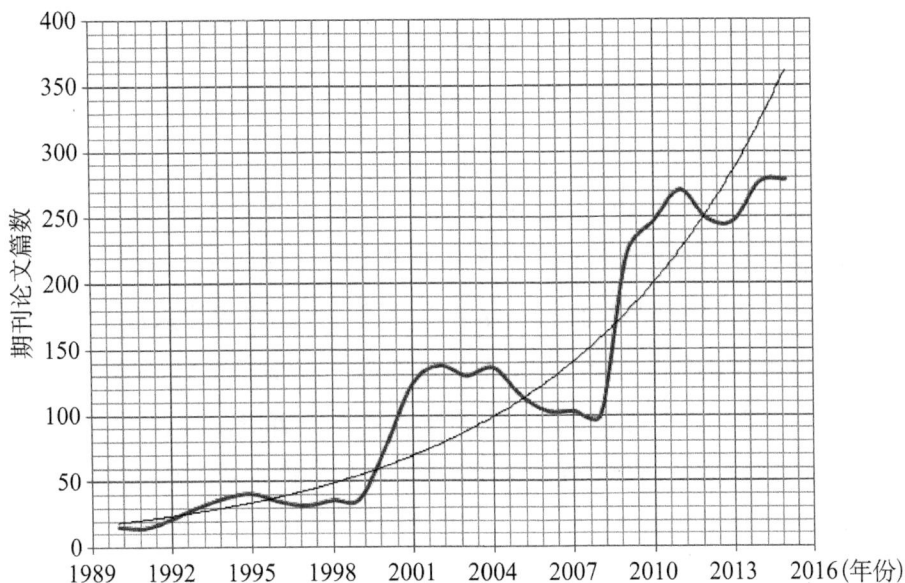

图1-4　"海外人才"为关键词的学术论文年度分布

集聚态势的调查研究主要包括三个方面：

一是关于海外科技人才流动与集聚态势的实证调查：高子平(2009,2012)借助于中国科协的社会调查类课题,先后开展了"海外华人科技人才状况调查"(2009—2010)及"海外理工科博士生和博士后科研状况调查"(2012—2013),前者或者有效问卷1 123份,后者或者有效问卷588份,较为详尽地了解了这一群体的回流意愿及政策期许,并向有关部门提交了翔实的调研报告;加拿大中国留学生协会(2010)通过互联网及邮寄、访问等方式,共发放两万份纸质问卷,对加拿大的中国留学生展开了大规模的生存状况调查,发现了这一群体在求学过程中所遇到的一些新的问题,包括如何适应海外学术环境及研究方法等;湖南师范大学教育科学研究所(2010)对中国留学生在国外的学习、生活适应性和文化融入性进行了问卷调查,以便了解中国留学生的海外学习生活状况,并更好地引导这一群体正确选择适合自己的留学目的国;杜红亮(2011)对海外华人高端科技人才进行了问卷调查,回收了337份有效问卷,分析了这一群体的回流意愿及影响因素等。

二是关于中国的海外科技人才流动与集聚态势研判：李铭俊 (2008)认为，创新人才的国际流动性增强，跨国研发机构在吸引人才 方面的作用凸显，科技创新人才的争夺日趋激烈；张永凯(2012)分析 了当前人才跨国流动的特征和动向，如发达国家是主要的人才接受 国、亚洲国家出现人才回流、人才环流现象显现等；陈亮(2014)分析 了新型国际人才交流平台——学术与科研社交网络的兴起趋势，认 为这会对人才的跨国流动及中国的海外人才回流产生不可忽视的影 响；王辉耀(2014)认为，当代人才的流动不再简单地由经济欠发达国 家流向发达国家，经济收入也不再成为人才流动的唯一决定性因素。 除了生存和经济因素外，教育、发展、环境、文化认同等驱动因素更加 显著，催生了人才从发达国家向母国的回流甚至环流，需要通过制定 实施技术移民政策、放松国籍政策等积极应对；郑巧英(2014)等系统 地梳理了技术移民、留学、阶段性流动以及人才回流、人才环流与共 享等全球人才流动形式及其影响因素。

三是关于中国的应对策略研究：祝昊泉(2012)认为，对于目前 全球华人科技人才的地域分布、学术专长、流动性、生存和发展状况 等情况缺乏定量的认识和分析，加大了我国相关工作的盲目性和政 策风险，需要构建完整的海外华人科技人才档案信息库，并定期更新 信息库的内容。程志波(2012)认为，道德风险是海外高层次科技人 才聘用中时常出现的问题，分别分析了由海外人才自利行为引起的 道德风险与由用人单位自利行为引发的道德风险，提出了若干规避 道德风险的对策建议。其中，他认为信息不对称是道德风险产生的 基本原因，降低信息不对称是降低海外高层次科技人才聘用道德风 险的重要途径。崔伟(2012)着重从物质激励类型、针对对象、激励 规模与力度、资金来源、发放与使用方式、实施主体和程序等方面阐 述了各国吸引海外科技人才的物质激励体系及其做法，将其总结为 四种模式即美国模式、英国模式、新加坡模式和印度模式。杜红亮

(2013)以国家自然科学基金委员会所制定的海外科技人才政策为对象,根据现有的权威调查和统计数据,尝试对有关政策进行相对独立的多角度评估,以客观展示我国海外科技人才政策的实施效果,为今后进一步完善 NSFC 海外人才政策和科技政策评估提供有价值的参考。张再生(2016)基于对现有海外高端人才政策出台情况的全面分析,找寻其中存在的问题与不足,重点提出针对海外高端人才政策体系的"三项优化,四个创新",即建立健全海外高端人才法律体系、建立海外高端人才管理工作统一联动机制、平衡配置中央事权与地方事权,并在国际人才国籍管理、出入境管理、人才分类管理、海外人才综合服务机构管理四大重点制度上实现创新。

需要注意的是,随着大数据时代的到来,国际人才流动与全球网络平台之间的关系日趋紧密,国内不少学者开始运用信息技术手段进行调查分析,并提出了很多新的观点和建议。比如,杨明海(2013)以知识图谱为分析方法,借助 CiteSpace Ⅱ 软件,以人才引进科技领域相关的科技论文和专利数据库为数据来源,构建了海外高层次科技人才引进的岗位识别模型,通过对知识网络中薄弱、缺失和关键知识要素与知识群的计算和判别,获取引进岗位的数量和类型信息,定量化识别出所需要设置的海外高层次科技人才引进岗位。田瑞强等(2014)从 ESI 高被引作者库中的华人科学家入手,通过网络搜集到其中 233 名科学家的履历信息,对其进行深度加工,根据科技人才流动的维度定义流动性指数,从而对科技人才的流动情况进行测度。他据此从社会网络的视角对高层次科技人才的流动网络结构、人才流动的典型模式进行研究,探讨高层次人才的流动特征,指出应加强与美国、新加坡、英国、澳大利亚、加拿大的海外人才的合作交流机制的建设,积极利用师生传承、同窗同事、国际会议、来访互访等各种资源和渠道进行更深层次、更大范围的合作与交流。

相对于国内学术界的早期研究成果而言,如今关于国际成功经验的梳理与介绍明显减少,相关经验介绍文章的深度与细化程度也大大改观,大型海外实证调查开始出现,而且实施调查的主体呈现多样化态势,政策研究更趋于精细化、可操作化,泛泛而谈的研究成果越来越少见,公共政策文献的计量分析、远程(网络)调查、履历数据分析、社会网络分析等方法也开始出现,在一定程度上反映了国内相关研究与国际学术界的接轨趋势。

五．调查研究的基本方法

自 2008 年以来,海外高层次科技人才的流动与集聚呈现出更趋频繁、日趋复杂的总体态势,并出现了很多新现象、新趋势,相关调查研究涉及面比较广,层次比较多,需要充分运用一系列的信息技术手段。本项研究将信息采集、海外问卷调查、实地调研、抽样跟踪调查、远程访谈等融为一体,并通过重点案例剖析、比较研究等,形成对海外高层次科技人才流动与集聚态势的整体性认识和科学分析。

(一)信息采集的主要途径及数据来源

动态信息采集与基础数据处理是研究海外人才流动与集聚态势的前提条件,也是一项长期性的基础工作。本团队进行信息采集的主要途径如下:第一,借助于本研究团队自有大型数据库抽取样本并进行数据分析。本中心的"海外人才大数据平台"基本涵盖了海外高层次科技人才中的各个主要群体,本书的相关研究章节主要涉及到:海外理工科博士生数据库(2008—2015)、国家公派理工科博士生名单(2005—2016)、海外理工科博士生学位论文数据库(2008—2014)、海外理工科博士生 SCI 论文数据库(2008—2015)、海外专业技术社团数据库(共约 1 400 多个)、外籍华人院士数据库(截至 2016 年 12 月 31 日)、高被引华人科学家数据库(2014、2015)、海外理工科华人教授数据库(2016 年 6 月 30 日更新)、海外理工科博士后数据库(2016 年 9 月 30 日更新)、海外科技人才引进政策数据库等。鉴于自有数据库的更新周期为六个月,对所涉的部分数据进行了即时更新,以便开展抽样跟踪调查并为问卷调查提供样本;第二,主要根据2014、2015年度全球"高被引科学家"名单,对所涉全部海外华人科学家2002—2012年间的流动状况进行信息采集和跟踪研究,包括在此期间发生的短期流动、跨国兼职、国际学术交流及科技合作等;第三,在现有动态数据的基础之上,充分发挥部分团队成员在信息资源管理方面的专业优势,在海外人才信息采集方面的经验积累,以及与一部分国际猎头的数据共享关系,运用专业统计软件,面向全球著名高校(Top100)、世界500强企业、国际知名研发机构等,进行大规模的信息采集。

(二) 实证调查的具体途径及方式

在信息采集和现有大型数据库开发的基础上,本研究团队重点开展了以下几项实证调查工作:

第一,问卷调查,首先面向海外高层次科技人才,开展了样本量为1 123份的问卷调查,时间为2009—2010年。随后,依据国家有关领导人的重要批示精神,本团队进而专门面向海外理工科博士生(后)群体,开展了样本量为588份的问卷调查,重点了解这一群体在块状分布、行业(专业)集聚、虚拟集聚、阶段性流动、观望性滞留、学缘网络等方面的情况,力求在面上呈现海外高层次科技人才集聚态势的总体面貌,调查时间为2012—2013年,调查问卷的发放及回收途径主要包括:一是在美国加州大学和麻省理工学院、新加坡国立大学和南洋理工大学、加拿大卡尔加里大学、澳大利亚塔斯马尼亚大学等地业已建立的海外调查网点或者合作关系;二是借助于网络调查手段,主要通过LinkedIn和Academia开展调查工作;三是借助于海外专业技术社团及国内上海交通大学、同济大学、华东理工大学等的海外校友(分)会;四是借助于本团队以往已经建立的其他有效调研网络,如与海外相关研究中心的长期合作关系等途径。

第二，抽样跟踪调查，主要依据 Thomson Reuters 发布的 2002—2012 年间 SCI、SSCI 学术论文高被引名单，剔除少数艺术类、社会科学类名单，并通过其他形式的全球科学家排名发布等进行名单补充，针对顶尖级的华人科学家进行了 10 年期的流动与集聚趋势跟踪调查。

第三，实地调研，借助于本团队科研人员在新加坡国立大学做访问学者、另有科研人员赴中国台湾"中华经济研究院"等地做访问学者的机会，对新加坡国立大学、南洋理工大学、新加坡科技设计大学、中国台湾新竹科技园区、台湾交通大学海外校友联谊会等进行了实地走访和非参与式观察，并与相关人士进行了深度交流，获得了大量的原始资料及最新动态信息。

第四，重点访谈，根据海外高层次科技人才，尤其理工科博士生群体的专业特质及与国内研究的相关度等，借助于小范围座谈、专访等形式，了解他们对海外求学过程的评价、科研能力的提升情况、与国际研究者进行联系与合作的情况、未来的研究规划、对加强与国内研究合作与联系的意见及建议等，同时征询他们对国内有关部门和机构改进并完善相关工作机制的意见和建议。重点访谈的主要途径：一是根据调查问卷统计结果确定的具有代表性并且愿意配合的调查对象，二是针对特定学科的理工科博士生进行重点访谈，实际成功采访了 83 位海外理工科博士生以及 29 位学成之后长期滞留海外的科技人才。

（三）比较研究的具体途径及方式

在分析当前海外高层次科技人才流动与集聚态势时，需要重点与"硅谷印度人"群体、中国台湾的新竹海归群体进行比较研究，其中，后一项比较研究带有历史回顾与经验梳理的性质。开展比较研究的具体途径是：第一，借助本研究团队与台湾新竹科技园等的已有联系，借助于一名科研人员赴"中华经济研究院"访学之机，实地了解了 20 世纪 90 年代中期以来科技海归集聚台湾的历程、阶段性特征、政策应对及局限性等;第二,主要针对中国科学院具有海归背景的"高被引科学家"与台湾研究院同类背景的科学家,通过比较分析其流动(回流)的时段特征、主要途径及模式、公共政策应对及差异性等,为大陆引进顶尖级海外科学家的政策设计提供经验借鉴;第三,借助于与著名国际移民学家、尼赫鲁大学教授 Binod Khadria 领衔的"Zakir Husain Centre for Educational Studies"的长期合作关系以及对方已有的相关研究网络、公开的最新调研成果等,进一步开展"硅谷印度人"与"硅谷华人"集聚特征、迁移意向及流动模式的比较研究,从中洞悉国际科技链及跨国高科技产业链在中印 IT 人才海外集聚与国际流动方面的主要作用及影响机理。

(四) 文献计量分析

借助于专业的软件工具(如 Mendeley、Docear、NoteExpress、Biblioscape)和文献计量分析平台(如 Biblonmetrc. com)等,通过文献计量的方法研究国际国内已有相关研究成果,重点挖掘人才学研究及海外人才研究文献的分布特征,包括时间分布、文献级别分布、文种分布等,为揭示中国学术界在研究范式转换、中国话语体系构建方面面临的深层次问题及历史机遇等提供学理依据。其中,对于海外人才研究领域的相关文献、中国人才学研究领域的相关文献进行了深度挖掘和趋势性分析,借此掌握了我国学术界的研究动态及存在的问题。

(五) 履历数据分析

履历精准地记录了海外科技人才的海外求学历程、科研发展历程、科技研究成果及学术交流活动,具有多重共用。尤其在全球信息化背景下,海外科技人才通常非常注重设计个人网页,或者向所在单位网站提供完整的个人履历,以便进行自我宣传推广。过去的 10 年是履历研究发展的活跃时期,英国期刊 Research Evaluation 在 2009 年甚至用一期专辑重点介绍了履历研究的最新应用。履历分析作为科研评价的一种新视角,最近已经被国际上越来越多的研究者所接纳,其研究对象也逐渐从生命科学领域的科学家履历向医学及其他领域扩散。这代表了科技评价从产量范式向能力范式的转移。[①] 传统的产量范式关注科研活动的定量产出,如出版物、专利等。而能力范式则强调对长期的知识产出能力进行评估,而不是对某个时段的特定知识产品进行量化。本书将海外华人科学家、海外理工科华人教授等群体的履历与 Thomson Reuters 的 Web of Science(WoS) 数据库等结合使用,力求洞悉各群体在教育经历、职业岗位、科研成果、学术交流等方面的变迁过程抑或变化趋势。

(六) GIS 空间分析情况说明

空间分析是对于地理空间现象的定量研究,其常规能力是操纵空间数据使之成为不同的形式,并且提取其潜在的信息。空间分析是 GIS 的核心。空间分析能力(特别是对空间隐含信息的提取和传输能力)是地理信息系统区别于一般信息系统的主要方面,也是评价一个地理信息系统成功与否的一个主要指标。本研究团队在信息采集和结构化分析的基础之上,主要运用了 CorelDRAW X6 软件制图。这是一款专业图形设计、照片编辑和网站设计软件,近年来常用于地理学空间地图的绘制。相较于 ARCGIS 软件,CorelDRAW X6 软件可根据设计者的思想进行调整,图形更具独特性。运用 CorelDRAW X6 软件制图,主要有以下几个步骤:第一,选取了世界地图的底图(http://www.shijiedituw.com/);第二,在底图的基础上,运用 coreldrawX6 软件对世界地图进行绘制;第三,设计了指北

---

① 田瑞强等:《基于履历数据的海外华人高层次科技人才流动研究:社会网络分析视角》,《图书情报工作》2014 年第 19 期。

针,并选择了海南岛至台湾岛的距离进行换算,确定比例尺为 1∶120 000 000;第四,对海外华人科学家等群体所在的国家和地区进行描绘,并根据 100％红色、85％红色、60％红色、35％红色依次设置图例,代表这一群体集聚程度的高低。软件中的颜色滴管工具,可对每个图例对应的国家和地区进行着色。GIS 空间分析主要针对海外华人科学家及海外理工科华人教授群体。

此外,本书还根据研究需要,适当进行了海外引智公共政策的历史比较,并进行未来中国海外引智规模的需求规模预测等,从而确保研究成果的实证性与时效性。总之,海外高层次科技人才的流动与集聚态势研究属于高度动态性、前瞻性的研究工作,本著作致力于将信息采集、数据库建设与维护、海外实证调查融为一体,拓展动态信息的获取渠道;将自有数据库及海外人才大数据平台的数据更新与海外现有数据库的数据挖掘有机结合,保证了数据获取的权威性与代表性;将大数据时代背景下的知识流动作为考察海外高层次科技人才流动与集聚的切入点;通过横向比较研究与纵向比较研究,形成了对于当代中国的海外科技人才引进政策的立体式分析框架。

第二章

海外高层次科技人才的分布态势

　　长期以来，关于海外科技人才的相关研究始终面临数据不完整、获取信息渠道不畅等诸多掣肘，以至于很难形成基于面上数据的动态跟踪研究。"对于目前全球华人科技人才的地域分布、学术专长、流动性、生存和发展状况等情况缺乏定量的认识和分析，加大了我国相关工作的盲目性和政策风险。"[①]随着大数据时代的到来，借助于各种网络手段和相关的信息采集技术，可以实现对面上数据的大规模采集，从而对海外科技人才的整体分布状况进行描述并绘制图谱，作为后续研究工作的基础。本著作正是在本团队信息采集工作的基础上，对海外华人科学家、海外理工科华人教授、海外理工科博士后（研修人员）及海外理工科博士生群体分类进行结构化分析与 GIS 空间分析，分别绘制海外高层次科技人才的分布图谱，并揭示各个亚群体自身的结构化特征，从而形成对于海外高层次科技人才分布态势的整体性认识。

---

① 祝昊泉：《制定有效的海外科技人才引进政策》，《中国人力资源开发》2012 年第 12 期。

第一节　海外华人科学家的分布态势

海外华人科学家是我国海外人才队伍中最受关注的群体,也是为世界科技发展作出卓越贡献的群体。无论是对所在国的经济科技发展,还是对所在国与中国之间的科技交流与合作,这一群体均作出过杰出的贡献。尽管规模较小,不足千人,但这一群体的流动与集聚往往意味着一个学科、一个领域的变迁,并且时常会诱致一支科研队伍的迁移或结构调整,导致高振幅的知识转移与扩散。可以说,海外华人科学家的流向与流量是海外科技人才队伍变化的风向标。

一、海外华人科学家的基本结构分析

在全球各国激烈争夺科技人才的过程中,科学家的全球分布及流动态势备受关注。一位成功的科学家往往不仅仅是特定领域的先行者和领头羊,而且凝聚着一支高度专业化的优秀人才队伍。因此,如果说一般性的人才引进往往是个体式的,那么,科学家的流动则时常出现整建制的团队式流动,并预示着某一专业领域的版图重划。美国乔治亚州立大学研究经济和科学的 Paula Stephan 等人对 16 个国家的四个领域(生物学、化学、地球与环境科学和材料学)约 17 000位研究人员进行了调研(GlobSci 调查),并对科学家的长期移居和为建立研究网络的短期访问加以区分,相关文章刊登在 2012 年 12 月份的 *Nature Biotechnology* 期刊上。《自然》杂志则通过数据分析和专家访谈的方法开展了对全球 2 300 位读者的调查,目的在于确定科学家流动的潜在趋势,探索驱动因素和变化方式。调查发现,所有这些科学家流动的潜在趋势都凸显了"科学无疆界"这一事实。全球文化的科学现在转变成了全球市场,越是资金充足和研究系统活跃的国家,科学往往越是出类拔萃的,也越能成为科学家的向往之地和圆梦之地。

研究表明,在外来科学家占比和在国外工作的研究人员占比两个方面,各国之间的差异非常大。美国最为开放。2011 年初进行此次调查时,在美国工作或学习的回应者中,有 38% 的人是在海外出生长大的。美国是几乎每一个国家的出国科学家的首选目的地。然而,若按比例计算,瑞士、加拿大和澳大利亚居住有比美国更多的外国研究人员,瑞士的外国研究人员占比最高,达到了57%。印度的外国科学家比例最低,其后是意大利和日本,但印度拥有最大数量的海外侨民,40% 在印度出生的研究人员是在海外工作(该项调查不涉及中国)。日本和美国的研究人员最不可能到国外工作。调查还发现,科学家流动无国界,青年科学家的流动意愿最强烈。①

Thomas Reuters 则借助于 *Nature* 网站以及 InCites 平台,通过分析以往 11 年中的论文被引用数据,回答了国际流动的问题。因为这些科学家以及他们的成果影响着他们所在领域的未来发展方向,以及世界科技的发展方向。在这些高被引科学家当中,有一部分人在 2002 年至 2013 年间发表过大量的热点论文。热点论文在他们领域的研究论文的排名百分比是百分之一。除了在过去十年被高频率引用之外,这些研究者在最近两年已经取得了最新的研究成果,这对他们的同行产生了显著的影响。他们是多篇热点论文的作者,研究和实验的领头人,给同行的研究者指引了开创性的道路。Thomas Reuters 报告列举了 3 213 名研究者,他们于 2002 年至 2012 年间,在 21 个学科大类的某一领域内,发表了大量的高被引论文。高被引论文在其领域的排名百分比是百分之一。这种通过同行认可度和被引

---

① Richard Van Noorden, "Global mobility: Science on the move", Nature, 2012, 43(10): 1716 - 1721.

形式进行的评估方法凸显了高被引科学家们的学术贡献。他们在其领域处于塔尖地位,并得到了国际同行的高度认可。这些高被引科学家无疑是当今全球最具影响力的科学巨匠。对 2014 年全球高被引科学家群体国别分布的结构化分析结果如下图所示,2014 年度高被引科学家的国别分布,美国最多,占比高达 52.94%,其次是英国(9.53%)、德国(5.11%)、中国(3.92%)、日本(3.08%)、加拿大(2.71%)、法国(2.55%)、荷兰(2.37%)、澳大利亚(2.27%)和瑞士(2.09%)。可见,高被引科学家的国别分布极为悬殊。

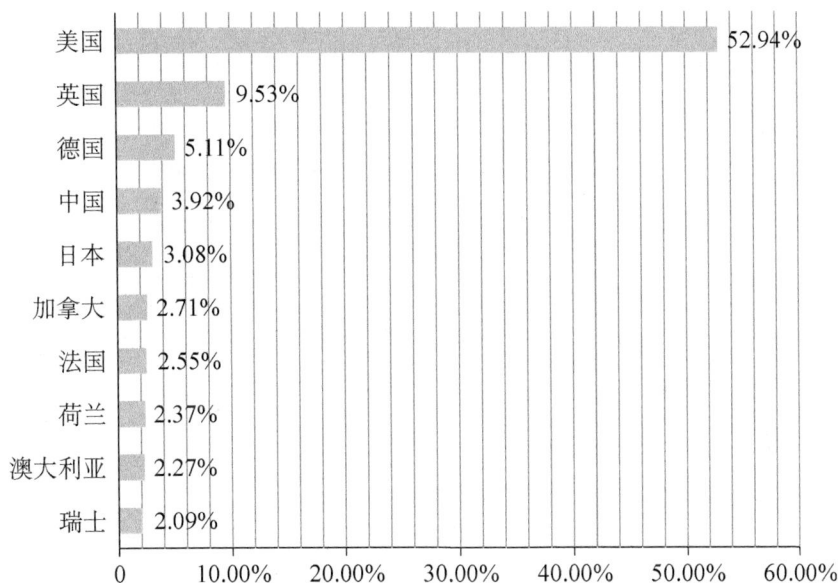

图 2-1　2014 年度全球高被引科学家所在国家分布(前 10 名)

海外华人科学家是我国海外人才资源库的顶尖群体。"2014 高被引科学家"名单是由 Thomson Reuters 采用最新数据和先进算法,通过对 21 个大学科领域 2002 年至 2012 年被 SCI 收录的自然和社会科学领域论文进行分析评估,并将所属领域同一年度他引频次位列前 1% 的论文进行排名统计后得出。入选 2014 年高被引科学家名单,意味着该学者在特定研究领域具有世界级影响力,其科研成果为该领域发展做出了较大贡献。同时,在美国、德国、澳大利亚、加拿大等国的国家级科学院中,出现了华人院士的身影。本报告以"高被引"和"院士"身份作为主要考量维度。依据 Thomson Reuters 的"高被引科学家 2014"名单,中国境外入选的高被引华人科学家共计 201 位。此外,本研究团队还对所有国家的华人院士进行了信息采集,共计获得 143 位华人院士(这里不包括 2016 年度新当选者)的基本信息,形成了包括 344 位海外及港台顶尖级华人科学家的专题数据库。

(一) 超过九成海外及港台华人科学家在中国接受了本科教育

早先的相关调查研究发现,绝大多数的海外华人科学家曾经在中国接受过一定时段的高等教育,从而形成了与祖(籍)国之间较高的学术相关度。本次调查结果如图 2-2 所示,在全部 344 位华人科学家中,接受本科阶段教育的国家和地区分布是:中国大陆,79.7%;中国台湾,9.2%;美国,4.6%;中国香港,2.6%;英国,2.0%;其他国家和地区,2.0%。可见,超过九成在中国接受了本科教育。

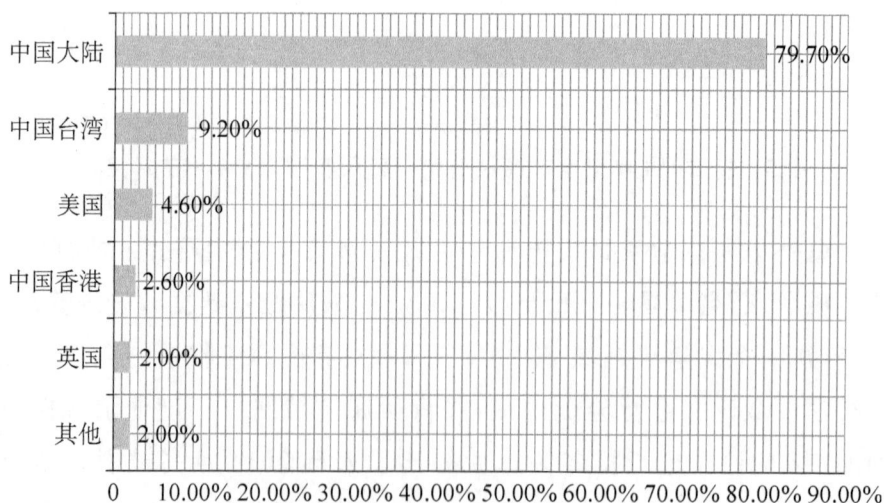

图 2-2　海外及港台华人科学家在本科阶段的就读国家或地区

（二）超过六成的海外及港台华人科学家在中国接受了硕士研究生教育

相对而言,在中国接受了硕士研究生教育的海外及港台华人科学家有所减少,统计结果如图 2-3 所示,接受硕士阶段教育的国家和地区分布是:中国大陆,61.3%;美国,23.3%;中国台湾地区,4.7%;加拿大,4.0%;英国,2.0%;日本,1.3%;其他国家和地区,3.3%。汇总可得,超六成的海外及港台华人科学家在中国接受了硕士研究生教育,美国、加拿大、日本等理工科研究生教育最为发达的国家无疑扮演了重要角色,中国香港地区的角色不太显著。

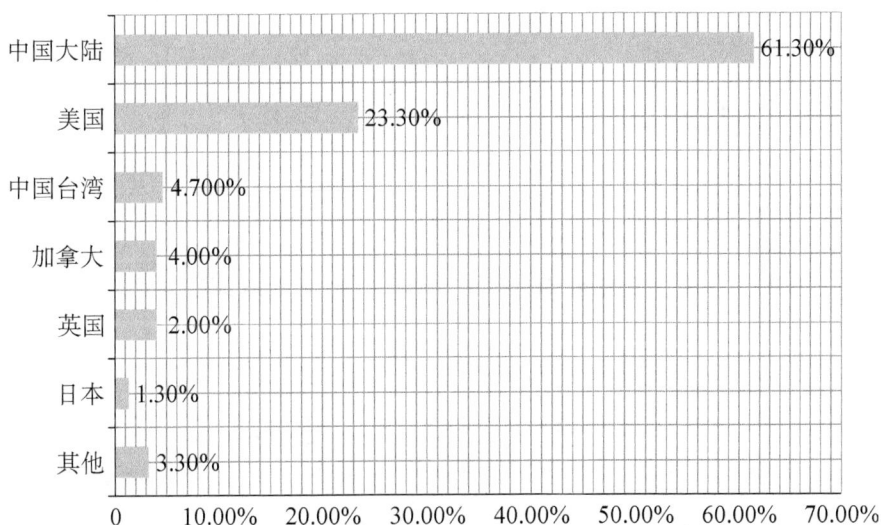

中国大陆　　61.30%
美国　　23.30%
中国台湾　4.700%
加拿大　4.00%
英国　2.00%
日本　1.30%
其他　3.30%

0　10.00%　20.00%　30.00%　40.00%　50.00%　60.00%　70.00%

图 2-3　海外及港台华人科学家在硕士阶段的就读国家或地区

（三）近六成的海外及港台华人科学家在美国接受了理工科博士研究生教育

长期以来,美国在全球科技资源和理工科教育资源中占据了非常突出的优势地位。本次调查结果显示,在全部 344 位海外及港台华人科学家中,高达 59.5%接受了美国的理工科博士研究生教育并获得学位,在中国(不包括港澳台地区)获得理工科博士学位者仅占14.3%。此外,7.1%在加拿大、4.2%在英国、4.2%在日本、3.0%在澳大利亚获得理工科博士学位,另有7.7%在其他国家和地区。不难看出,在美国等主要发达国家获得理工科博士学位之后直接滞留海外,这是海外华人科学家群体形成的最主要渠道。

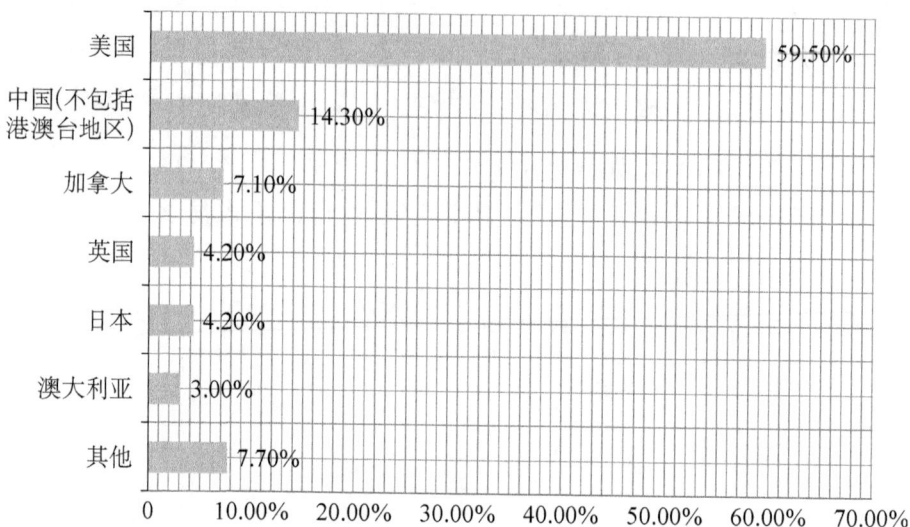

图2-4 海外及港台华人科学家在博士阶段的就读国家或地区

透过对海外及港台华人科学家的教育经历不难看出,中国不仅是这一群体的最主要来源地,而且提供了一定时段的学历教育。但相对而言,教育层次越高,在美国接受教育的比例越高,两者之间形成了非常清晰的反差,如图2-5所示,充分反映了中美两国在研究生教育方面久已有之的显著差距,实际上也折射了两国在科研(研发)领域曾经的巨大差距。

上述数据有力回应了关于中国的"顶尖级科学家严重外流"的媒体炒作,亦即媒体通常痛陈的那些所谓流失在外的顶尖级科学家多数是在国外成长成才,而真正意义上的中国本土科学家成名成家之后流向海外的案例不仅不多,而且是在持续减少,这与抗战至内战时期我国科学家背井离乡、苏联崩解之后大批科学家奔赴欧美的历史

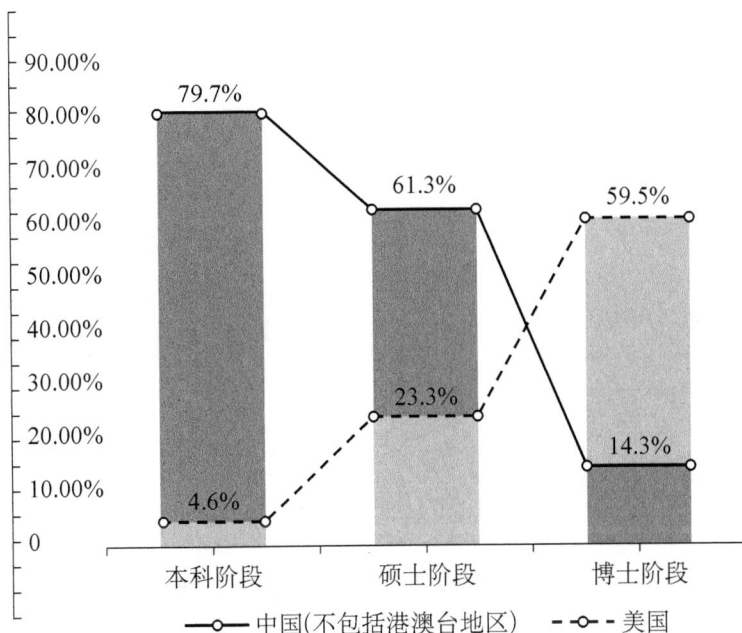

图 2-5　中国与美国在海外华人科学家学历教育中的作用比较

景象属于不同性质的问题。综观现有的海外华人科学家的求学历程,中国只能算是最大的"原材料"抑或"准人力资本"的来源地而已。相关章节将有专门论述。

(四) 近七成的海外及港台华人科学家集中在美国

美国是海外华人科学家最为集中的国家。统计结果如图 2-6 所示,目前,多达 69.9％的海外及港台华人科学家在美国工作,另有 8.5％在加拿大,6.1％在中国香港地区,3.5％在澳大利亚,3.5％在中国台湾地区,8.5％分散在其他国家和地区。

(五) 海外及港台华人科学家主要集中在九大专业领域

从专业领域分布来看,海外及港台华人科学家主要集中在九大领域:化学类,13.1％;生物学类,12.5％;材料科学类,8.7％;电子与通信技术类,8.7％;机械工程类,8.4％;化学工程类,

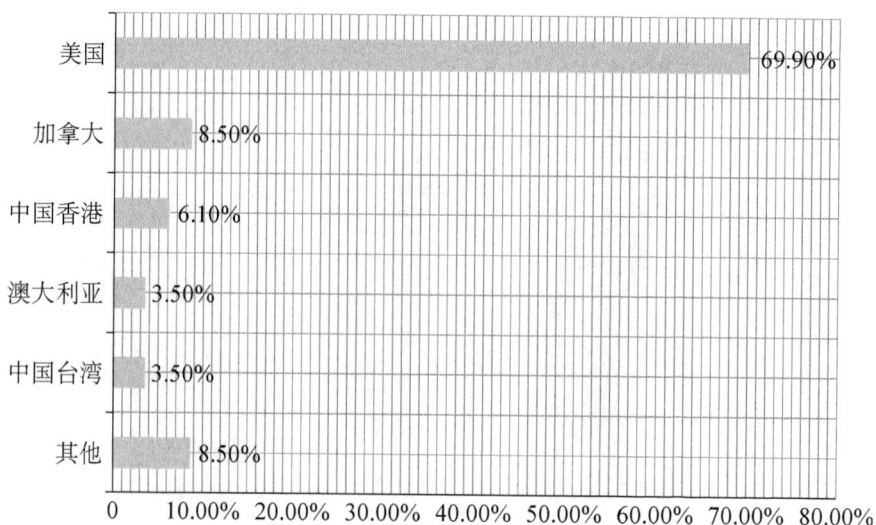

图 2-6　海外及港台华人科学家的国家（地区）分布

6.4％；工程与技术科学基础学科类，5.8％；物理学类，5.8％；数学类，5.5％。其他学科（25％）共占 1/4，上述九大领域共计占 3/4，较为清晰地反映了海外华人科学家学科分布的族裔特征，并与印度裔海外科学家群体的专业分布形成了鲜明对比。不仅如此，海外华人科学家的专业分布与"中国制造 2025"的重点领域之间保持着较高的契合度。

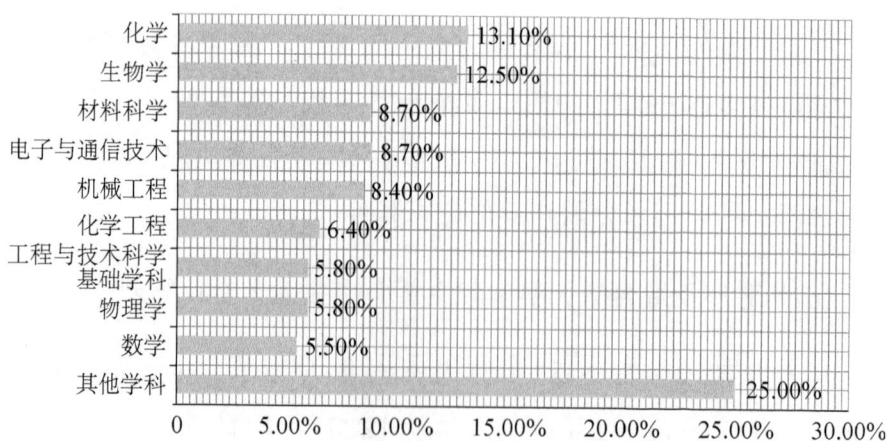

图 2-7　海外及港台华人科学家的专业分布

进一步分析在美华人科学家的专业结构，结果如图 2-8 所示：生物学类为 14.2%，电子与通信技术类与化学类均为 11.7%，材料科学类、化学工程类和机械工程类均为 7.9%，数学类与物理学类均为 5.4%，临床医学类与农学类均为 3.8%。其他学科共计约占两成。相对于全球分布而言，在美华人科学家的专业分布更为均衡，也更为全面，这既反映了美国在科技诸多领域的全面领先态势，也与美国的学科设置及技术移民政策等有着密不可分的关系，并对中国的海外顶尖级科技人才引进具有重要的启示意义。

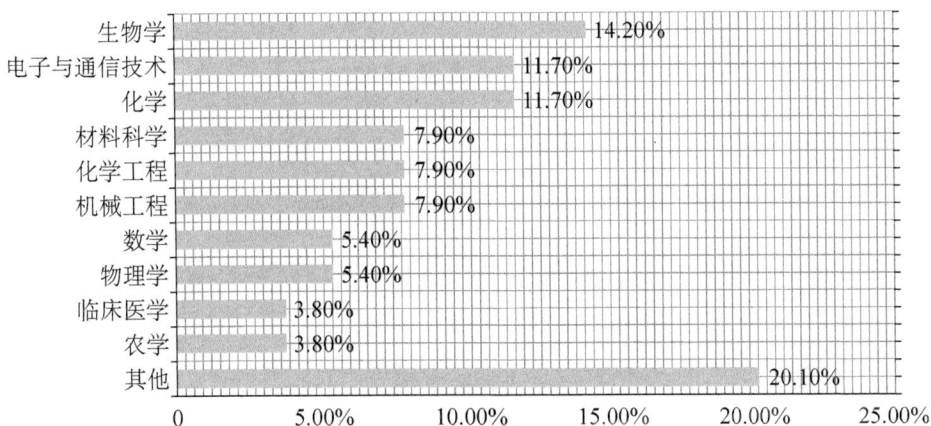

图 2-8 在美华人科学家的专业分布

（六）超过两成的海外及港台华人科学家没有获得教授头衔

从职称情况来看，68.8% 的海外及港台华人科学家拥有教授头衔，仅为副教授或者助理教授层级的高被引海外及港台华人科学家分别达到 5.8% 及 5.1%，另有 20.2% 没有职称。这一统计结果与中国的 134 位"高被引"科学家和海归院士的职称结构形成了鲜明对比。能够进入"高被引"序列或晋升为院士的中国科学家中，没有教授（研究员）头衔几乎是难以想象的事情。

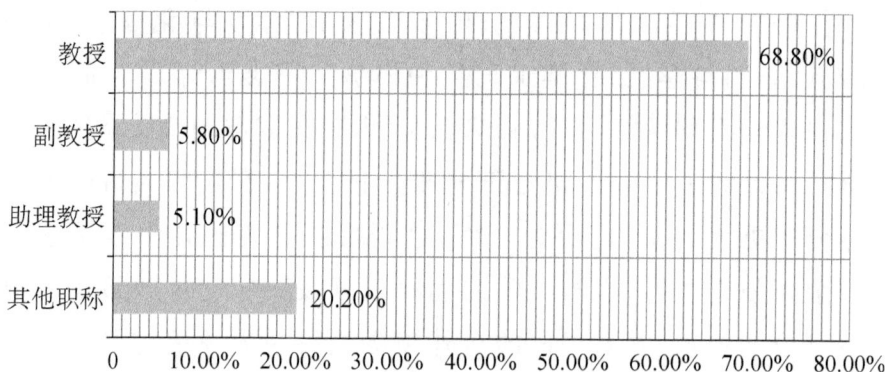

图 2-9　海外及港台华人科学家的职称结构

(七) 海外及港台华人科学家的单位类型更为多元

从研究机构的类型来看,81.8%的海外及港台华人科学家在高校工作,10.7%供职于专业性的研究机构,6.8%在世界 500 强等大型企业工作,另有 0.6%在各类医院就职。相对而言,中国的科学家绝大多数分布在体制内的高校及科研院所。其中,如何对世界 500强企业中的海外华人科学家进行信息采集与动态跟踪,是国内学术界和业界亟待高度关注的重要议题。

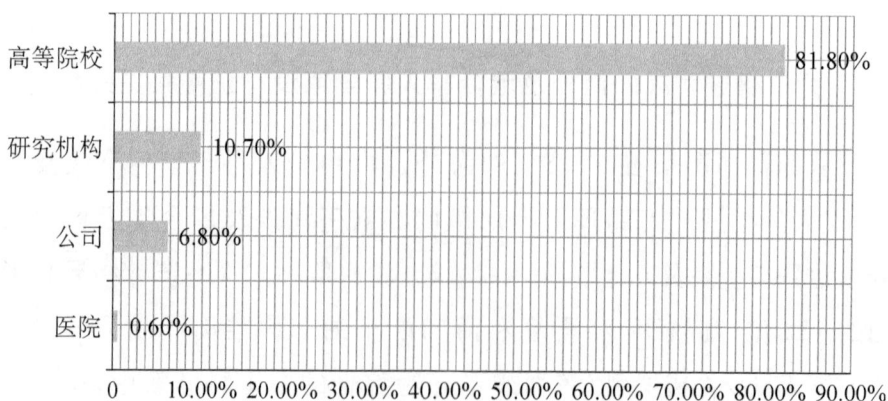

图 2-10　海外及港台华人科学家所属机构类型

（八）五所高校集中了超过两成的海外及港台华人科学家

从研究机构的分布来看，多达 11.6％ 的华人科学家在美国加州大学（包括下属各分校）工作，另有 3.6％ 在美国斯坦福大学、3.3％ 在哈佛大学、3.0％ 在普林斯顿大学、2.1％ 在中国香港城市大学。上述五所大学拥有共计 23.4％ 的海外及港台华人科学家。

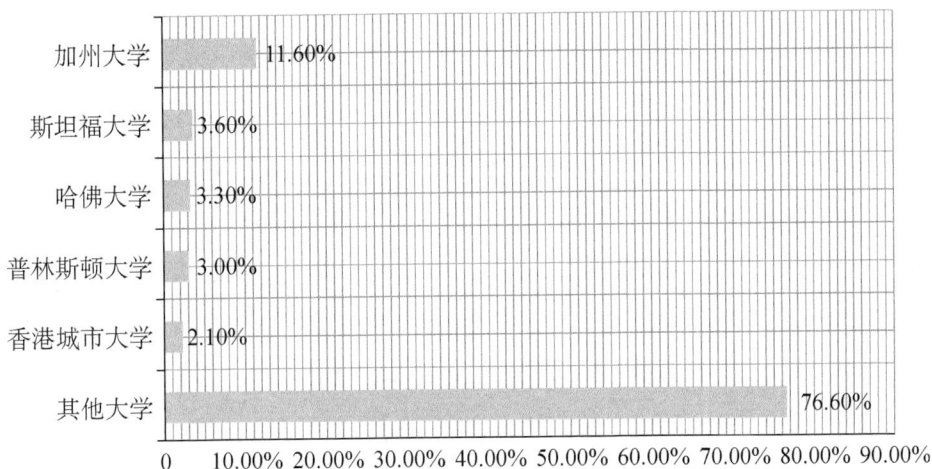

图 2-11　海外及港台华人科学家最集中的几所高校

多数海外华人科学家与中国之间存在着一定的学缘网络，甚至在国内高校兼职或者开展项目合作等。无论蛰居世界各地，还是未来流向中国，这一群体的流向与研究方向，都值得引起国内学术界、业界及有关部门的高度重视。

二、海外华人科学家空间分布的 GIS 分析

在海外高层次科技人才中，海外华人科学家备受关注，不仅由于这一群体的国际学术光环和巨大的科学影响力，而且由于顶尖科学家回流者极少，甚至一度引起国内各界的广泛争议。从空间分布来看，美国无疑一直是海外华人科学家最为集中地区，杨振宁（1957）、

李政道(1957)、丁肇中(1976)、朱棣文(1997)、崔琦(1998)等诺贝尔奖得主,以及艾滋病科学家何大一、超导体科学家朱经武、建筑设计师贝聿铭等均在美国成名。但自 1990 年代中期以来,海外华人科学家开始呈现略微分散的空间分布态势,从而使严格规范的 GIS 空间分析成为具有了可行性。

(一) 海外华人科学家的空间分布总图

如图 2-12 所示,按照取样标准获得了 353 位华人科学家的基本信息,主要分布在世界 9 个国家或地区。具体来看,美国的华人科学家为 272 人,占华人科学家总数的 77.05%,在所有国家和地区中占比最高,约为加拿大地区华人科学家总数的 8 倍,这与美国的经济发展环境和创新环境密切相关,也折射了全球知识科技的分布格局;加拿大华人科学家为 34 人,占海外华人科学家总数的 9.63%,仅次于美国;新加坡、澳大利亚、英国以及日本分别为 16 人、11 人、11 人、6 人,而沙特、德国、瑞典的华人科学家均为 1 人。根据海外华人科学家人数的多少,可将 9 个国家或地区分为三个层次:第一层次,高值

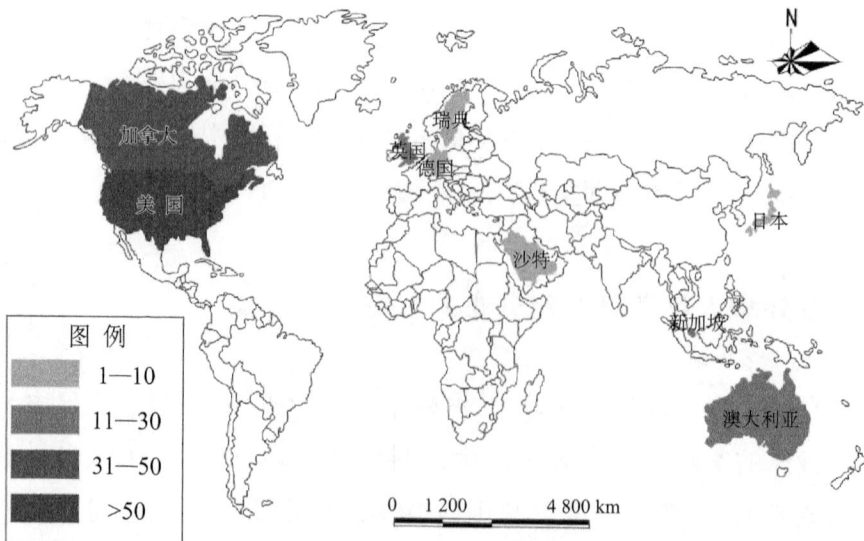

图 2-12 海外华人科学家空间分布总图

集聚区,包括美国;第二层次,中值集聚区,包括加拿大、新加坡、澳大利亚、英国以及日本;第三层次,低值集聚区,包括沙特、德国和瑞典。

　　具体而言,按照自然科学领域中的一级学科划分,对海外华人科学家的空间分布进行梳理,发现海外华人科学家所从事的学科领域主要包括农学、化学、生物学、临床医学、计算机科学技术、工程与技术科学基础学科、环境科学、地球科学、免疫学、材料科学、数学、神经科学、药学、物理学、天文学、航空航天工程、土木建筑工程、电子与通信技术、临床医学等 19 个一级学科。下面,选择人数排名前六的一级学科进行分析,六个一级学科分别为:工程与技术科学基础科学(70 人)、化学(57 人)、生物学(49 人)、计算机科学技术(47 人)、材料科学(27 人)、数学(18 人)。

(二) 一级学科海外科学家分布

1. 工程与技术科学基础学科类海外华人科学家分布

　　在工程与技术科学基础科学领域,海外华人科学家共有 70 人,是所有一级学科领域中占比最高的领域。在这个领域内,华人科学

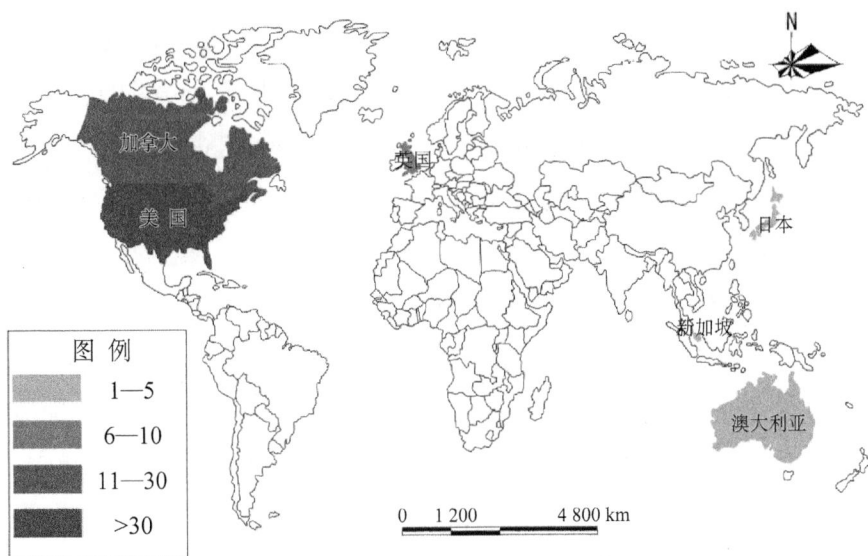

图 2－13　工程与技术科学基础学科类的海外华人科学家分布

家主要分布在美国、加拿大、新加坡、日本、澳大利亚和英国等 6 个国家。其中,在美国的华人科学家最多,为 41 人,占 58.57%;其次是加拿大 13 人,英国 6 人,澳大利亚 5 人,新加坡 4 人,日本 1 人。

2. 化学类的海外华人科学家分布

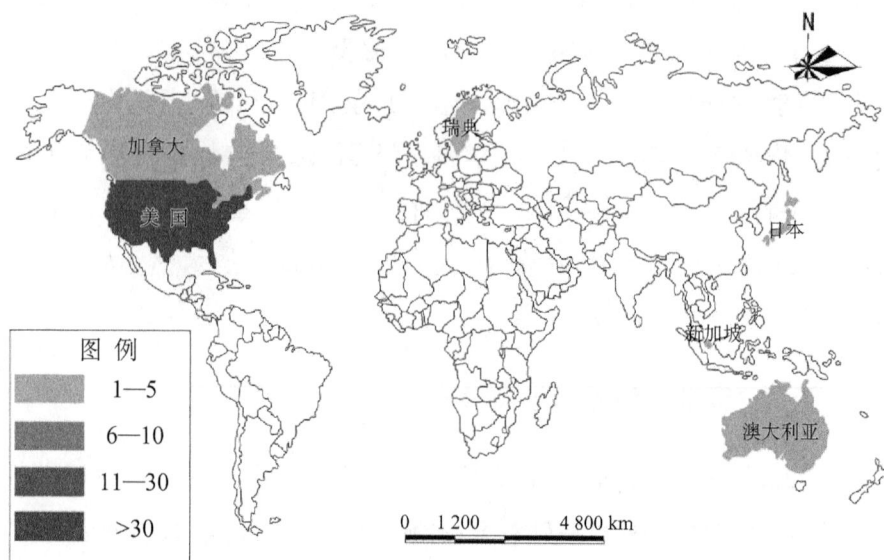

图 2 - 14 化学类海外华人科学家分布

在化学领域,海外华人科学家共有 57 人。在这个领域内,华人科学家主要分布在美国、新加坡、加拿大、澳大利亚、日本和瑞典等 6 个国家。其中,在美国的华人科学家最多,为 48 人,占 84.21%;其次是加拿大为 4 人,新加坡为 2 人,澳大利亚、日本和瑞典的化学类华人科学家各为 1 人。

3. 生物学类的海外华人科学家分布

在生物学领域,海外华人科学家共有 49 人。在这个领域内,华人科学家主要分布在美国、新加坡、加拿大、英国和日本等 5 个国家。其中,在美国的华人科学家最多,为 39 人,占 79.59%;其次是加拿大为 5 人,英国为 3 人,日本和新加坡的生物学类华人科学家各为 1 人。

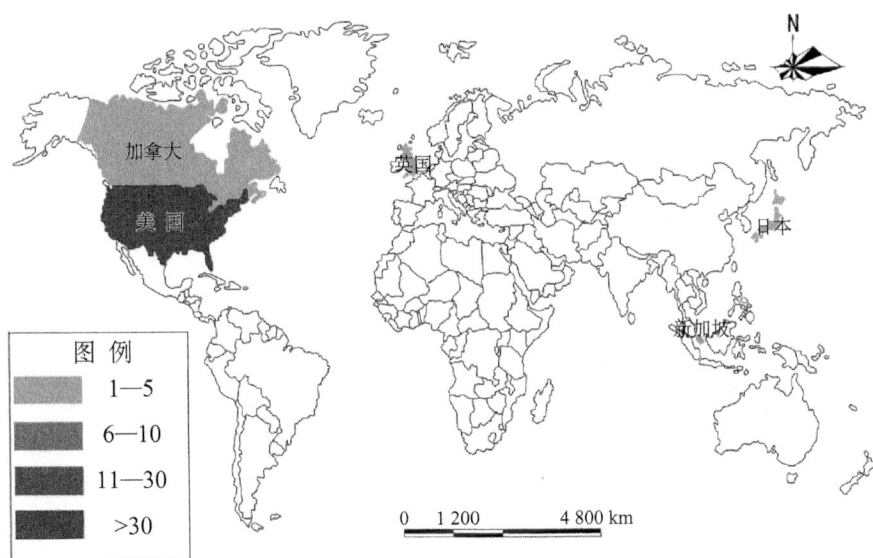

图 2－15　生物学类的海外华人科学家分布

4. 计算机科学技术类的海外华人科学家分布

在计算机科学技术领域,海外华人科学家的规模不大,分布也较为集中,共有 47 人,主要分布在美国、新加坡和加拿大等 3 个国家,

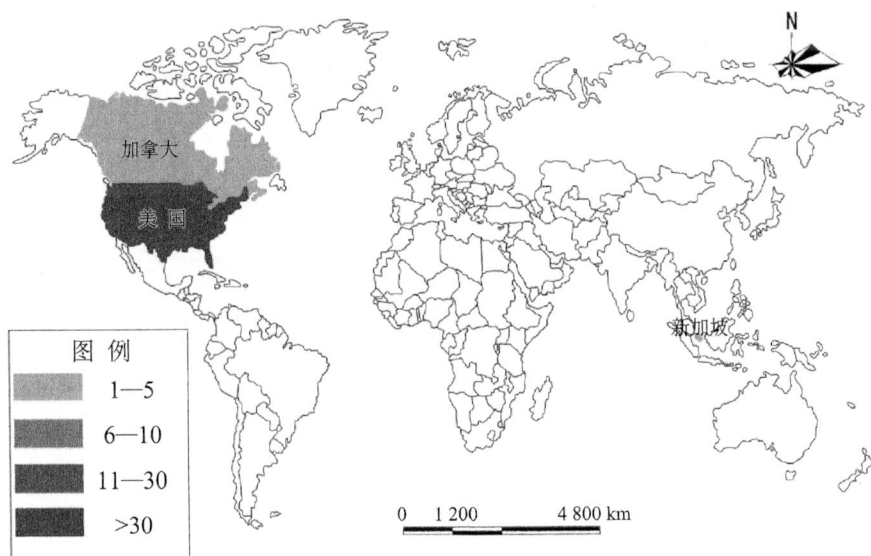

图 2－16　计算机科学技术海外华人科学家分布

是所有学科领域中华人科学家涉及国家最少的领域。其中,在美国的华人科学家最多,为 42 人,占 89.36%,新加坡、加拿大则分别为 2 人和 3 人。

5. 材料科学海外华人科学家分布

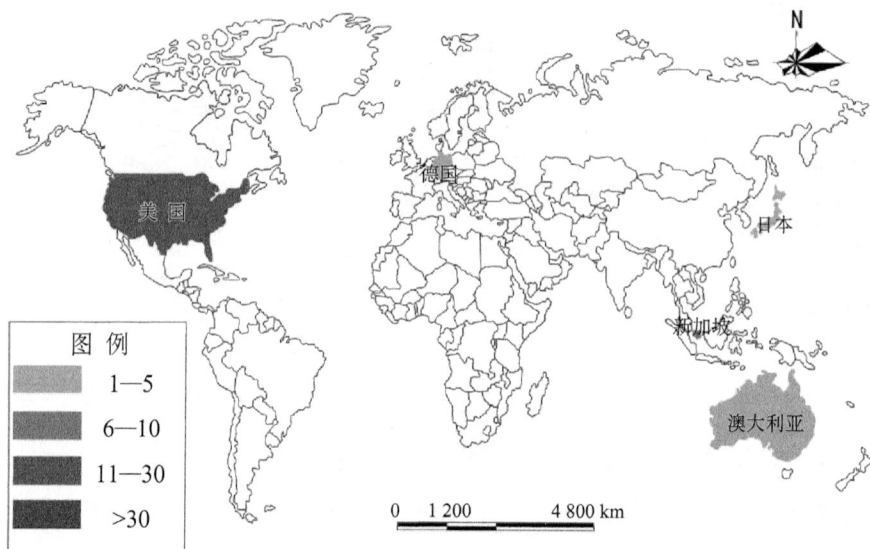

图 2-17 材料科学类的海外华人科学家分布

在材料科学领域,海外华人科学家共有 27 人,主要分布在美国、澳大利亚、新加坡、日本和德国等 5 个国家。其中,在美国的华人科学家最多,为 17 人,占 62.96%,其次新加坡为 6 人,日本为 2 人,澳大利亚和德国各为 1 人。

6. 数学类海外华人科学家分布

在数学领域,海外华人科学家共有 18 人,主要分布在美国、加拿大、澳大利亚和新加坡等 4 个国家。其中,在美国的华人数学家最多,为 14 人,占 77.78%,其次是澳大利亚 2 人,加拿大和新加坡各 1 人。

当前,正值全球产业结构深刻调整和科技(研)格局发生结构性变化的关键时期,科学家的流动频率加快、方式更趋多元,并日渐成

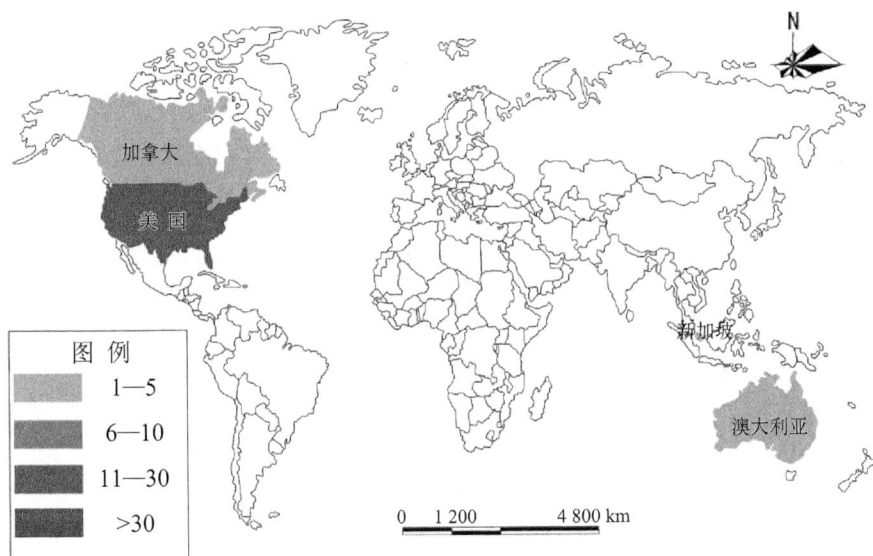

图 2-18　数学海外华人科学家分布

为世界各国人才大争夺的最主要目标。中国也不例外。2015 年,上海市在"双自联动细则"中明确提出要面向全球实施首席科学家集聚工程,广东等省随即跟进。可以预期,华人科学家将成为未来中国创新驱动发展战略实施过程中的重要聚焦点,也将成为中国夺取国际人才市场主动权和主导权的制高点。

第二节　海外理工科华人教授的分布态势

海外理工科华人教授是指目前供职于全球一流高校的理工科教授或者副教授,供职于世界 500 强的中层以上科研骨干,以及其他相关科研院所的研究员、副研究员。其中,全球一流高校的衡量标准是指以往 5 年中(2011—2015)曾经至少一次进入全球高校排名(US News 排名、QS 排名或上海交通大学排名)前 100 位的高校。依据这一标准,本项目对共计 154 所符合上述标准的世界一流高校、500 强企业的科研(研发)部门、主要国家的国家级科研机构进行了大规模的信息采集,共计获得 7 079 位海外理工科华人教授(研究员)、副教授(副研究员)、研发部门技术主管的基本信息,构成了本报告关于这一群体相关分析的基本信息源。根据"海外人才信息研究中心"的长期跟踪调查,以及国家有关部门的预测,7 079 位的样本规模约占海外理工科华人教授(研究员)总数的九成。相对于华人科学家而言,海外理工科华人教授受到的关注偏少,但这一群体与中国科技界的交往面非常宽,并可以视为海外华人科学家群体的后备军,对于我国在"十三五"时期引进 1 万名海外高层次人才等工作具有重要的现实意义,是海外高层次科技人才中最值得引起高度关注和重视的群体。因此,本项目对其分布态势进行了独立的统计分析。

一、海外理工科华人教授的基本结构分析

在对海外理工科华人教授群体进行大规模的信息采集之后,本研究团队逐一进行了信息甄别和数据清洗,并进行了规范的结构化分析,结果如下:

(一) 海外理工科华人教授的高校分布

统计结果如图 2-19 所示,海外理工科华人教授(研究员)主要分布在美国、英国、加拿大和澳大利亚等 4 个国家的高校或科研机构,并且呈现明显的高校集聚现象。其中,塔夫茨大学、匹兹堡大学和斯坦福大学的理工科华人教授均占到了海外理工科华人教授总额的 4% 以上,分别是 4.73%、4.24% 和 4.15%。随后依次是:约翰·霍普金斯大学(3.57%)、纽约大学(3.45%)、英属哥伦比亚大学(3.38%)、加州大学洛杉矶分校(2.94%)、新南威尔士大学(2.92%)、悉尼大学(2.34%)和得州农工大学(2.27%)。上述 10 所高校的海外理工科华人教授占这一群体总数的 33.99%,单位(部门)集聚态势非常明显。

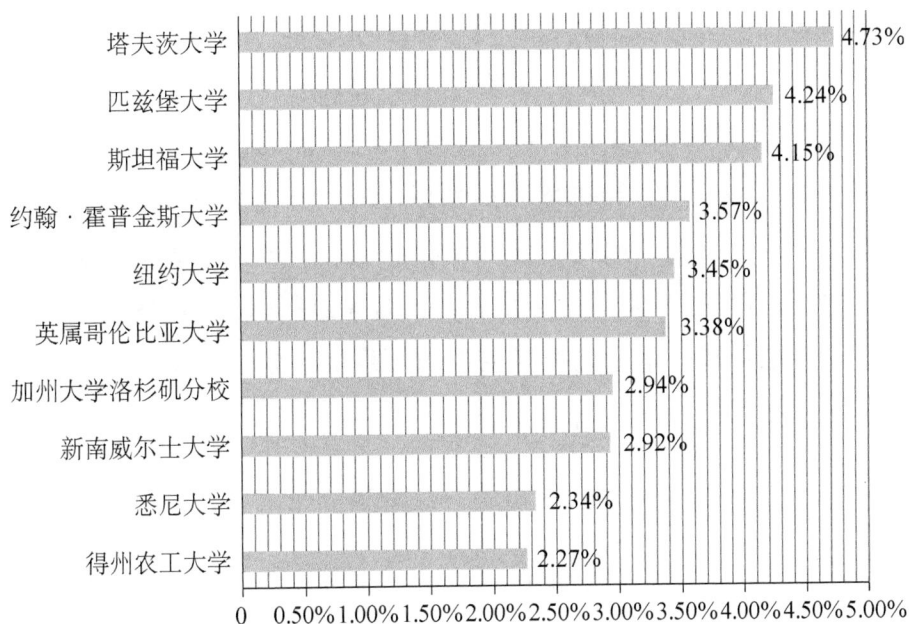

图 2 - 19 海外理工科华人教授所在高校前 10 名

(二) 海外理工科华人教授的院系分布

统计结果如图 2 - 20 所示, 在医学系的理工科华人教授最多, 占

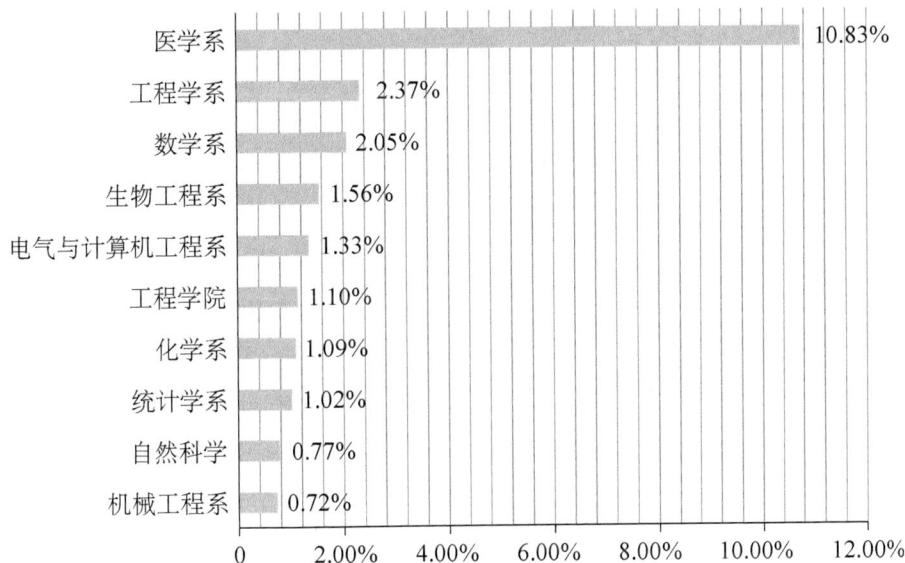

图 2 - 20 海外理工科华人教授所在院系前 10 名

到海外理工科华人教授总数的 10.83%,其次是工程学系(2.37%)、数学系(2.05%)、生物工程系(1.56%)、电气与计算机工程系(1.33%)、工程学院(1.10%)、化学系(1.09%)、统计学系(1.02%)、自然科学系(0.77%)和机械工程系(0.72%)。需要说明的是,各国在院系及专业设置方面存有很大差别,因此,本研究团队在数据统计过程中,没有对存有交叉但不尽相同的院系进行人为的归并整理,而是尽可能地保持了信息的初始特征,以便为后续的逆向追踪和数据挖掘提供便利。

(三) 海外理工科华人教授的一级学科分布

统计结果如图 2-21 所示,按照一级学科划分,临床医学类的华人教授占比最高,达到 24.51%;其次是生物学,占 18.58%;随后是计算机科学技术(7.33%)、工程与技术科学基础学科(6.80%)、数学(6.59%)、电子与通信技术(4.23%)、基础医学(3.93%)、地球科学(3.42%)、物理学(3.30%)和材料科学(2.62%)。

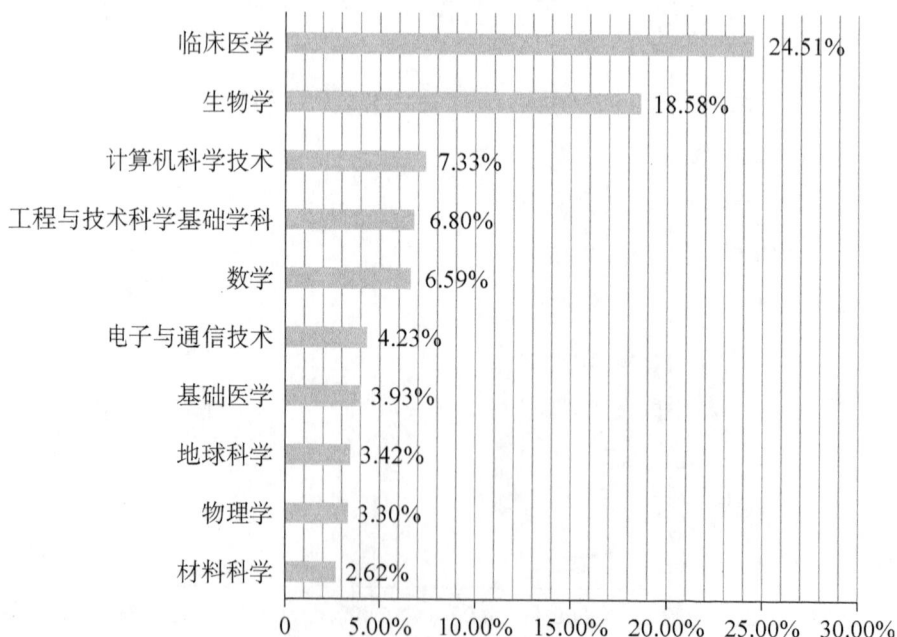

图 2-21 海外理工科华人教授的一级学科分布(前 10 名)

（四）海外理工科华人教授的二级学科分布

统计结果如图 2-22 所示，从二级学科划分来看，海外理工科华人教授的分布也极不均衡。其中，内科学最多，达到 6.39%，其次是分子生物学（5.13%）、生物医学工程学（3.63%）、细胞生物学（3.05%）、外科学（2.47%）、计算机应用（2.27%）、临床诊断学（2.21%）、病理学（2.08%）、神经病学（1.98%）和神经生物学（1.92%）。

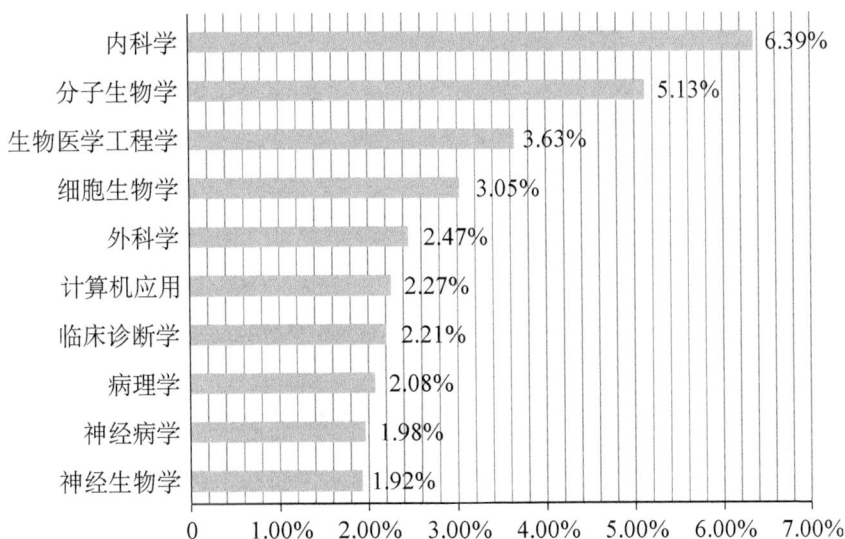

图 2-22 海外理工科华人教授的二级学科分布

（五）海外理工科华人教授的本科阶段教育经历

统计结果如图 2-23 所示，在全部海外理工科华人教授的教育经历中，北京大学（9.67%）和清华大学（7.94%）占比最高，其次是中国科技大学（3.90%）、复旦大学（2.89%）、浙江大学（2.02%）、南京大学（1.88%）、台湾大学（1.73%）。不难看出，大批海外理工科华人教授本科毕业于中国的一流高校。

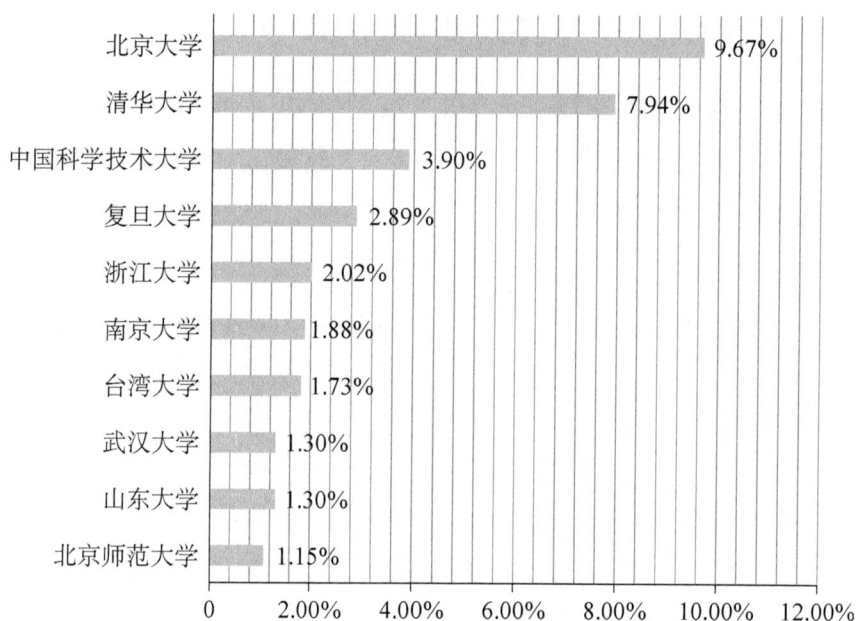

图 2-23 海外理工科华人教授的本科阶段教育经历

（六）海外理工科华人教授的硕士阶段教育经历

统计结果如图 2-24 所示，分析海外理工科华人教授的硕士阶段学历教育情况，不难发现，清华大学（4.58%）最多，其次是爱丁堡大学（2.90%）、北京大学（2.85%）、中国科技大学（2.85%）、台湾大学（1.79%）、浙江大学（1.63%）、南京大学（1.42%）、斯坦福大学（1.05%）、哈佛大学（0.95%）和多伦多大学（0.79%）。相对于本科阶段的就读学校而言，硕士阶段就读学校中的海外名校显著增多，亦即很多海外理工科华人教授是在本科阶段接受中国的学历教育，毕业之后赴海外开始硕士阶段的学业。

（七）海外理工科华人教授的博士阶段教育经历

统计结果如图 2-25 所示，分析海外理工科华人教授的博士阶段学历教育情况，不难发现，清华大学（1.88%）最多，其次是斯坦福

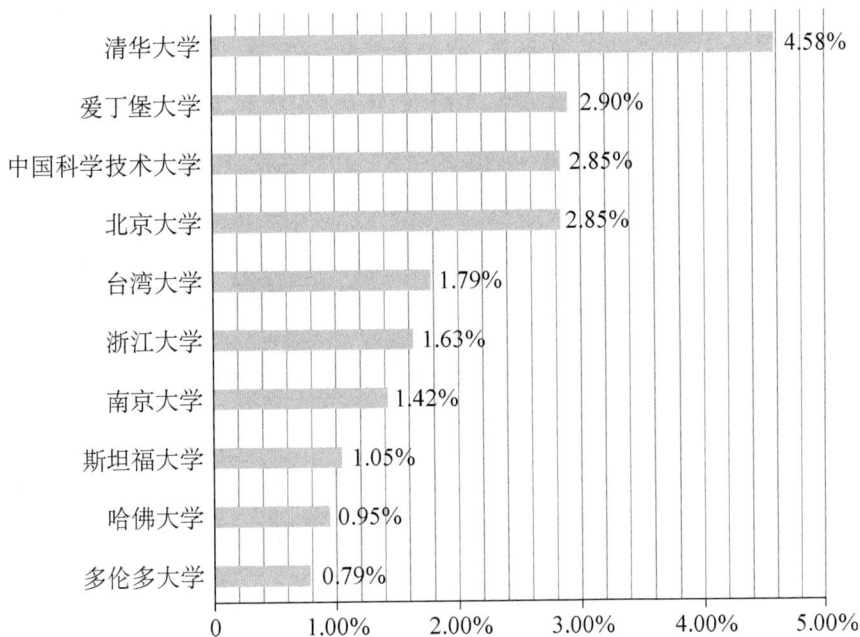

图 2 - 24 海外理工科华人教授的硕士阶段教育经历

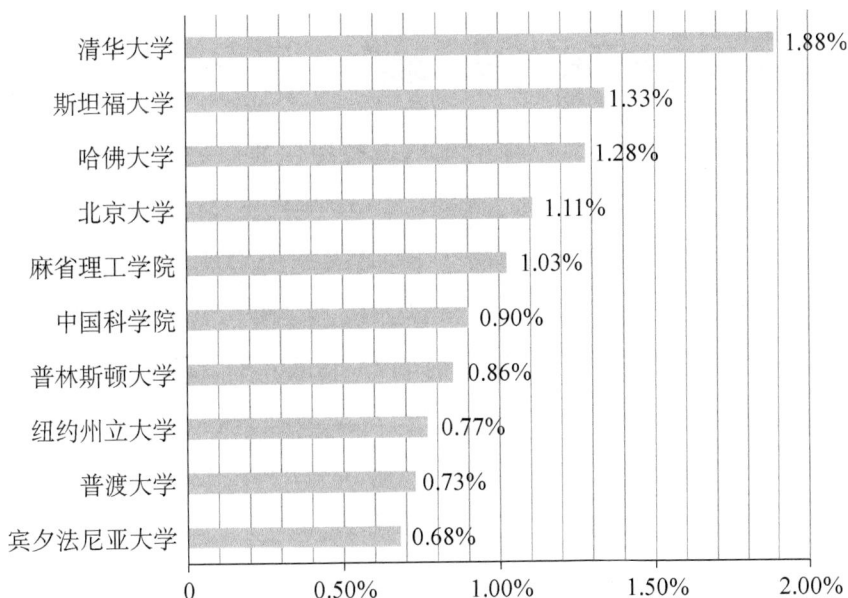

图 2 - 25 海外理工科华人教授的博士阶段教育经历

大学(1.33%)、哈佛大学(1.28%)、北京大学(1.11%)、麻省理工学院(1.03%)、中科院(0.90%)、普林斯顿大学(0.86%)、纽约州立大学(0.77%)、普渡大学(0.73%)和宾夕法尼亚大学(0.68%)。相对于硕士阶段的就读学校而言,博士阶段就读学校中的海外名校更多,亦即很多海外理工科华人教授是在博士阶段接受西方发达国家的高等教育和学术训练,毕业之后滞留海外。这与海外华人科学家的博士阶段教育经历基本吻合。

总体来看,海外理工科华人教授多数来自中国,并在中国接受过本科以上的学历教育,与相关高校(母校)存在着复杂的学缘网络,并由此催生了大批的海外校友分会和海外专业技术社团,作为联络这些海外学子与中国国内母校的重要纽带,在跨国知识流动与扩散中彰显了独特功能。

二、海外理工科华人教授空间分布的 GIS 分析

(一) 海外理工科华人教授空间分布

由图 2-26 可见,海外理工科华人教授主要分布在世界 17 个国家。其中,美国的理工科华人教授最多,占比高达 71.66%,约为人数排名第二的英国(占 8.67%)的 8 倍,澳大利亚占 7.65%,加拿大占 7.48%。上述 4 个国家的理工科华人教授占到了总数的 95.46%。此外,新加坡的理工科华人教授也达到了 110 人。新西兰、日本、荷兰、瑞典、芬兰、挪威、爱尔兰的理工科华人教授规模在 10—100 人的范围内,丹麦、瑞士、比利时、韩国、马来西亚的理工科华人教授位于1—10 人范围内。根据海外理工科华人教授人数的多少,可将 17 个国家或地区分为三个层次:第一层次是高值集聚区,包括美国、英国、澳大利亚、加拿大;第二层次是中值集聚区,包括新加坡、新西兰、日本、荷兰及瑞典;第三层次是低值集聚区,包括芬兰、挪威、爱尔兰、

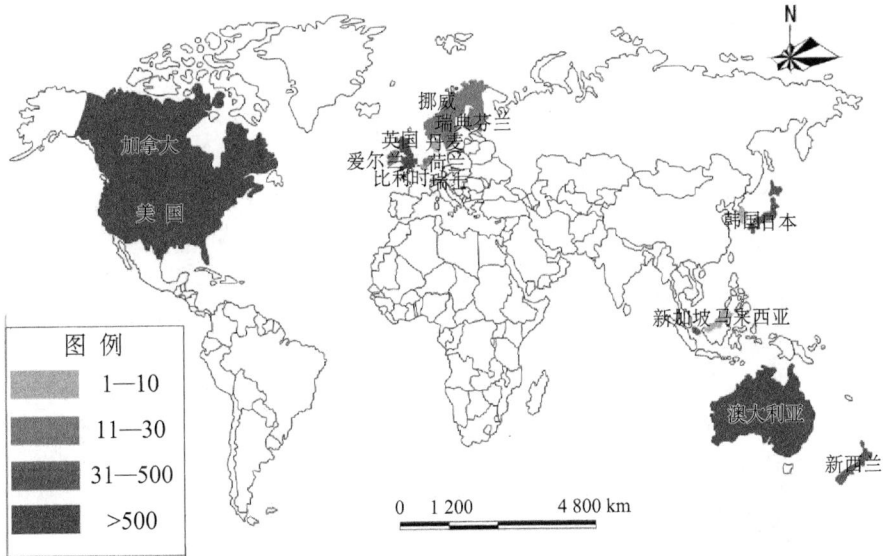

图 2-26　海外理工科华人教授的空间分布

丹麦、瑞士、比利时、韩国和马来西亚。理工科华人教授的空间分布高度集中,这充分反映了全球科技教育资源的分布态势,也为我国很多地方政府赴外"纳贤"的做法提供了反证。

(二) 一级学科海外华人教授分布图

按照学科领域中的一级学科划分,对海外理工科华人教授的空间分布进行梳理,发现这一群体所从事的学科领域主要包括材料科学、测绘科学技术、地球科学、电子与通信技术、动力与电气工程、纺织科学技术、工程与技术科学基础学科、航空与航天科学技术、核科学技术、化学、化学工程、环境科学技术及资源科学技术、机械工程、基础医学、计算机科学技术、交通运输工程、矿山工程技术、林学、临床医学、能源科学技术、农学、生物学、食品科学技术、数学、水产学、水利工程、天文学、土木建筑工程、物理学、心理学、信息科学与系统科学、畜牧与兽医科学、药学、冶金工程技术、预防医学与公共卫生学、中医学与中药学等 37 个一级学科。选择海外理工科华人教授人数排名前 12 位的一级学科作为代表进行分析,12 个一级学科分别为:临床医学(1 353 人)、生物学(1 006 人)、计算机科学技术(395人)、工程与技术科学基础学科(364 人)、数学(351 人)、电子与通信技术(234 人)、基础医学(205 人)、地球科学(188 人)、物理学(175人)、材料科学(144 人)、预防医学与公共卫生学(125 人)、化学(122人),下面将一一进行分析。

1. 临床医学海外华人教授分布

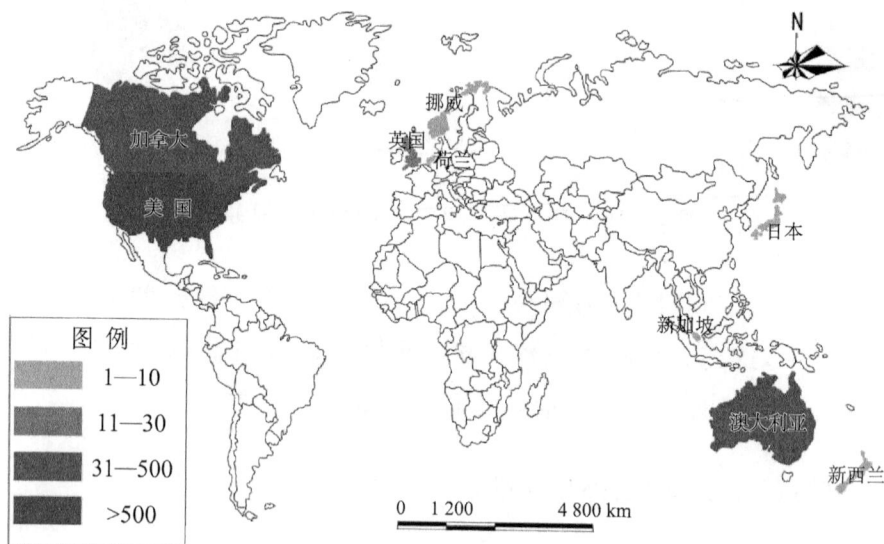

图 2 - 27　临床医学类海外华人教授分布

在临床医学领域,共有 1 353 位海外华人教授,是所有一级学科领域中规模最大的领域,主要分布在美国、加拿大、澳大利亚、英国、新西兰、荷兰、挪威、新加坡、日本等 9 个国家。其中,美国最多(占72.51%),其次是加拿大(14.63%)和澳大利亚为(9.46)。上述 3 个国家的占比加总高达 96.60%。

2. 生物学类海外华人教授分布

在生物学领域,共有 1 006 位海外华人教授,主要分布在美国、英国、加拿大、澳大利亚、荷兰、挪威、新加坡、新西兰、丹麦、瑞典等 10

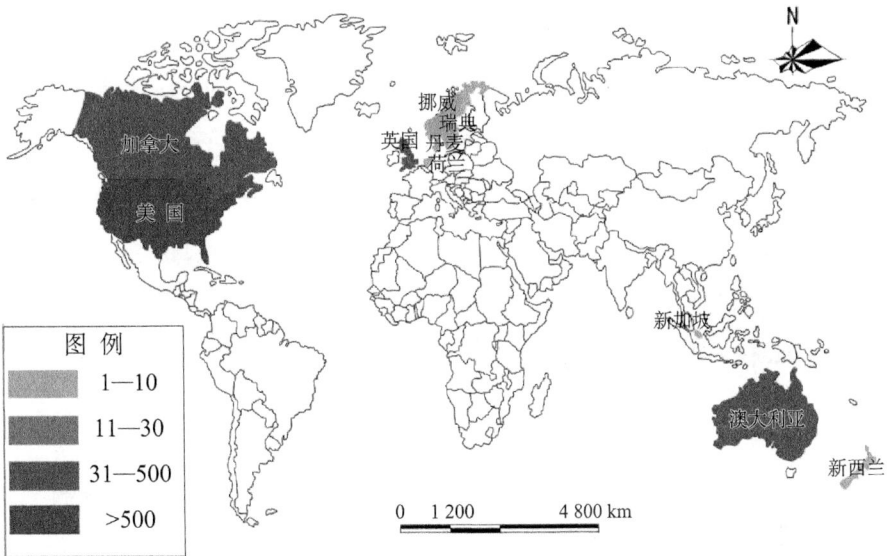

图 2-28　生物学类海外华人教授分布

个国家。其中,美国最多(占 83.80％),其次是英国(4.97％)、加拿大
(4.47％)和澳大利亚(3.68％),上述 4 个国家共占 93.24％。

　　3. 计算机科学技术海外华人教授分布

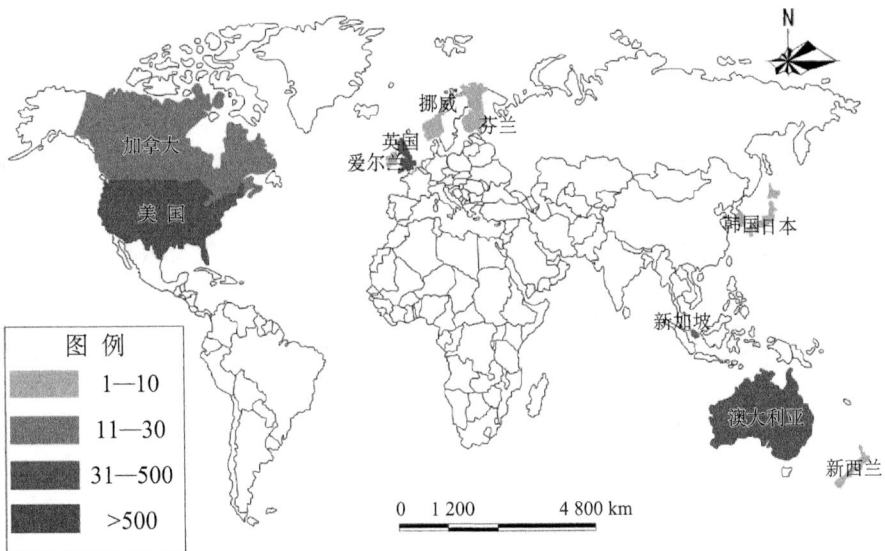

图 2-29　计算机科学技术类海外华人教授分布

在计算机科学技术领域,共有 395 位中国籍的海外华人教授,主要分布在美国、新加坡、英国、澳大利亚、加拿大、新西兰、挪威、爱尔兰、日本、韩国、芬兰等 11 个国家。从比例分布来看,是华人教授分布最为分散的一级学科。其中,在美国的计算机科学技术类华人教授最多(58.99%),其次是英国(12.91%)、新加坡(12.41%)和澳大利亚(9.37%)。显然,美国在该领域的占比低于六成,这与计算机科学技术的学科及产业分布态势略有偏差。

4. 工程与技术科学基础学科类的海外华人教授分布

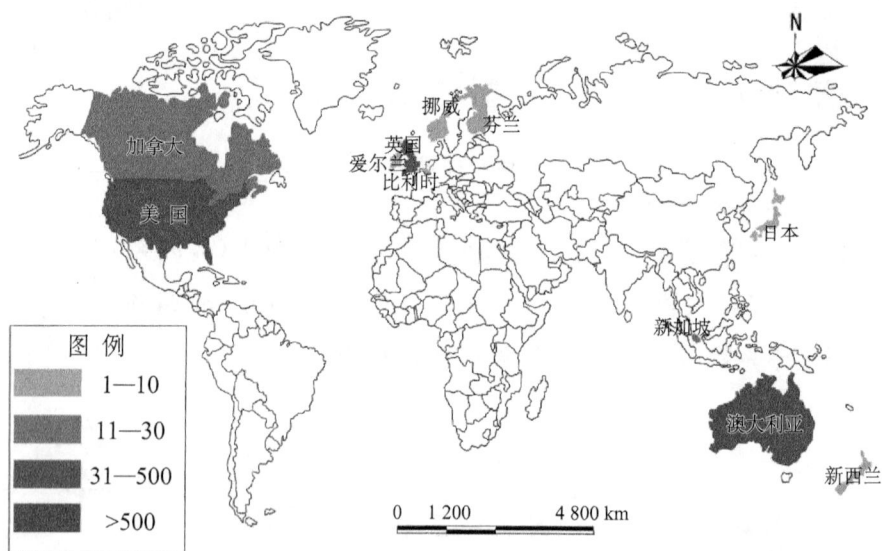

图 2-30 工程与技术科学基础学科类海外华人教授分布

在工程与技术科学基础学科领域,共有 364 位华人教授,主要分布在美国、英国、澳大利亚、新加坡、加拿大、新西兰、爱尔兰、挪威、日本、比利时和芬兰等 11 个国家,但比例分布极不均衡。其中,美国最多(占 72.53%),其次是英国(9.89%)和澳大利亚(7.69%)。

5. 数学类海外华人教授分布

在数学领域,共有 351 位中国籍的华人教授,主要分布在美国(79.49%),其次是英国(7.12%)和加拿大(6.55%)。相对于其他一

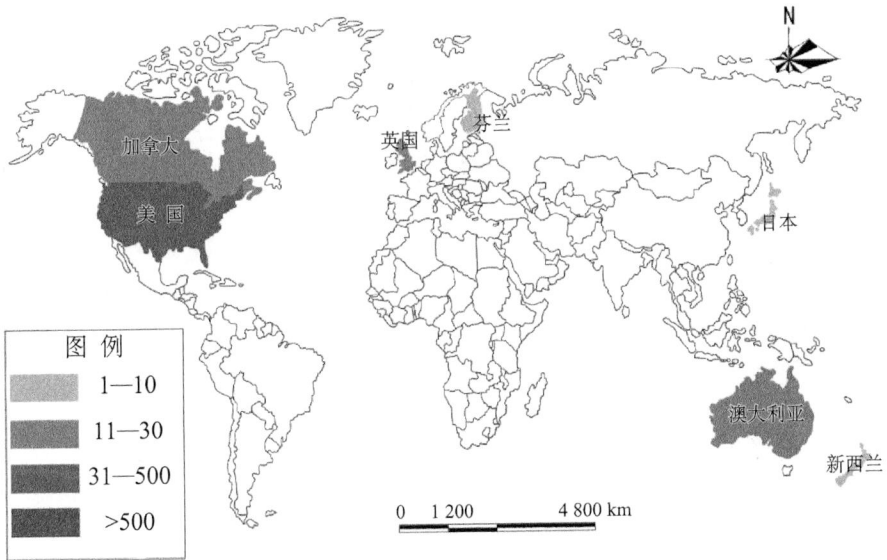

图 2 - 31　数学类海外华人教授分布

级学科,数学领域的海外华人教授国别分布较为集中。

6. 电子与通信技术海外华人教授分布

在电子与通信技术领域,共有 234 位中国籍的海外华人教授,主

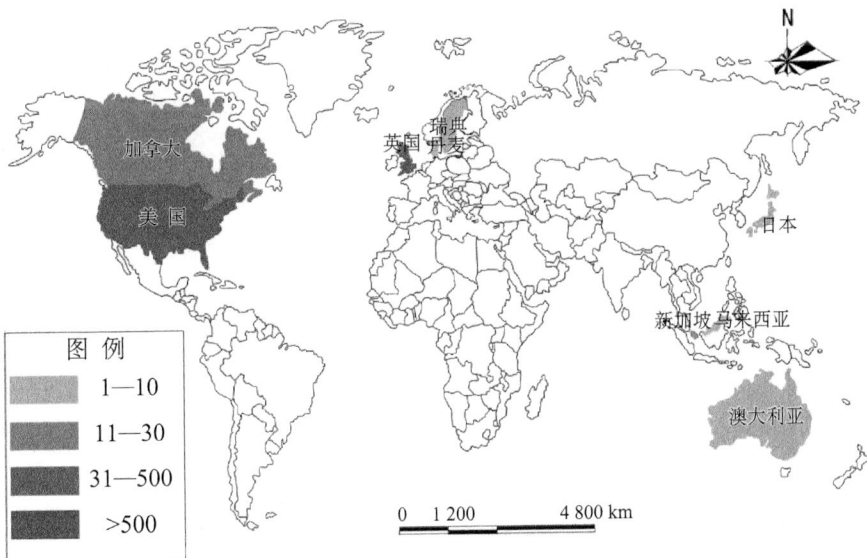

图 2 - 32　电子与通信技术类海外华人教授分布

要分布在美国、英国、加拿大、新加坡、澳大利亚、日本、丹麦、马来西亚、瑞典等 9 个国家。其中,美国最多(占 52.99%),其次是英国(22.65%)、加拿大(11.97%)和新加坡(6.41%)。

7. 基础医学类海外华人教授分布

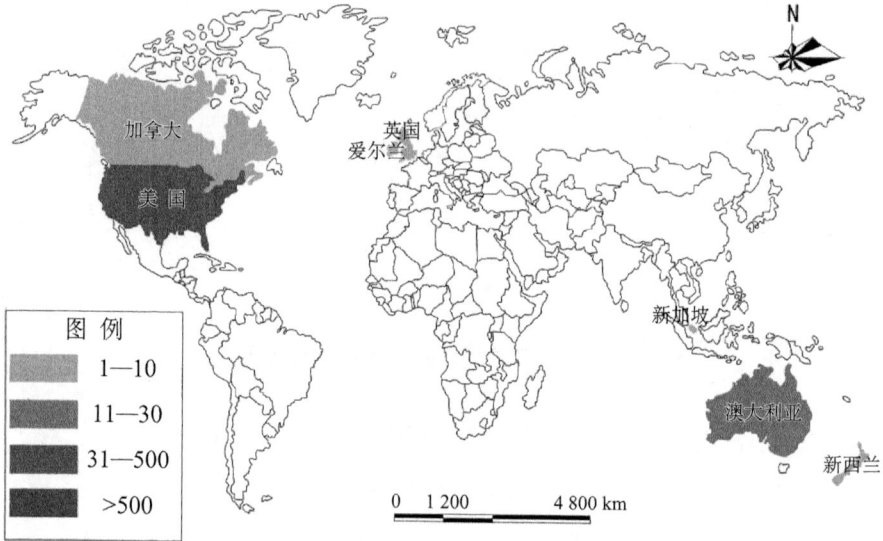

图 2-33　基础医学类海外华人教授分布

在基础医学领域,共有 205 位中国籍的海外华人教授,主要分布在美国、澳大利亚、加拿大、英国、新加坡、爱尔兰、新西兰等 7 个国家。其中,美国占比高达 87.80%,澳大利亚位居次席,但仅占 5.85%。

8. 地球科学类海外华人教授分布

在地球科学领域,共有 188 位中国籍的海外华人教授,主要分布在美国、英国、加拿大、澳大利亚、日本、瑞典、荷兰、挪威、新加坡、芬兰等 10 个国家。其中,美国最多,占 79.79%,英国居第二位,但也仅占 8.51%。

9. 物理学类海外华人教授分布

在物理学领域,共有 175 位中国籍的海外华人教授,主要分布在

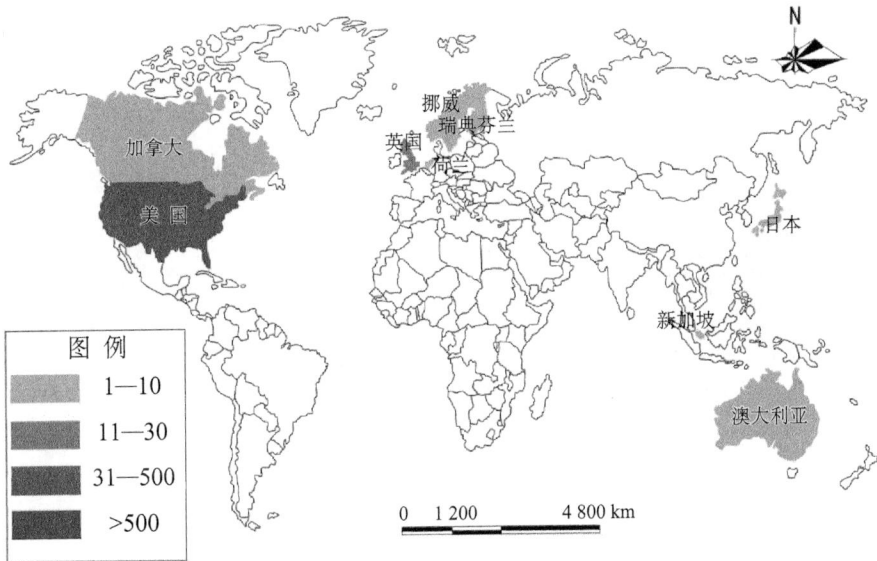

图 2－34　地球科学类海外华人教授分布

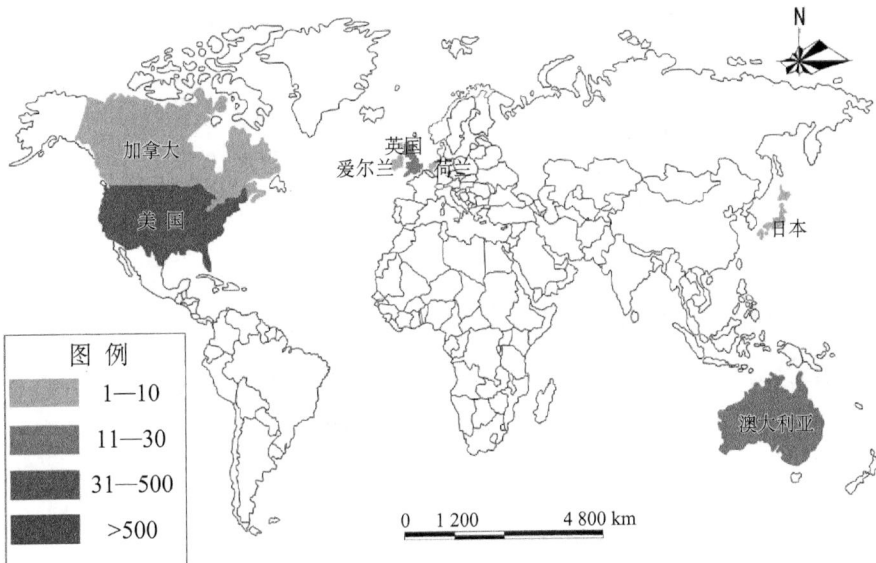

图 2－35　物理学类海外华人教授分布

美国、英国、澳大利亚、加拿大、日本、爱尔兰、荷兰等 7 个国家。其中,美国最多,占 74.86％,其次是英国(10.86％)、澳大利亚(6.86％)

和加拿大(5.14%)。

10. 材料科学类海外华人教授分布

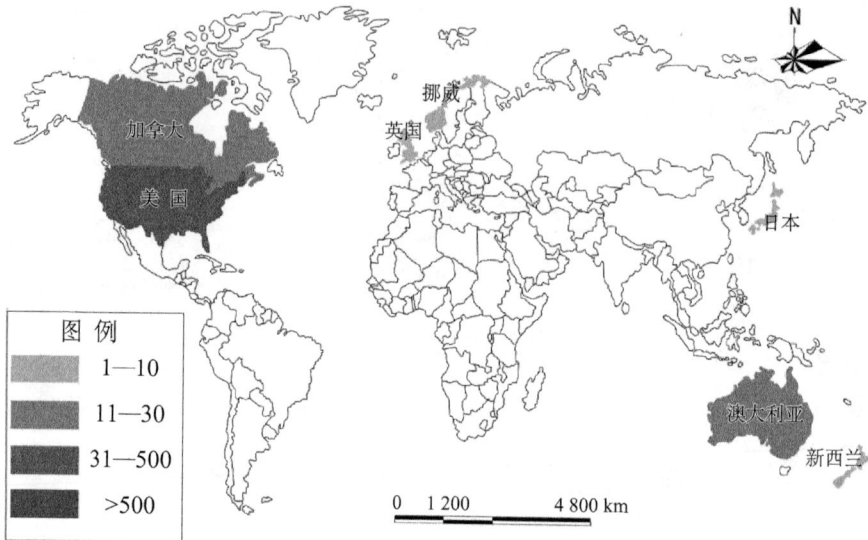

图 2-36 材料科学类海外华人教授分布

在材料科学领域,共有 144 位海外华人教授,主要分布在美国、澳大利亚、加拿大、英国、日本、新西兰、挪威等 7 个国家。其中,美国最多,占 65.97%,其次是澳大利亚(11.81%)、英国(9.03%)和加拿大(7.64%)。

11. 预防医学与公共卫生学类海外华人教授分布

在预防医学与公共卫生学领域,共有 125 位海外华人教授,主要分布在美国、澳大利亚、加拿大、英国、新加坡、挪威、丹麦等 7 个国家。其中,美国最多,占 75.20%,其次是澳大利亚(9.60%)、加拿大(6.40%)和英国(6.40%)。

12. 化学类海外华人教授分布

在化学领域,共有 122 位海外华人教授,主要分布在美国、加拿大、英国、澳大利亚、日本、新西兰、瑞士、爱尔兰等 8 个国家。其中,美国最多,占 64.75%,其次是加拿大(12.30%)和英国(11.48%)。

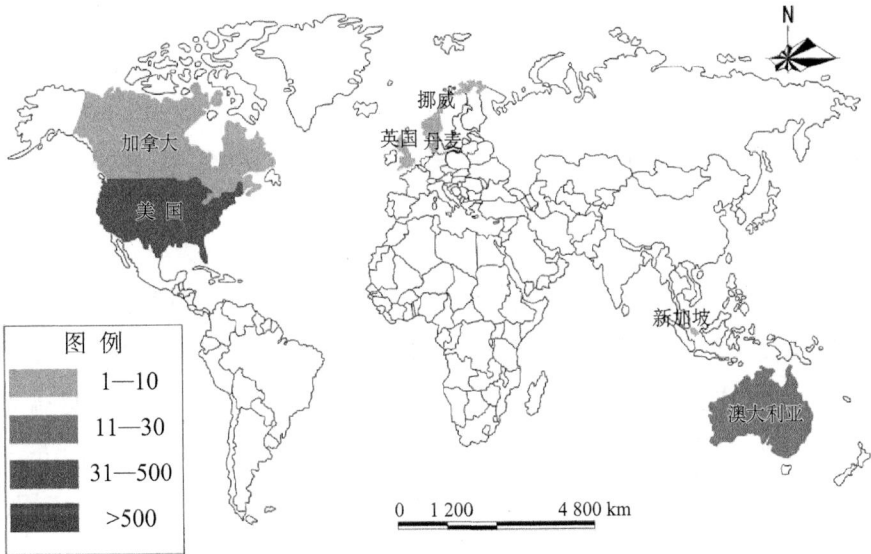

图 2 – 37　预防医学与公共卫生学类海外华人教授分布

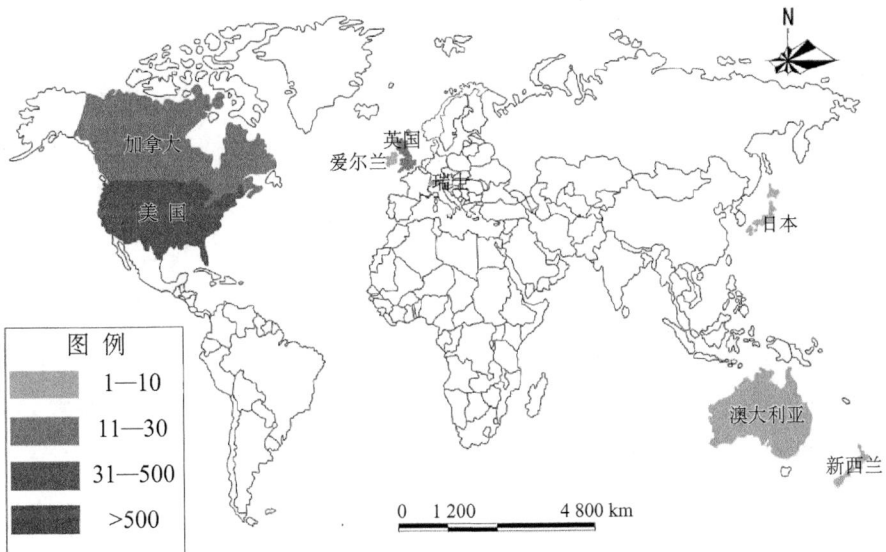

图 2 – 38　化学类海外华人教授分布

　　值得注意的是,在上述 12 个海外华人教授规模较大的一级学科中,美国全部占比最高,其次主要集中在英国、加拿大、澳大利亚及新加坡,这基本反映了海外理工科华人教授的全球分布态势,也反映了这五个英语国家对海外华人科技精英的巨大吸引力。

第三节　海外理工科博士生(后)的分布态势

华人科学家和作为准科学家群体的理工科华人教授已经蛰居海外,当前的迁移表征非常清晰,而赴外求学(访学)的博士生(博士后)群体较为特殊。他们既没有确定跨国流动的最终目的地,也没有显示未来的职业方向。从跨国迁移与人才引进的角度来看,他们介于滞留海外与成为海归之间,无疑是国内吸引和集聚海外高层次科技人才的优先选项。

一、在美理工科博士生的分布态势

海外理工科博士生属于赴外目标非常明确的群体,求学并获得博士学位是第一任务。自近代以来,国家直接选派学生赴外求学,首要目的是学习西方的科学技术。同治十一年(1872 年)至光绪元年(1875 年),清廷按照计划先后派遣四批共 120 名幼童赴美留学,其中,专修路矿工机等工科者约占 2/3。改革开放之初,我国迅速加大了选派优秀学子赴外求学的力度,并明确了"派遣留学生应当以学习自然科学为主"[①]的原则。20 世纪 80 年代,经教育部批准,李政道、吴瑞、陈省身、邹至庄等一大批华裔科学家和威廉·多林等众多美国友好人士倡议发起了物理、生物、数学、经济学、化学等多个学科的赴美攻读研究生项目,选拔了近 2 000 名中国青年学子赴美攻读博士学位。这批通过各个学科留学项目出国的留美生是这一时期中国留美

① 李滔:《中华留学教育史录:1949 年以后》,高等教育出版社 2000 年版,第 371 页。

博士群体的主要组成部分。[①] 根据美国国家科学委员会(NSB)最新发布的《科学与工程指标 2014》(Science and Engineering Indicators 2014),1991—2011 年共有 68 104 名中国留学生在美国获得博士学位,其中 93.0%(63 341 人)获得的是科学与工程博士学位。而在科学与工程博士中,工程博士占 32.9%(20 823 人),科学博士占 67.1%(42 518 人)。[②]

近年来,由于赴美上大学的人数上升,在美留学生中的研究生比例有所下降,绝对数量仍在攀升。无论学成归来还是滞留美国,这一群体的去向与趋势均值得高度关注。考虑到群体的特殊性和技术路径的有效性问题,本项目通过检索学位论文获取在美理工科博士生的基本信息。

(一) 在美理工科博士生的学位论文检索说明

1. 检索目标

中国在美理工科博士生学位论文

2. 检索地址

http://search. proquest. com/pqdtsciengai/advanced? accountid＝13151

3. 检索数据库

ProQuest Dissertations and Theses A&I: The Sciences and Engineering Collection[③]

---

① 岳婷婷:《改革开放以来的中国留美博士群体研究》,《兰州大学学报》2015 年第 2 期。

② NSB, "Science and Engineering Indicators 2014", 2014 - 10 - 13, http://www. nsf. gov/statistics/seindl4/.

③ 1938 年,当时的 UMI 公司(现已更名为 ProQuest)开始收集博士论文,由此诞生了迄今为止世界上最大的国际性博士、硕士论文数据库 ProQuest Dissertations & Theses (PQDT)。ProQuest 公司是美国的国家图书馆——国会图书馆指定的收藏全美国博士、硕士论文的分馆;也是加拿大国家图书馆指定的收藏全加拿大博士、硕士论文的机构。Dissertations and Theses A&I 数据库属于文摘索引型数据库。数据库现(转下页)

4. 检索方法

使用"高级检索",主要通过姓氏拼音进行查找。

5. 检索式

au. exact(zhang or wang or li or liu or chen or yang or huang or sun or zhou or wu or xu or zhao or zhu or ma or guo or peng or lin or he or gao or zheng or liang or luo or song or xie or tang or han or cao or xu or deng or xiao or feng or zeng or cheng or cai or peng or pan or yuan or yu or dong or su or ye or yu or lv or wei or jiang or tian or du or ding or shen or fan or jiang or jiang or fu or zhong or lu or wang or dai or liao or cui or ren or lu or yao or fang or jin or qiu or xia or tan or wei or jia or shi or xiong or zou or meng or qin or xue or yan or hou or lei or bai or long or duan or hao or kong or shao or mao or shi or chang or wan or gu or lai or wu or qian or kang or he or yan or yin or shi or niu or hong or gong or tang or tao or li or wen or mo or yi or yin or fan or yan or qiao or wen or an or zhuang or zhang or lu or ni or lan or ge or pang or nie or xing or qi or yu or xiang or zhai or shen or chai or wu or tan or luo or guan or jiao or liu) AND YR(>=2008) Not ulo. Exact ("Peoples Republic of China") And MTYPE(博士论文)。

由于该数据库一次最多只能下载 4 000 条数据,所以将检索式分拆,主要以作者姓氏进行检索。作者处输入(如表 2 - 1 所示):

(接上页)已收录来自欧美 1 700 多所大学的 270 多万篇学位论文。论文内容涵盖了从 1637 年全球早期博士、硕士论文,到本年度本学期获得通过的博士、硕士论文信息。数据库中除收录与每篇论文相关的题录(citations)外,1980 年以后出版的博士论文信息中包含了作者本人撰写的长达 350 个字的文摘。1988 年以后出版的硕士论文信息中含有 150 个字的文摘。另外,该数据库大量提供前 24 页可以免费预览,特别是对于 1997 年以后出版的论文,该数据库为每周更新,平均每年新增论文条目约 7 万篇。目前,PQDT 数据库中还集成了开放存取的论文全文,共计 8 000 多篇。因此,此数据库是世界上收录最全的、有关科学和工程的学位论文库。

表 2-1　作者姓名检索方法

检索姓氏	对应姓氏
"zhang"	张、章
"li"	李、黎
"wang"	王、汪
"liu" OR "yang"	刘、柳、杨
"chen" OR "huang" OR "sun"	陈、黄、孙
"zhou" OR "wu"	周、吴、武、伍
"xu" OR "zhao" OR "zhu"	许、徐、赵、朱
"ma" OR "guo" OR "hu" OR "lin" OR "he"	马、郭、胡、林、何、贺
"gao" OR "zheng" OR "liang" OR "luo" OR "song" OR "xie"	高、郑、梁、罗、骆、宋、谢
"tang" OR "han" OR "cao" OR "deng" OR "xiao" OR "feng" OR "zeng" OR "cheng" OR "cai" OR "peng"	唐、汤、韩、曹、邓、萧、肖、冯、风、丰、凤、曾、程、蔡、彭
"pan" OR "yuan" OR "yu" OR "dong" OR "su" OR "ye" OR "lv" OR "wei" OR "jiang" OR "tian"	潘、袁、于、余、鱼、俞、董、苏、粟、叶、夜、吕、魏、卫、江、姜、蒋、田
"du" OR "ding" OR "shen" OR "fan" OR "fu" OR "zhong" OR "lu" OR "dai" OR "liao" OR "cui"	杜、丁、沈、申、审、范、樊、傅、福、富、钟、种、卢、陆、鲁、路、戴、廖、崔
"ren" OR "yao" OR "fang" OR "jin" OR "qiu" OR "xia" OR "tan" OR "jia" OR "shi" OR "xiong"	任、姚、方、房、金、晋、邱、丘、裘、秋、夏、谭、覃、谈、贾、石、史、施、师、熊
"zou" OR "meng" OR "qin" OR "xue" OR "yan" OR "hou" OR "lei" OR "bai" OR "long" OR "duan"	邹、孟、蒙、秦、薛、燕、严、阎、侯、雷、白、龙、段
"hao" OR "kong" OR "shao" OR "mao" OR "chang" OR "wan" OR "gu" OR "lai" OR "qian" OR "kang"	郝、孔、邵、毛、常、万、古、顾、谷、赖、钱、康

（续表）

检索姓氏	对应姓氏
"yin" OR "niu" OR "hong" OR "gong" OR "tao" OR "wen" OR "mo" OR "yi" OR "qiao" OR "an"	尹、殷、阴、牛、洪、龚、宫、陶、文、温、闻、莫、墨、易、乔、桥、安
"zhuang" OR "ni" OR "lan" OR "ge" OR "pang" OR "nie" OR "xing" OR "qi" OR "xiang" OR "zhai" OR "chai" OR "guan" OR "jiao"	庄、倪、蓝、兰、葛、庞、聂、邢、齐、向、翟、柴、关、官、焦

6. 检索结果

本研究团队专门针对美国,搜集了 37 947 篇中国理工科博士生的学位论文,包括 2008 年、2009 年、2010 年、2011 年、2012 年、2013 年、2014 年、2015 年度的学位论文数据,分属 385 所美国高校或研究机构。相应地,在进行年度学位论文数比较时,是指 7 年间的数据变化比较。需要指出的是,获得学位的人数与攻读学位的人数之间有一个差,并且呈现出拉大的趋势。尤其是随着自费比例升高、生源结构复杂化之后,赴外理工科博士生能否按期完成学业、顺利通过博士论文答辩,一度成为关注的焦点,甚至有海外媒体大肆炒作中国留学生辍学等问题。英属哥伦比亚大学(UBC)及西蒙弗雷泽大学(SFU)的相关数据显示,每年都有约一成半的学生转科或辍学,其中,中国理科留学生的早辍率更是严重。仅在 SFU,中国理科留学生的早辍率一度是平均数的近 2 倍。具体来看,2008 年至 2009 年度,西安大略大学的华裔留学生为 525 名,但早辍率高达 12.6%,这意味着 66 名留学生辍学。[①] 另据 2013 年美国常青藤盟校近日公布的数据显示,进入哈佛大学、耶鲁大学、康奈尔大学、哥伦比亚大学等 14 所名牌大学的中国留学生退学率为 25%。[②] 这就意味着在政策层面,有

---

① 《留学慎选理科专业》,《南方日报》2012 年 6 月 13 日。
② 《中国赴美名校留学生,每 4 人就有 1 人退学》,《北京晚报》2013 年 10 月 28 日。

关部门必须进一步提供清晰的留学指南,同时消弭各类留学中介不实宣传的误导,并努力改变申请者与留学目的地之间的信息不对称状态。

(二) 中国在美理工科博士生学位论文检索结果分析

长期以来,美国是中国理工科博士生的主要求学目的地,赴美留学的理工科博士高居首位。根据 2008—2015 年间的博士论文检索结果,共计 37 947 篇博士学位论文。现作如下统计描述:

1. 通过年份

统计结果如图 2 - 39 所示,中国的在美博士生中,2008 年度有 4 789篇理工科博士论文获得通过,占 12.62%;2009 年有 4 452 篇,占 11.73%;2010 年共有 4 647 篇,占 12.25%;2011 年共有 4 719 篇,占 12.44%;2012 年共有 5 090 篇,占 13.41%;2013 年共有 4 930 篇,占 12.99%;2014 年共有 4 802 篇,占 12.56%;2015 年共有 4 518 篇,占 11.91%。从年度数据分布情况来看,赴美攻读理工科博士学位并获得学位的人数保持在 4 500—5 000 人之间,总体上处于相对稳定状态。鉴于海外读博通常 4 年以上的周期,经过推演之后可见,在美理工科博士生规模呈现逐步小幅下降的趋势。

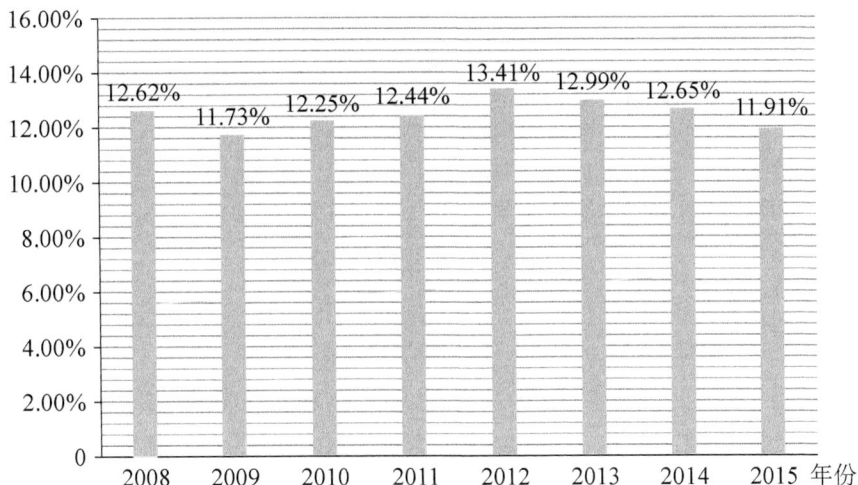

图 2 - 39　博士学位论文的年份变化

2. 所属高校

统计结果如图 2-40 所示,伊利诺伊大学厄巴纳-香槟分校以 925 篇,占比 2.44%,居首;普渡大学以 867 篇,占比 2.29%,居第二位;得州农工大学以 812 篇,占比 2.14%,居第三位;加州大学洛杉矶分校以 770 篇,占比 2.03%,居第四位。分列 5 至 10 名的依次是:俄亥俄州立大学 749 篇,占 1.97%;宾夕法尼亚州立大学 698 篇,占 1.84%;佛罗里达大学 692 篇,占 1.82%;明尼苏达大学 649 篇,占 1.71%;威斯康星大学麦迪逊分校 618 篇,占 1.63%;密歇根大学 599 篇,占 1.58%。上述高校成为了培养中国理工科博士生的最主要院校,也无疑是有关部门关注并开展海外引智工作的重点。

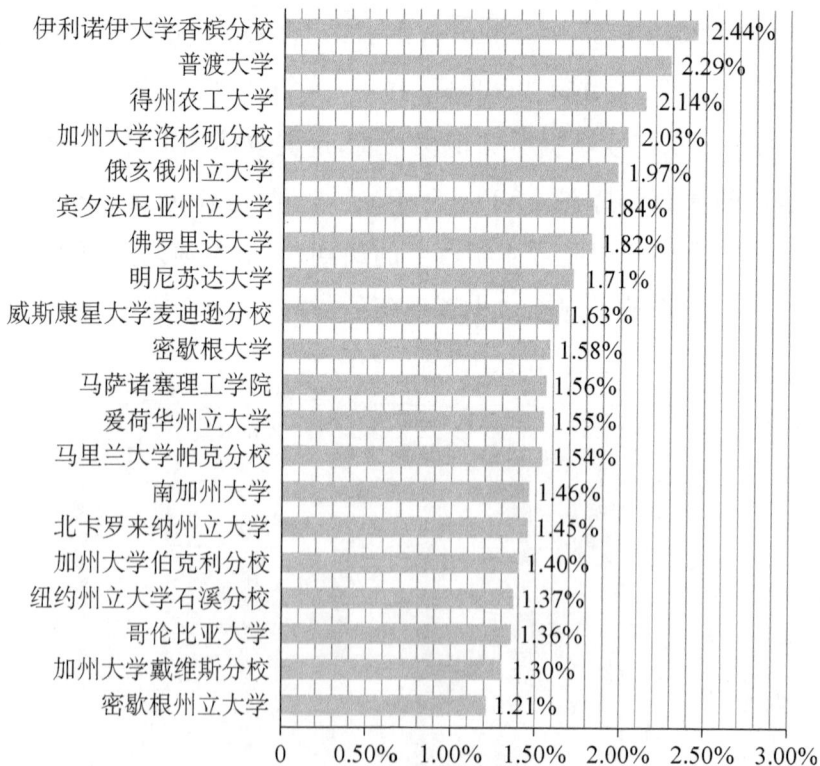

图 2-40 所属高校

3. 州际分布

美国高校的地区分布也很不平衡,并相应地与研发中心、产业链的分布构成了高度关联的复杂关系。从中国理工科博士论文的区域分布来看,统计结果如表 2 - 2 所示,加利福尼亚州遥居首位,共计4 616篇,占 12.16%,这里实际上也恰恰是在美华人科技人才的最大滞留地①。其次是纽约州,共计 3 538 篇,占 9.32%;宾夕法尼亚州2 216篇,占 5.84%;伊利诺伊州 2 211 篇,占 5.83%;得克萨斯州2 132篇,占 5.62%;马萨诸塞州 2 074 篇,占 5.47%;俄亥俄州 1 701篇,占 4.48%;密歇根州 1 457 篇,占 3.84%;北卡罗莱纳州 1 445 篇,占 3.81%;佛罗里达州 1 444 篇,占 3.81%;印第安纳州 1 403 篇,占3.70%;马里兰州 1 114 篇,占 2.94%。前述 11 个州(除马里兰州以外)的占比均超过 3 个百分点,上述 12 个州的论文篇数均超过 1 000篇。12 州的占比加总高达 66.82%,亦即以往 8 年中,中国理工科博士生中,超过 2/3 在上述 12 个州求学并拿到了理工科博士学位。不仅如此,中国理工科博士生在美国的州际分布悬殊也非常明显,其中,加州和纽约州合计超过了两成。

表 2 - 2　中国理工科博士毕业生在美国各州的分布情况

州名	中文名	百分比	频次
United States — California	加利福尼亚州	12.16%	4 616
United States — New York	纽约州	9.32%	3 538
United States — Pennsylvania	宾夕法尼亚州	5.84%	2 216
United States — Illinois	伊利诺伊州	5.83%	2 211
United States — Texas	得克萨斯州	5.62%	2 132
United States — Massachusetts	马萨诸塞州	5.47%	2 074

① 高子平:《在美华人科技人才回流意愿变化与中国海外科技人才引进政策的转型》,《科技进步与对策》2012 年第 19 期。

(续表)

州名	中文名	百分比	频次
United States — Ohio	俄亥俄州	4.48%	1 701
United States — Michigan	密歇根州	3.84%	1 457
United States — North Carolina	北卡罗来纳州	3.81%	1 445
United States — Florida	佛罗里达州	3.81%	1 444
United States — Indiana	印第安纳州	3.70%	1 403
United States — Maryland	马里兰州	2.94%	1 114
United States — New Jersey	新泽西州	2.75%	1 042
United States — Iowa	爱荷华州	2.28%	864
United States — Wisconsin	威斯康星州	2.03%	771
United States — Arizona	亚利桑那州	1.91%	726
United States — Minnesota	明尼苏达州	1.85%	702
United States — Missouri	密苏里州	1.79%	679
United States — Washington	华盛顿特区	1.71%	647
United States — Virginia	弗吉尼亚州	1.70%	646
United States — Georgia	格鲁吉亚州	1.67%	635
United States — Connecticut	康涅狄格州	1.42%	540
United States — Alabama	阿拉巴马州	1.21%	461
United States — South Carolina	南卡罗来纳州	1.21%	459
United States — Utah	犹他州	1.05%	399
United States — Colorado	科罗拉多州	1.04%	393
United States — Kentucky	肯塔基州	0.80%	302
United States — Nebraska	内布拉斯加州	0.79%	299
United States — Kansas	堪萨斯州	0.77%	292
United States — Oklahoma	俄克拉荷马州	0.77%	291
United States — Delaware	特拉华州	0.69%	262

（续表）

州名	中文名	百分比	频次
United States — Tennessee	田纳西州	0.68%	257
United States — Louisiana	路易斯安那州	0.60%	227
United States — Mississippi	密西西比州	0.52%	196
United States — New Hampshire	新罕布什尔州	0.42%	161
United States — New Mexico	新墨西哥州	0.42%	159
United States — District of Columbia	哥伦比亚特区	0.41%	156
United States — Oregon	俄勒冈州	0.39%	149
United States — Rhode Island	罗德岛州	0.39%	147
United States — West Virginia	西弗吉尼亚州	0.38%	146
United States — Arkansas	阿肯色州	0.24%	91
United States — Hawaii	夏威夷州	0.23%	88
United States — North Dakota	北达科他州	0.23%	88
United States — Wyoming	怀俄明州	0.20%	76
United States — Nevada	内华达州	0.20%	75
United States — Idaho	爱达荷州	0.12%	47
United States — Maine	缅因州	0.10%	39
United States — South Dakota	南达科他州	0.09%	36
United States — Alaska	阿拉斯加州	0.06%	24
United States — Montana	蒙大拿州	0.04%	17
United States — Vermont	佛蒙特州	0.02%	7

4. 学科分布

中国留学生在美国攻读理工科博士学位的学科同样存在着不均衡态势。就 2008—2015 年间获得博士学位的留学生而言,学科分布的统计结果如表 2-3 所示,电气工程居于首位,共计 4 443 篇,占 11.71%;其次是计算机科学,共计 3 699 篇,占 9.75%;材料科学

2 549篇,占6.72%;生物化学2 093篇,占5.52%;分子生物学2 067篇,占5.45%;机械工程2 051篇,占5.40%;统计学1 551篇,占4.09%;生物医学工程1 511篇,占3.98%;细胞生物学1 494篇,占3.94%;化学工程1 313篇,占3.46%;数学1 243篇,占3.28%;遗传学1 133篇,占2.99%;土木工程1 055篇,占2.78%;神经科学1 003篇,占2.46%。上述14个研究领域的学位论文均超过了1 000篇,共计占比达到了71.53%。亦即以往8年中,中国在美理工科博士毕业生中,超过七成属于上述14个学科领域,专业维度的块状分布态势非常显著,是我国海外引智的重点对象。

表2-3 中国在美博士毕业生的学科分布

序号	学科	中文名	百分比	频次
1	electrical engineering	电气工程	11.71%	4 443
2	computer science	计算机科学	9.75%	3 699
3	materials science	材料科学	6.72%	2 549
4	biochemistry	生物化学	5.52%	2 093
5	molecular biology	分子生物学	5.45%	2 067
6	mechanical engineering	机械工程	5.40%	2 051
7	statistics	统计学	4.09%	1 551
8	biomedical engineering	生物医学工程	3.98%	1 511
9	cellular biology	细胞生物学	3.94%	1 494
10	chemical engineering	化学工程	3.46%	1 313
11	mathematics	数学	3.28%	1 243
12	genetics	遗传学	2.99%	1 133
13	civil engineering	土木工程	2.78%	1 055
14	neurosciences	神经科学	2.64%	1 003
15	computer engineering	计算机工程	2.55%	968
16	biophysics	生物物理学	2.45%	928

（续表）

序号	学科	中文名	百分比	频次
17	organic chemistry	有机化学	2.40%	911
18	condensed matter physics	凝聚态物理	2.24%	851
19	physical chemistry	物理化学	2.44%	927
20	applied mathematics	应用数学	2.02%	767

5. 主要关键词

借助于关键词了解学科热点和前沿问题，是科技文献统计学常用的方法。需要说明的是，鉴于每一篇博士毕业论文有三个以上的关键词，因此，关键词的总频次与毕业论文总数之间没有关联性，但透过关键词的出现频次，能够从总体上了解中国理工科博士毕业生在美期间的科研领域及重点方向等。根据对 2008—2015 年间的在美获得学位的理工科博士毕业论文进行全面的信息采集和分级分类，统计结果如表 2 - 4 所示，没有一个关键词的出现频次超过 1 个百分点。Machine learning（机器学习）居于首位，共计出现 375 次，占 0.99%；其次是 China（中国）一词，共计出现了 293 次，占 0.77%；Optimization（优化）共计出现 264 次，占 0.70%；Data mining（数据挖掘）出现了 249 次，占 0.66%；Carbon nanotubes（碳纳米管）出现了 230 次，占 0.61%；Thin films（薄膜），共计出现 230 次，占 0.61%；Graphene（石墨烯）出现了 229 次，占 0.60%；Wireless networks（无线网络）出现了 226 次，占 0.60%；Nanoparticles（纳米颗粒）出现了 225 次，占 0.59%；Breast cancer（乳腺癌）出现了 212 次，占 0.56%；cancer（癌症）出现了 212 次，占 0.56%；Self-assembly（自组装）出现了 204 次，占 0.54%；Drug delivery（药物传递）出现了 202 次，占 0.53%。加总可得，上述 13 个关键词所涉学位论文均超过了 200 篇（鉴于关键词重复出现的可能，不计总数），并呈现以下特点：一是中国一词的频次较高，位居关键词的第二位，在一定程度上反映了海外理工科博士生学位论文对于中国科技问题的高度关注;二是应用研究居于主导地位,材料科学、计算机科学等备受重视,培养了大批的博士毕业生。

表 2 - 4　中国在美理工科博士毕业论文的关键词

序号	学科	中文名	百分比	频次
1	Machine learning	机器学习	0.99%	375
2	China	中国	0.77%	293
3	Optimization	优化	0.70%	264
4	Data mining	数据挖掘	0.66%	249
5	Carbon nanotubes	碳纳米管	0.61%	230
6	Thin films	薄膜	0.61%	230
7	Graphene	石墨烯	0.60%	229
8	Wireless networks	无线网络	0.60%	226
9	Nanoparticles	纳米颗粒	0.59%	225
10	Breast cancer	乳腺癌	0.56%	212
11	Cancer	癌症	0.56%	212
12	Self-assembly	自组装	0.54%	204
13	Drug delivery	药物递送	0.53%	202
14	Wireless sensor networks	无线传感器网络	0.52%	198
15	Computer vision	计算机视觉	0.51%	194
16	Apoptosis	细胞凋亡	0.48%	181
17	Microfluidics	微流体	0.42%	160
18	Mass spectrometry	质谱	0.38%	145
19	Gene expression	基因表达	0.36%	136
20	Prostate cancer	前列腺癌	0.36%	136

海外理工科博士生是我国海外科技人才队伍中规模最大、国家公共财政投入最多的群体。这一群体的海外求学历程、研究成果、最

终的职业取向和从业去向备受关注。当前中国已经进入了流入与流出规模"同步扩大，渐趋均衡"的关键性逆转期，这一群体能否实现多数回流，是我国能否完全实现趋势性逆转、真正赢得国际人才市场上的主动性和主导地位的试金石，具有高度的指标意义。

二、海外理工科博士后的分布态势

除了公派出国攻读博士学位之外，我国还持续选派大批优秀科技教研工作者赴外进修、培训等。《2016 年国家公派高级研究学者、访问学者、博士后项目选派办法》显示，2016 年计划选派高级研究学者 200 人；访问学者及博士后 3 300 人。高级研究学者的留学期限为 3—6 个月。访问学者的留学期限为 3—12 个月。博士后的留学期限为 6—24 个月。其中，博士后申请人需要符合以下条件：年龄不超过 40 周岁（1975 年 1 月 15 日以后出生），应为国内高等学校或科研单位具有博士学位、具体从事教学或科研工作的优秀在职青年教师或科研人员。申请时距其博士毕业时间应在 3 年以内。根据历年来的申请情况来看，赴外从事博士后研究的时限通常在 1 年以上。可见，海外理工科博士后尽管不以攻读学位为基本目的，但与其他赴外访学、进修人员有很大差别。因此，本书将海外理工科博士后作为赴外进修培训群体的典型样本，进行信息采集和数据分析，以期揭示其海外流动与集聚的基本态势。2016 年 4 月 20 日—6 月 20 日期间，本团队主要面向全球前 100 位的知名高校，针对中国海外理工科在流动站博士后进行了信息采集，经过数据清洗之后，获得 1 389 位理工科博士后的海外在站信息，数据分析结果如下：

（一）所在高校

统计结果如图 2-41 所示，共计 20 所高校的海外理工科博士后占比超过一个百分点。其中，超过 5 个百分点的是麻省理工学院

（10.44％）、斯坦福大学（8.14％）、加州大学洛杉矶分校（5.76％）和加州大学圣地亚哥分校（5.04％）。此外，华盛顿大学圣路易斯分校（3.74％）、约翰·霍普金斯大学（3.67％）和密歇根州立大学（3.53％）的占比超过了3个百分点。值得注意的是，在排名前十位的高校中，有九所在美国，且占到了中国的海外理工科博士后总数的45.93％，亦即院校分布高度集中。

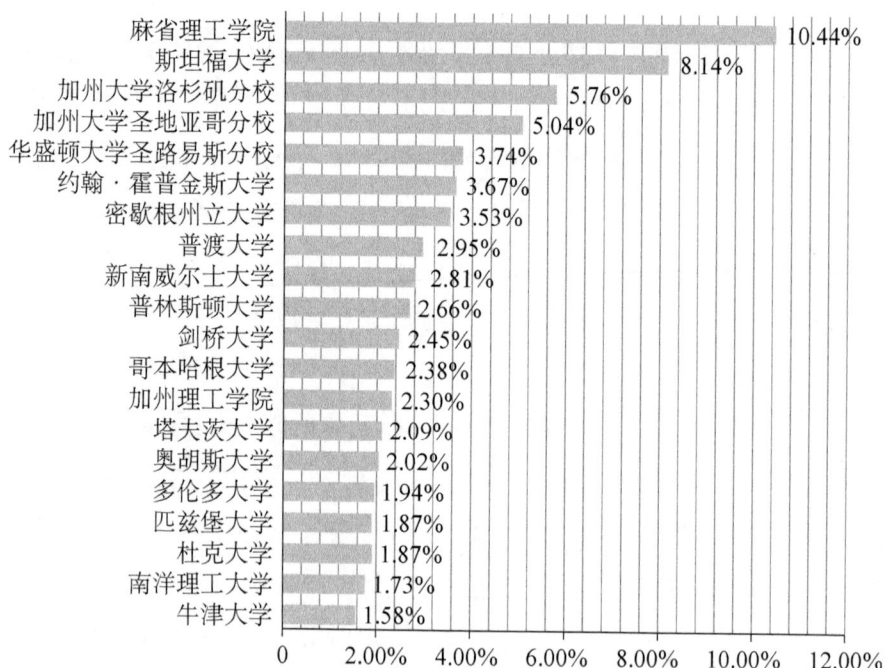

图 2 - 41 海外理工科博士后所在高校（前 20 名）

（二）所在院系

关于海外理工科博士后的所在院系分布情况，统计结果如图2-42所示，化学系（5.40％）、医学系（4.90％）、工程和应用科学系（4.68％）、物理系（4.47％）最为集中。共计10个院系的分布比重超过了1个百分点。需要说明的是，尽管世界著名高校在院系划分方面存在不小差异，但从院系分布情况可以为观察这一群体在特定高

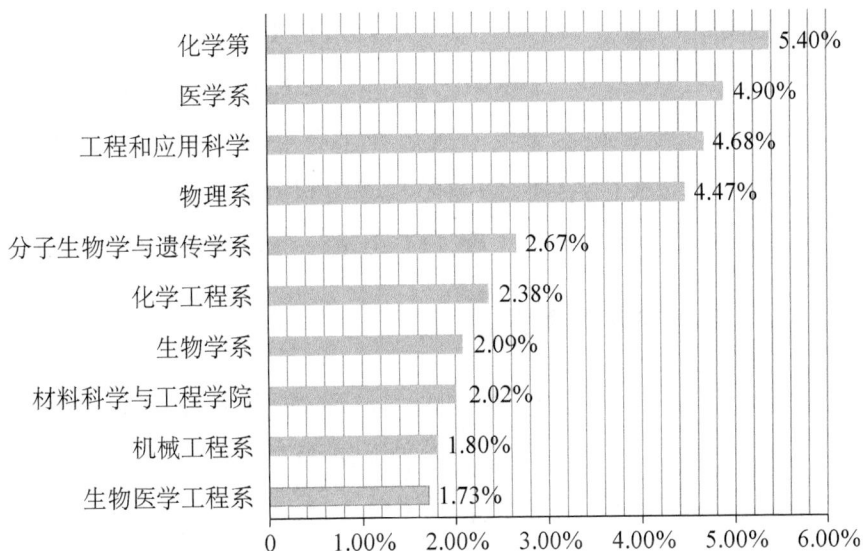

图 2-42　海外理工科博士后所在院系(前 10 名)

校的集聚态势提供便利。

(三) 专业领域

关于海外理工科博士后的专业领域,统计结果如图 2-43 所示,

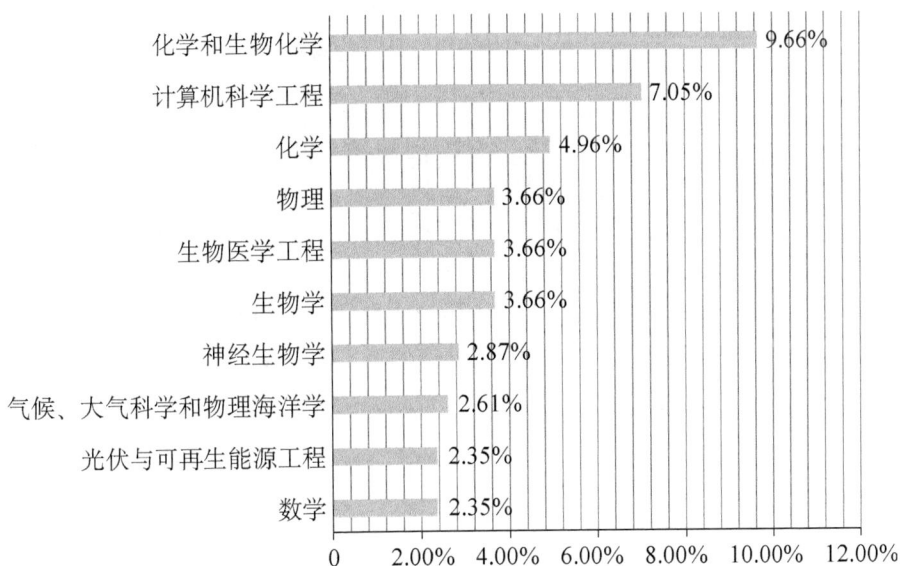

图 2-43　海外理工科博士后的专业领域(前 10 名)

化学和生物化学占比最高,为 9.66%;其次是计算机科学工程
(7.05%)、化学(4.96%)、生物学(3.66%)、生物医学工程(3.66%)和
物理(3.66%)。考虑到相关院系或实验室在学科划分方面的标准不
同,尤其是对一些新兴学科和跨学科领域的划分存有很大歧义,因此,
本研究团队在信息甄别过程中,原则上尊重原有划分,不再予以归并。

(四) 本科阶段所在高校

考察海外理工科博士后的国内本科院校,统计结果如图 2-44
所示,武汉大学、清华大学和南京大学并列第一,各占 4.86%。其次
是中国科技大学(4.17%)和北京大学(4.17%)。

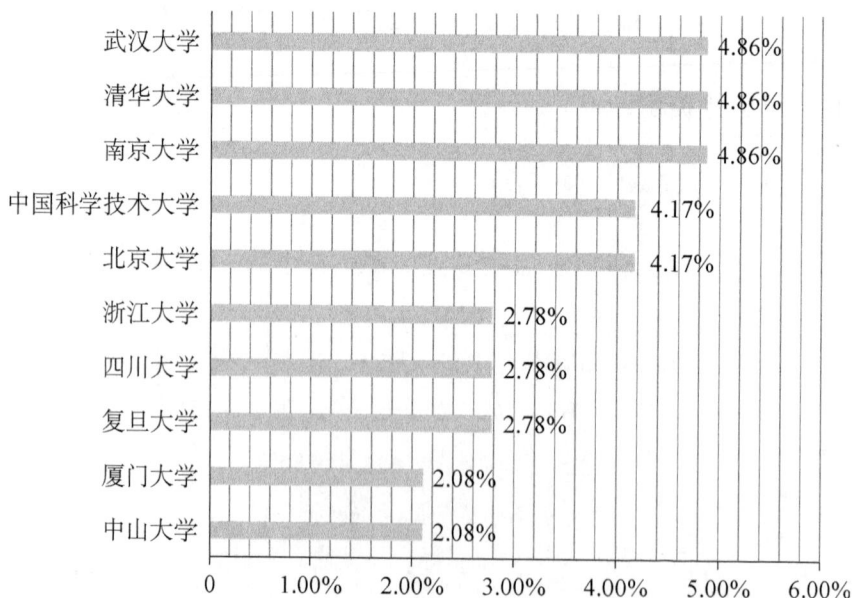

图 2-44　海外理工科博士后的国内本科阶段所属院校(前 10 名)

(五) 硕士阶段所在高校

考察海外理工科博士后的硕士阶段所属院校,统计结果如图
2-45所示,清华大学居首,占 7.69%;其次是北京大学(5.13%)、斯

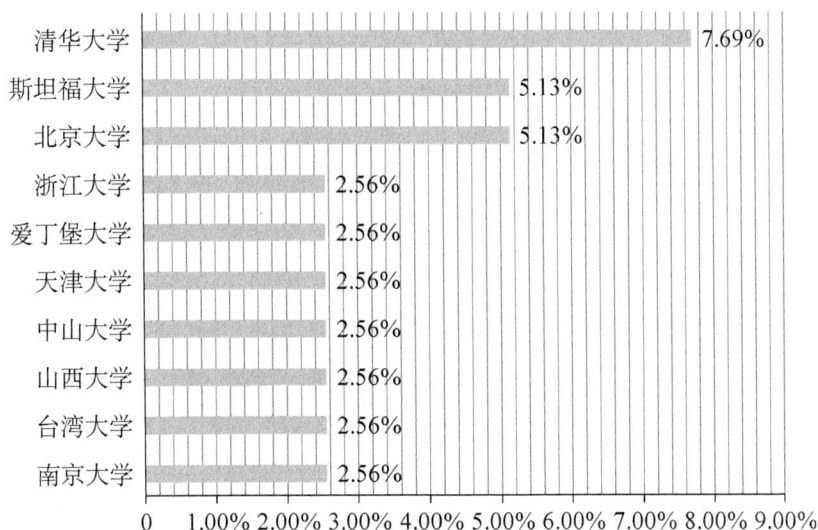

图 2-45　海外理工科博士后的硕士阶段所属院校(排前 10 名)

坦福大学(5.13％),南京大学、台湾大学、山西大学、中山大学和天津大学并列其后。可见,有一部分海外理工科博士后从硕士阶段开始接受了境外高等教育,硕士院校的多元化态势开始呈现。

(六) 博士阶段所在高校

考察海外理工科博士后的博士阶段所属院校,统计结果如图 2-46 所示,中国科学院占比最高,达到 9.65％。其次是北京大学(3.95％)、清华大学(3.51％)、斯坦福大学(2.63％)和复旦大学(2.63％)。

进一步分析后不难看出,在前 10 位的攻读博士学位院校中,海外高校占了五所。鉴于很多博士后是在获得博士学位之后直接进入流动站,因此,在博士后所属院校与博士所属院校之间呈现高度相关的态势,进一步证实了很多海外理工科博士生学成之后的滞留之道:进入博士后流动站。比如在美国,一些研究性强的专业(理科、医科),博士后的职位较多。而且薪资丰厚。做博士后已经成为做专职教授(专职研究员)的一条必经的过渡之路。中国学生通常是拿 J-1

院校	百分比
中国科学院	9.65%
北京大学	3.95%
清华大学	3.51%
斯坦福大学	2.63%
复旦大学	2.63%
威斯康星大学麦迪逊分校	1.75%
浙江大学	1.32%
华盛顿大学	1.32%
南加州大学	1.32%
密歇根大学	1.32%

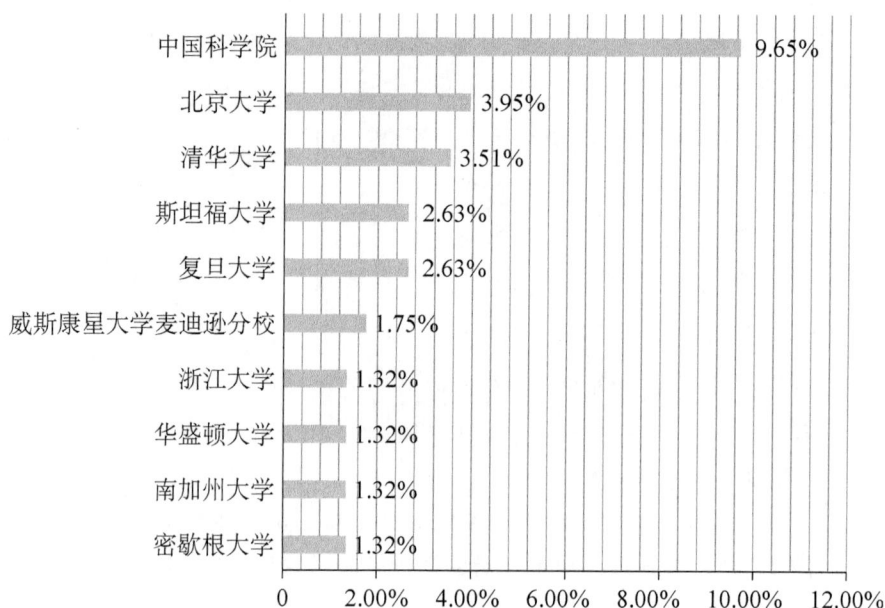

图 2-46　海外理工科博士后的博士阶段所属院校(前 10 名)

签证赴美做博士后,比较容易被领事馆批准。工作一到两年后,可以申请免去 J-1 签证必须回国服务的要求,转为工作签证(H-1),进而申请绿卡。简而言之,博士后是海外理工科博士生毕业不归的一条捷径。

第三章

海外高层次科技人才的流动趋势

自近代工业革命以来,中西方之间的科学与技术位势持续逆转,中国迅速处于守势。学习和借鉴西方相对先进的科学技术成为"同治中兴"以来历届政府的夙愿,成为莘莘学子孜孜以求的梦。但是,外派努力和苦读生涯往往敌不过国内差强人意的多舛国运,以至于"学成不归,滞留海外"屡屡成为海外学子的一个无须过多顾忌甚至倍感荣幸的当然选择,唯一的例外是 20 世纪 50 年代初期。在改革开放之后,邓小平同志明确要求结合"引进国外大型科研设备,同国外科研机构合作搞科研,加速科学技术现代化",派遣留学生"要成千上万地派,不只派十个八个",外派留学生成为一项常态化的工作,但也不止一次地引起争议和顾虑,关键就在于如何对待"滞留海外"的老问题。

直到 21 世纪初,国内外学术界和媒体在报道和评价中国留学工作和引智工作时,似乎依然难以看到"隧道尽头的曙光"。事实上,自美国纳斯达克泡沫破裂之后,海外高层次科技人才回流的态势已经略有显现。次贷危机及其后席卷全球的金融危机第一次显著改变了中国在国际人才市场上的长期被动态势,"海外高层次人才流动与集聚的趋势性分析"的内涵第一次发生了实质性的改变,而不需要望洋兴叹,重弹"斯人已去兮"的老调,更不需要追随少数海外华人学者唱衰中国人才引进工作的节拍。因此,本书拟基于上述全新态势深入探析一些具体的表征和衍生的发展机遇。

第一节　趋势性逆转 [①]

中国近代史上首位出国留学的是 1847 年去美国留学的容闳。1854 年,容闳从耶鲁大学毕业并获得学士学位。回国以后,先后组织了四批共 120 名幼童赴美留学,开创了中国官费留学的先河。从孙中山、黄兴到陈独秀、李大钊,再到周恩来、邓小平等,早期留学人员回国的主要贡献体现在从事"拯救中国"的革命事业上。而在新中国建立后,留学人员则主要集中在科技领域,钱学森、邓稼先等"建国海归"推动了中国科学事业的发展。改革开放以后,科技人才的回流在高科技领域发挥了越来越重要的作用。尤其是近年来,中国在国际人才市场上迎来了趋势性的逆转契机,流动数量渐趋平衡,流入质量稳步提升,无论在回流人才的数量还是质量层面,都面临着前所未有的全新局面。

2008 年以来,随着美国次贷危机及美债、欧债危机等诱发的持续性全球经济波动,造成了物质资本国际流向与人力资本国际流向的深刻变化。作为最大的新兴经济体,中国的上佳增长数据使其获得了在物质资本国际市场和人力资本国际市场上的重要契机,并借此扭转了大批出国留学人员滞留不归、在跨国人才流动中长期"出超"的状态。根据国家教育部公布的年度数据,一方面,留学回国人

---

① 这里之所以使用"趋势性逆转"一词,避用"趋势性回流",主要有以下几点考虑:一是大批滞留海外的留学人员已经皈依了外国国籍,属于外籍华人科技人才的范畴,再度来到中国工作属于"来华"行为,而不属于"回流";二是在海外理工科留学人才大规模回流态势的带动下,越来越多的非华裔外籍人才来华就业,集中体现为外国专家和外籍专业技术人才("洋打工")的持续增多。也正因此,回流行为与来华从业行为汇聚成了一股足以扭转长期"出超"态势的新趋势,故称为"趋势性逆转"。

数自 2008 年以来一直保持两位数的增长,并从 2009 年起开始稳步超过出国留学人数。特别是 2012 年,留学人员回国数量同比增长 46.57%;另一方面,外国来华留学生规模不断扩大,2011 年度已经突破 26 万人,接近中国的出国留学人员规模。出国留学人数低速增加、留学回国人数与来华留学人数迅速增长,三项数据的相对变化深刻反映了中国在国际人才流动中的主被动关系易位[①],进入了"流动数量渐趋均衡、流入质量稳步提升"的相持状态。本研究团队先后于 2009—2010 年度和 2012—2013 年度开展了两次大规模的海外科技人才回流意愿调查,其中,后一次调查重点面向海外理工科博士生(后)群体。两次调查结果的指向是一致的,即调查对象的回流意愿逐渐增强。关于滞留率的相关调查则从另一个侧面印证了这一趋势。

一、回流意愿稳步增强:面向海外科技人才的回流意愿调查

长期以来,出国留学人员的流出—回流比例成为了考察我国的国际人才地位的最主要指标。回流意愿的增强,是回流规模持续扩大的前提。根据本研究团队于 2009—2010 年度的海外实证调查结果(1 123 个有效样本):68.9% 的海外科技人才表示愿意回国发展,9.1% 的人员表示不会选择回国发展,另有 22.0% 的人员对是否会回国发展在目前说不清楚。[②] 这一总体调查结果充分反映了中国经济科技的巨大进步及与发达国家差距的缩小。同时,作为海外问卷调查,也有一些当下的因素影响了填答者的意向表达,比如:全球经济波动与逆全球化的暗流造成西方国家经济形势的持续不明朗,高科

---

① 高子平:《全球经济波动与我国海外科技人才引进战略的重塑》,《科学学研究》2012 年第 12 期。

② 中国科协 2009 年度社会调查类招标课题:《海外华人科技人才状况调查》,编号:DCJY200912。课题负责人:高子平。

技领域的隐性歧视与职级晋升过程中的无形"天花板",发达国家经济增长空间缩小所导致的过度竞争与增长乏力等。上述因素在中国崛起这一宏观背景下,直接影响到了海外科技人才的从业意向与流动意愿。

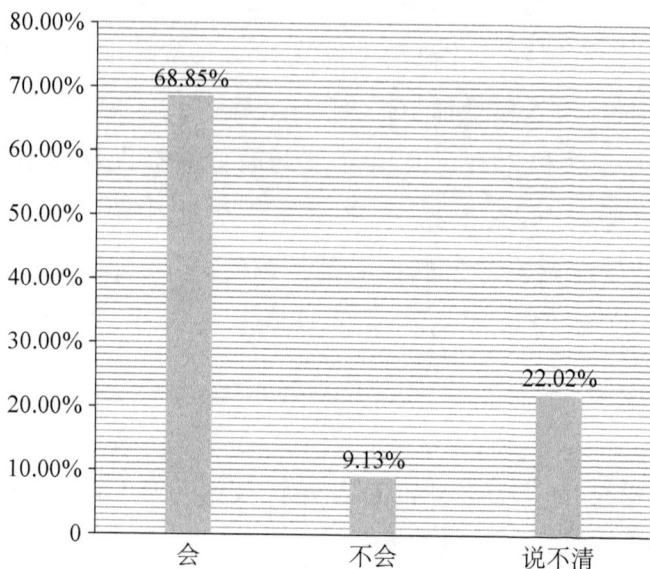

图 3-1　海外科技人才的回流意愿率

　　调查结果显示,从性别角度来看,不同性别的海外华人科技工作者在回国态度上意向基本一致,女性愿意回国的比例为 71.1%,男性这一比例为 68.3%;从年龄角度来看,51 岁及上的海外华人科技者中表示愿意回国的比例最低,仅占 61.9%,相应地,这部分群体中明确表示不会回国的比例最高,达到 16.5%。30 岁及以下年龄段者表示愿意回国的比例也较低,为 65.2%,但是表示不愿意回国的比例也最低,为 7.8%。从学历角度来看,学历为本科的海外科技人才愿意回国的比例最高,达到了 79.2%,而博士和硕士中表示愿意回国的比例基本持平,分别为 67.4% 和 65.3%。尽管如此,三种学位中表示不愿意回国发展的比例均在 10% 上下。从婚姻状况来看,已婚和未婚的海外科技人才中愿意回国的比例分别为 69.4% 和 68.4%,差异

不大。卡方检验表明,婚姻状况对回国意愿也没有形成显著性影响
(p＝0.161)。从已婚者的未成年子女状况来看,表示愿意回国者的
比例按没有子女、有1个未成年子女、有2个未成年子女、有3个以
上的顺序递减。其中,有3个以上未成年子女的被调查者中,只有
14.3％有回国的意愿。可见,是否有未成年子女与其回国意愿呈现
出明显的规律性。未成年子女越多的,愿意回国的比例越小,相应
地,不愿意回国的比例越大。卡方检验表明,未成年子女的多少情况
对回国意愿形成了显著性影响(p＜0.001)。从学科专业来看,制造、
汽车、机械类专业的海外科技人才表示愿意回国的比例最低,仅为
54.76％,而环保农业类的回国意愿很高,达到了79.8％。从社会交
往的角度来看,海外科技人才的回国意愿与国内亲属的联系次数有
密切关系。与国内亲属联系频率越高的群体,回国意愿越高。具体
来说,在海外期间,与国内亲属联系频率为每周一次以上的被调查者
中,愿意回国的比例为74.8％,而联系频率为一次以上/月、一次以
上/季、一次以上/年的比例分别为60.0％、59.0％、50.0％。基于上
述统计,可以单独分析以性别、年龄、学位等变量为自变量,回国意愿
为因变量构成的线性模型。最后用一个多元线性回国模型,找出整
体上与回国意愿的相关因素及各种因素的大小。

1. 性别与回国意愿

假设性别编码为1＝男,2＝女,用 XB 变量表示,回国意愿编码
为0＝不会,1＝会,用 HG 变量表示。通过统计计算,可以得到如下
回归方程:

$$HG = 0.828 + 0.046XB$$

$$(24.390) \quad (1.896)$$

$$R^2 = 0.005 \quad F = 3.594$$

注：上式中第二行括号中对应的值为相应系数的 t 检验值；第三行中的 R^2 表示决定系数,含义是
自变量所能解释的方差在总方差中所占的百分比；F 是对模型方差分析的结果,下面几个线性模型的
公式中各项意义相同。

统计检验显示,该线性模型表示性别因素在回国意愿所起的作用很小,几乎可以忽略不计。说明性别和回国意愿之间不存在显著的线性关系,也即性别对回国意愿没有线性影响。

2. 年龄与回国意愿

对年龄作以下分组,30 岁及以下(编码为 1),31—40 岁(编码为 2),41—50 岁(编码为 3),51 岁及以上(编码为 4),年龄变量用 NN 表示。通过统计计算,可以得到如下回归方程:

$$HG = 0.932 - 0.023NN$$
$$(31.198) \quad (-1.832)$$
$$R^2 = 0.004 \quad F = 3.357$$

从该模型年龄项前的系数可以看出,随着年龄的增大,回国意愿会变小。但是,该线性模型表示,年龄因素在回国意愿中所起的作用很小,几乎可以忽略不计。说明年龄和回国意愿之间不存在显著的线性关系,也即年龄对回国意愿没有显著性影响。

3. 学位与回国意愿

对海外科技工作者的学位编码如下,1＝学士,2＝硕士,3＝博士,学位变量用 XW 表示。通过统计计算,可以得到如下回归方程:

$$HG = 0.982 + 0.001XW$$
$$(18.253) \quad (0.039)$$
$$R^2 = 0.000 \quad F = 0.001$$

统计检验显示,表示学位因素在回国意愿决定中所起的作用很小,几乎可以忽略不计,也即在海外所获最高学位对回国意愿没有显著性影响。

4. 婚姻状况与回国意愿

对海外科技工作者的婚姻状况编码如下,1＝已婚,2＝未婚,婚姻状况变量用 HY 表示。通过统计计算,可以得到如下回归方程:

$$HG = 0.835 + 0.034HY$$

$$(23.280)\ (1.301)$$

$$R^2 = 0.002 \quad F = 1.694$$

统计检验显示,婚姻状况因素在回国意愿决定中所起的作用很小,几乎可以忽略不计,也即海外华人科技工作者是否已婚对回国意愿没有显著性影响。

5. 未成年子女状况与回国意愿

在本次调查中,对海外华人科技工作者未成年子女数量的编码如下,1＝没有,2＝有1个,3＝有2个,4＝有3个以上,子女数量用变量 ZN 表示。通过统计计算,可以得到如下回归方程:

$$HG = 1.003 - 0.074ZN$$

$$(33.627)\ (-4.418)$$

$$R^2 = 0.025 \quad F = 19.523$$

统计检验显示,拥有未成年子女的多少和回国意愿之间存在显著的线性关系。通过上面的模型可以看出,未成年子女数量与回国意愿之间是一个负向联系,拥有未成年子女越多,则该类群体中愿意回国的比例越小。

6. 社会交往与回国意愿

社会交往包括了在国外期间与国内亲属的联系情况,与出国前所在学校或单位的联系情况、回国次数等。

首先对与国内亲属间的联系情况编码如下:1＝没有,2＝1次以上/周,3＝一次以上/月,4＝一次以上/季,5＝一次以上/年,该变量用 QSLX 表示。通过统计计算,可以得到如下回归方程:

$$HG = 0.549 + 0.074QSLX$$

$$(8.640)\ (5.316)$$

$$R^2 = 0.035 \quad F = 28.265$$

统计检验显示,与国内亲属联系的频率和回国意愿之间存在显著的线性关系。通过上面的模型可以看出,与亲属联系频率与回国意愿之间是一个正向联系,与国内亲属联系次数越多的,则该类群体中愿意回国的可能性越大。

进而选入变量为性别、年龄分组、在海外所获最高学位、婚姻状况、未成年子女状况、与国内亲属的联系频率进行多元线性回归分析。模型结果见表3-1。从P值来看,年龄、学历和婚姻状况对于回国意愿的影响不能确定。对回归意愿有显著性影响因素的为性别、未成年子女情况、与国内亲属联系的频率三个因素。从标准系数可知,影响回国的最重要因素依次为:未成年子女情况、与国内亲属联系的频率、性别。从系数的正负来看,与国内亲属联系的频率、性别等均与回国意愿为正向关系,而与未成年子女的数量为负向关系。模型的决定系数为0.127,说明尚有很多其他因素对回国意愿有重要影响。

表 3 - 1   回国意愿回归模型

	回归系数	标准误差	标准回归系数	显著性 p 值
常系数	0.375	0.171		0.028
性别	0.086	0.035	0.110	0.014
年龄分组	0.006	0.022	0.015	0.788
最高学历	0.039	0.026	0.068	0.138
是否已婚	−0.055	0.046	−0.071	0 224
未成年子女情况	−0.120	0.027	−0.240	<0.001
国内亲属联系	0.062	0.019	0.141	0.001
决定系数 R²		0.127		

注:因变量,回国意愿。

从回归分析可以得出以下结论:影响回国意愿最重要的因素是未成年子女的数量及与国内的联系情况(社会交往)。上面关于相关分析和回归分析中,具有显著性的变量基本相同,分析结果是一致的。显然,海外科技人才回流意愿的影响因素已经不再是国际国内的相关外在因素,而是个人因素,这是研判回流意愿变化走势的重要依据,亦即判断海外科技人才回流意愿稳步提升的最主要依据。

二、回流意愿稳步增强:面向海外理工科博士生(后)的回流意愿调查

2012—2013 年度的海外实证调查主要针对海外理工科博士生和博士后,统计结果显示,70.7%的受访者表示将"回到中国发展",10.9%表示将"继续在海外深造",7.5%表示"还没有确定,或者无所谓在哪里就业",只有 5.4%表示将"申请所在国(地)的绿卡,在当地就业",2.4%表示将"申请加入所在国国籍,在当地就业并长期生活",另有 3.1%选择了"其他"。可见,超过七成的受访者表示将回到中国发展,这一调查结果略高于本研究团队于 2009—2010 年间的调查结果(68.9%),在一定程度上反映了海外高层次人才回流意愿的稳步增强。① 需要强调的是,2012 年度的调查对象更为高端、更为集中,并且长期被视为我国需要重点关注的海外科技人才群体。

因变量:完成海外学业之后是否回到中国从业(个 G2):二分类变量,包括海外完成学习后"回国"及"不回国",其中"回国"编码为"1","不回国"编码为"0",以"不回国"为参照组。

自变量:根据理论假设、本报告前述交互分析及探索性分析,选取如下变量纳入模型:性别(A1)、年龄(A2)、科研类型(B2)、选题领先性(B6)、选题个人原因(B7)、科研报告参与情况(C8)、课程领先性(C11)、科研能力(F1)、职业规划(G1):

---

① 中国科协 2012 年度社会调查类招标课题:《海外理工科博士生和博士后科研状况调查》,编号:DCJY201218。课题负责人:高子平。

（一）留学时间

类型变量，包括"1年或以下"、"1年以上至3年"、"3年以上"三类，其中以"1年或以下"为参照组（见模型1）。

		Valid Percent	
	1年或以下	29.6	
留学时间	1年以上至3年	40.5	模型1
	3年以上	29.9	
	Total	100.0	

（二）经费来源

类型变量，研究经费主要来源包括"非中国"及"中国"，其中以来自"非中国"为参照组（见模型2）。

		Valid Percent	
	非中国	37.1	
经费来源	中国	62.9	模型2
	Total	100.0	

（三）科研原创性(D4)

类型变量，包括"原创性不大/没有/难以判断"、"一定原创性"、"比较大原创性"、"非常大原创性"四类，其中以"原创性不大/没有/难以判断"为参照组（见模型3）。

		Valid Percent	
			模型3
科研原创性	原创性不大/没有/难以判断	10.8	

（续表）

	Valid Percent
一定原创性	32.6
比较大原创性	42.0
非常大原创性	14.6
Total	100.0

（四）国内联系情况

类型变量,包括留学期间与中国同行保持着"密切的交流合作关系"、"一定程度的交流合作关系"、"偶尔有一些交流合作"、"基本上没有交流合作",其中以保持"密切的交流合作关系"为参照组。

因变量"是否回国(G2)"为二分类变量,因此采用 LOGISTIC 回归进行模型建构。此外,基于本研究报告前述部分交互分析,选取与因变量相关性较强的变量纳入模型作为自变量,因此采用 ENTER 策略建构模型。经 SPSS16.0 数据清洗与挖掘,纳入模型的有效样本量为 588。

模型总体显著性检验。研究显示,Chi-square 的观测值为 108,22,概率 P 约为 0.0。在显著性水平 α 为 0.05 的条件下,拒绝零假设,解释变量的全体与 Logit P 之间的线性关系显著,因此,采用该模型是合理的(见模型 4)。

Chi-square	df	Sig.	
108.22	24	0.00	模型 4

模型拟合优度检验。研究显示,-2Log likelihood 为 117.70,Nagelkerke R Square 为 0.62,模型拟合优度中等偏上,自变量对因变量的解释力相对较好(见模型 5)。

—2 Log likelihood	Cox & Snell R Square	Nagelkerke R Square	
117.70	0.42	0.62	模型 5

此外,结合错判矩阵来看,实际"不回国"102人,模型准确识别 74人,错误识别28人,准确识别率为72.5%;实际"回国"294人,准确识别276人,错误识别18人,正确率93.9%。综合来看,模型总的预测正确率为88.4%,模型总体预测效果较为理想(见模型6)。

Observed		Predicted			
		在完成海外学习之后,您对未来发展的计划是		Percentage Correct	
		不回中国	回中国		
在完成海外学习之后,您对未来发展的计划是	不回中国	74	28	72.5	模型 6
	回中国	18	276	93.9	
Overall Percentage				88.4	

a. The cut value is 0.50

LOGISTIC回归模型。研究显示,在 α 为0.05的条件下,显著影响未来是否回流的自变量包括"性别"、"年龄"、"留学时间"、"选题领先性"、"选题原因"、"科研原创性"(见模型7)。

自变量	B	S.E.	Wald	df	Sig.	Exp(B)	
性别:男	−4.36	1.03	18.03	1	0.00	0.01	
年龄:年龄	0.00	0.00	13.22	1	0.00	1.00	模型 7
留学时间			7.06	2	0.03		
1年以上至3年	−0.16	0.86	0.03	1	0.86	0.86	
3年以上	−2.30	0.97	5.58	1	0.02	0.10	

（续表）

自变量	B	S. E.	Wald	df	Sig.	Exp(B)
选题领先性：领先/先进	−2.71	1.27	4.57	1	0.03	0.07
选题原因			13.49	2	0.00	
学校/专业学术声誉与优势	1.12	1.55	0.53	1	0.47	3.08
个人兴趣特长	3.99	1.83	4.77	1	0.03	53.86
经费来源：中国	0.38	0.68	0.31	1	0.58	1.46
科研原创性			7.39	3	0.06	
一定原创性	−1.28	1.63	0.61	1	0.43	0.28
比较大原创性	−1.42	1.66	0.73	1	0.39	0.24
非常大原创性	1.72	1.87	0.85	1	0.36	5.60
国内联系情况			0.71	3	0.87	
保持一定交流	−0.22	1.08	0.04	1	0.84	0.80
偶尔有些交流	0.56	1.10	0.26	1	0.61	1.75
基本没有交流	0.01	1.63	0.00	1	1.00	1.01
常数项	53.76	25 318.94	0.00	1	1.00	2.23E+23

　　上述统计分析结果也得到了海外同类调查的印证。根据1993年加州大学伯克利分校的调查，计划最终回国的中国学生的比例为33％。然而，在过去10年中，这一比例一直在增加。Ryan Kellogg经过大量的访谈和问卷调查之后发现，中国留学生热衷于回国发展的主要原因是中国经济崛起及文化的适应性增强，虽然回归故里的愿望也是一个突出的因素，但经济崛起是关键[1]。中美两国近年来在经济科技领域的发展态势形成了一定的反差，中国经济实力的增强

---

[1] Ryan Kellogg, "China's Brain Gain? Attitudes and Future Plans of Overseas Chinese Students in the US", September, 2010.

和科技创新环境的不断优化,为海外留学生回国发展提供了比留美更可预期的职业发展前景。Stanley Rosen 和 David Zweig 的调查结果也证实,随着中国的经济科技崛起,以及美国 IT 界出现的衰退,所在国宏观经济环境的显著变化促使中国留学生考虑学成回国①,甚至有国内研究机构及媒体依据这一反差,乐观地声称我国正从"智力流失期"向"智力回流期"过渡②,这从一定程度上反映了我国近年来在国际人才流动中面临的相对有利的局势。

当然,在回流增速方面仍存在巨幅波动,远未进入平稳阶段。比如,2008 年的回流增幅高达 55.95%,创下了历史纪录,但 2014 年度的回流增幅仅为 3.20%,创下了全球金融危机以来的最低纪录。但从总体来看,回流增加已成常态,并预示着中国在留学人员回国方面进入了全新发展阶段。进一步印证了部分国外学者所谓"中国引智政策失败"的论调与事态发展之间的悖离。

> *Similar efforts to attract first-rate overseas academics have had mixed results at best. As a whole, permanent academic returnees, mostly Chinese doctorate holders who have spent several years abroad, are those who are less likely to find decent, permanent positions and tenure abroad. Few of them are comparable to non-returnees in terms of quality, achievements, international reputation and prestige. Some may simply be taking advantage of the opportunities currently unavailable abroad. For example, in the case of stem cell research, some of the best Chinese scientists working in this area have returned from Stanford University and the National Institutes of Health*

---

① Stanley Rosen and David Zweig, "Transnational Capital: Valuing Academic Returnees in a Globalizing China", in *Bridging Minds across the Pacific: U. S. -China Educational Exchanges, 1978 -2003*, Lanham, Md. : Lexington Books, 2005, pp. 111 - 132.

② 《海归为何大量回流》,《人民日报》(海外版),2013 年 10 月 10 日。

because it is not endorsed inthe US（Dennis 2002）. Others may be taking time off from their permanent positions abroad to run laboratories in China. Yet others who have permanent positions overseaswork in China to maximise benefits from both positions. [1]

据统计，目前 81％的中国科学院院士、54％的中国工程院院士都有留学经历。中共中央、国务院、中央军委授予"两弹一星功勋奖章"的 23 人中，科技海归（很多属于"建国海归"）多达 21 人。改革开放以来，据教育部的统计数据显示，早 2004 年，在教育部直属高校校长中，留学回国人员占 78％，在博士生导师总数中占 63％，在国家级、省部级教学、研究基地（中心）、重点实验室主任总数中占 72％。[2]

2008 年，美国著名的马里兰州霍华德休斯医学研究所，向普林斯顿大学分子生物学家、美籍华人施一公颁发了 1 000 万美元的科研资助，美国学界并没有对此感到惊讶。当时，从事细胞研究的施一公，在癌症治疗的研究上开展了一条新的研究路线。他的实验室占据了大楼的一整层，并获得每年 200 万美元的研究经费。数个月后，归化美籍、居住在美国 18 年的施一公，宣布放弃美国的一切，返回中国继续进行科学研究。他回绝了千万美元的研究经费，辞去了普林斯顿大学的职务，转而任职清华大学生命科学与医学研究院副院长，现在，他已成为了清华大学副校长及生命科学学院院长。

西方，特别是美国对于许多中国学者而言，仍然拥有着巨大的吸引力。但施一公以及其他著名科学家的回归，象征着中国正成功地

---

[1] Cong Cao, "China's Brain Drain at the High End Why Government Policies Have Failed to Attract First-rate Academics to Return", *Asian Population Studies*, Vol. 4, No. 3, November 2008.

[2] 教育部：《中国留学人员回国创业成就展会刊》，2004 年。

以更快的速度缩短与先进国家在科技上的差距。近年来,越来越多的科技海归在科技创新前沿领域和政治社会生活领域扮演着重要角色。经合组织(OECD)发布的《2015 经合组织科学、技术与行业报告》数据显示,中国成为除美国之外科技论文作者净流入人数最多的国家。在 1999 年至 2003 年期间,中国的科技论文作者流出率大于流入率,但从 2004 年开始,这一趋势扭转过来,在 2009 年至 2013 年期间流入率高达 90%。在吸引高端人才的战争中,中国是大赢家,而印度和英国的表现则不尽如人意。[①] 这是西方发达国家第一次以公开文件的形式正式认可中国在国际人才流动中的全新位势。

三、海外科技人才的滞留率逐步下降

美国橡树岭科学与教育研究所(ORISE)发布的《美国大学的外国博士生滞留率》(*Stay Rates of Foreign Doctorate Recipients from U. S. Universities*)报告统计了 1988—2002 年在美国获得科学与工程博士学位的持临时签证的外国留学生在毕业后 4—5 年后仍留在美国的比例。数据显示,中国留美博士毕业 4—5 年后滞留美国的比例是所有国家和地区中最高的,并远远高于美国外籍博士的平均滞留率。2004 年获得科学与工程博士学位的中国留学生,在 2005—2009 年滞留美国的比例分别为 93%、92%、91%、91% 和 89%。[②] 由此可见,20 世纪 90 年代以来,中国留美博士绝大多数都留在了美国,回国的仅占一成左右。[③] 这反映了中国在高层科技人才回流方面的尴尬处境,但另一方面,近年来,形势正在发生深刻变化。

---

① OECD, *OECD Science, Technology and Industry Scoreboard 2015: Innovation for growth and society*, OECD Publishing, Paris, 2015.

② M. G. Finn, "Stay Rate of Foreign Doctorate Recipients from U. S. Universities 2007, 2009", 2014 - 10 - 20.

③ 岳婷婷:《改革开放以来的中国留美博士群体研究》,《兰州大学学报》2015 年第 2 期。

Jin-Young Roh(2013)的博士论文详细调查分析了 2000—2010 年间在美国获得博士学位的外国留学生去留意愿,结果如图 3 - 2 所示,自 2007 年以来,在美国的中国博士学位获得者的去留意愿开始发生逆转,越来越多的博士生获得学位之后希望回到中国发展。①

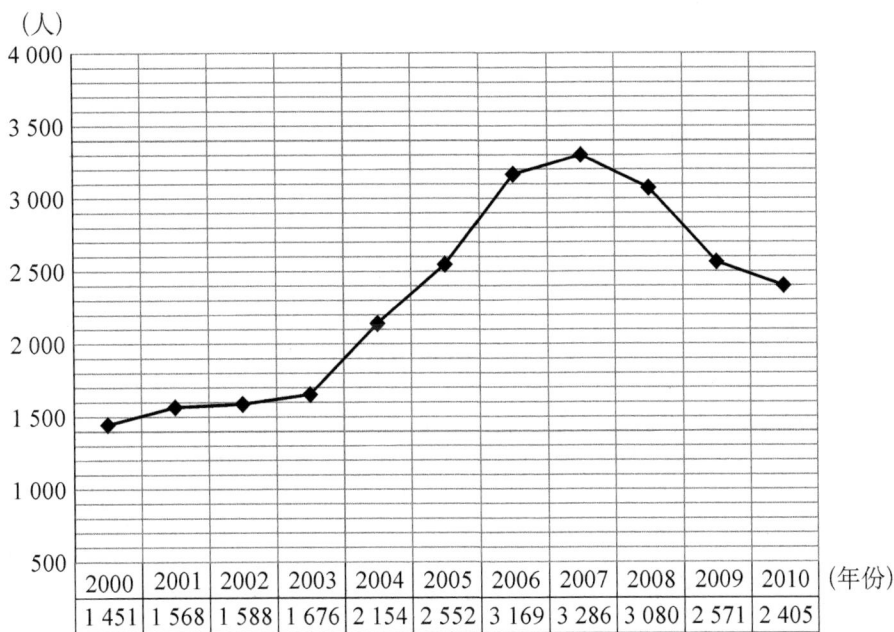

(人)

	2000	2001	2002	2003	2004	2005	2006	2007	2008	2009	2010 (年份)
	1 451	1 568	1 588	1 676	2 154	2 552	3 169	3 286	3 080	2 571	2 405

图 3 - 2　2000—2010 年间中国博士学位获得者的留美意愿变化走势

从滞留国外的情况来看,也正发生着深刻变化。以本团队自有的"海外人才大数据平台"所获得的海外华人"高被引科学家"信息为例。共有 275 位海外华人"高被引"科学家在接受了中国的某一阶段高等教育之后赴外求学并滞留海外。进一步调查其离开中国的时间点,统计结果如图 3 - 3 所示,呈非均衡分布的格局。其中,1982 年迎来了第一个高峰期,1991 年达到峰值。自 1996 年以来,离开中国并滞

① Jin-Young Roh,"What Predicts Whether Foreign Doctorate Recipients from U. S. Institutions Stay in the United States: Foreign Doctorate Recipients in Science and Engineering Fields from 2000 to 2010", University of Kansas,March 5,2013.

留海外的华人"高被引"科学家呈现几乎不可逆的递减趋势,而这一走势与中国经济科技实力持续攀升、国内科技创新环境逐步优化、海外科技人才引进战略陆续出台存在密切关系,并与少数海外华人学者的趋势研判形成了鲜明的反差。[①] 需要说明的是,鉴于样本的层次性特征,基本排除了由于代际因素导致比例下降的可能。

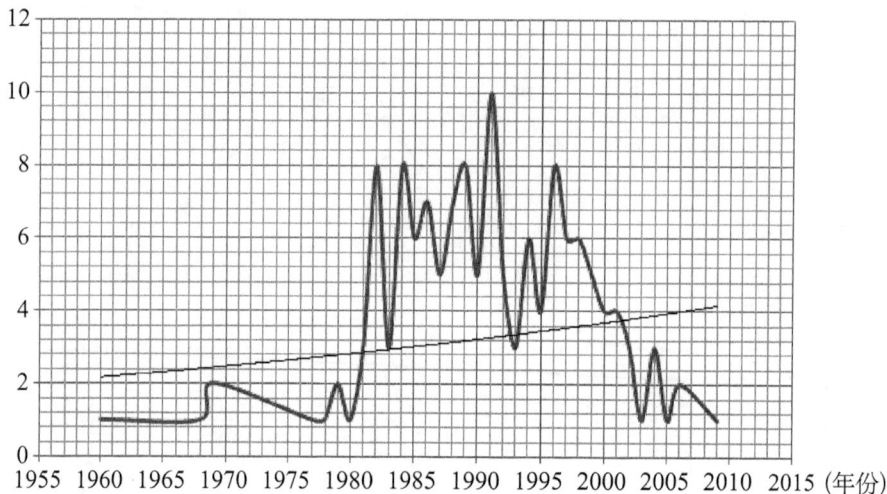

图 3-3　华人科学家离开中国的时间分布

四、回流(来华)人才的结构进一步优化

由于中国长期面临着出国留学人员学成不归的被动局面(即通常所说的"人才流失"的基本面),国内外在探讨中国在国际人才市场上的位势时,通常只涉及出国留学人员,这也是造成统计及研判偏差的重要原因。事实上,在华外国专家、在华外籍专业技术人才(即《外

[①] 参见曹聪:《中国的"人才流失"、"人才回归"和"人才循环"》,(《科学文化评论》第 6 卷第 1 期)。作者在文中声称:"回国的科学家中与仍然滞留海外的华人同行水平相当者,屈指可数。而且世界各国的大学都想方设法从中国大学吸引一流学生,所以,在未来几年人才流失只会加剧。"

国人在华就业许可证》持有者,2016 年开始试点推进"两证合一工作",2017 年 4 月 1 日起正式合并)和在华外国留学生(2015 年起,上海率先试点外国优秀留学生毕业后的在沪就业申请)等均是重要变量,在中国的改革开放进程中都扮演了重要角色。其中,外国专家始终是中国改革开放进程中的一道独特的风景线。"十二五"期间,境外来华专家规模不断扩大,来华专家已由 2011 年的 52.9 万人次增加到 2015 年的 62 万余人次,年均增长 5％以上。今后,随着越来越多的跨国公司进驻中国,外派来华的外籍专业技术人才规模也不断扩大。

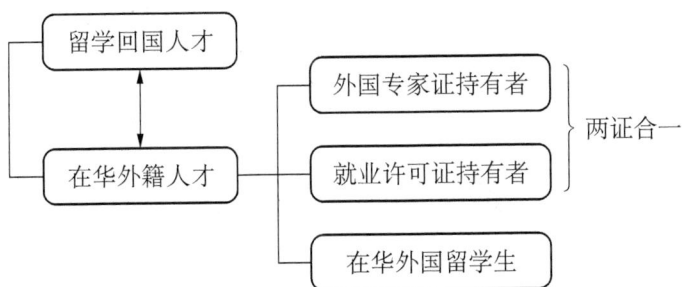

图 3-4　回国(来华)的四支人才队伍

根据美国 Institute of International Education 于 2014 年底发布的报告,中国拥有全球留学生市场 9％的份额(2012 年为 8％),仅次于美国和英国。其中,中国与英国、意大利、西班牙和法国并列为美国学生赴国外留学的五大目的地之一。[①] 国家教育部的统计数据显示,2015 年共有来自 202 个国家和地区的 397 635 名各类外国留学人员在 31 个省、自治区、直辖市的 811 所高校、科研院所和其他教学机构中学习,比 2014 年增加 20 581 人,增长比例为 5.46％(以上数据均不含港、澳、台地区的生源)。值得关注的是,2015 年在华接受学历教育的外国留学生为 184 799 人,比 2014 年的 164 394 人增加 20 405

---

① Institute of International Education,"Open Doors 2014",Washington,DC,November 17,2014.

人,同比增长 12.41％,硕士和博士研究生共计 53 572 人,同比增长 11.63％,继续保持 2008 年以来高于来华生总人数增速的态势。

根据本研究团队的测算,2017—2018 年将是在华外国留学生占全球份额首次突破 10 个百分点的窗口期。加之,上海已经开始试点外国留学生在华就业,其他省市势必在自贸区、海外人才离岸创新创业基地等地区逐步出台类似政策举措,这一群体必将成为在华就业的外籍人才中的一支新兴力量。

总体来看,中国已经进入了跨国人才流动的全新阶段,流入人才的规模、结构、层次等正在发生深刻变化,多样化、多向化和均衡化趋势显著,逐步成为了国际人才市场上的主要竞逐者之一。

第二节　块状分布

近年来,随着海外科技人才队伍的不断壮大,呈现出专业性、区域性、行业性的集聚现象,俗称"扎堆"。"海外人才信息研究中心"通过对这一群体的 SCI 论文进行信息采集,[①]并进行必要的逆向跟踪调

---

① SCI 是 Scientific Citation Index 英文缩写,是美国科学信息研究所(ISI)编辑出版的引文索引类刊物,出版从全球上万种科学期刊选出 3 300 中期刊进行摘录,出版物涉及基础科学的 100 多个领域,每年报道约 60 余万篇最新文献,涉及引文 900 万条。SCI 论文即为进入 SCI 收录的文章。近年来,SCI 文章越来越被我国科学界所接受,成为技术职称评定以及学术地位评价的重要标准,越来越多的高等院校、科研院所等逐渐加大了对 SCI 的关注,以使一线科研工作与国际接轨。
SCI 论文的重要性主要有几个方面:第一,随着经济全球化、科学技术全球化进程的加快,SCI 论文自然成为了国际学术交流的媒介。第二,SCI 论文目前为止是一种较为公平、公正的对科研机构以及个人进行的学术水平评定的标准。第三,SCI 论文的发表数量以及质量是一个国家科研层次和综合科技水平的体现。尤其对基础理论研究而言,在什么样档次的刊物上发表的论文,便具有什么样档次的水平,一目了然,一般不再需要鉴定。如果学术成果不能在国际知名的 SCI 刊物上发表,通常很难被认为达到了国际水平。第四,对于绝大多数海外科技人才来说,SCI 论文是衡量"高层次"的基本条件,是衡量其科研能力与国际水平的差距、科研能力的国际化程度的重要指标。

查,以此获得相关动态。在操作层面有几点限定条件:第一,必须是以独立作者或者第一作者的身份公开发表;第二,必须目前或者曾经是中国国籍;第三,必须是海外在读或者在研期间正式发表。检索地址是 http://webofknowledge.com/WOS,检索数据库是 Science Citation Index Expanded(SCI-EXPANDED)。[①] 检索方法是使用"高级检索",主要通过姓氏拼音进行查找。检索式与博士学位论文相同,不再赘述。本团队的"海外人才大数据平台"共计采集 2008—2015 年间的海外科技人才 SCI 论文 791 848 篇,借此进行数据挖掘。

一、海外高层次科技人才的区域集聚

海外科技人才的区域集聚首先体现在中国留学生的所在地区分布方面。近年来,赴美留学的中国留学生猛增的现象在中西部尤其明显,美国的"Big Ten"招收的中国学生数量持续攀升。Big Ten 的学校包括内布拉斯加大学、西北大学、密歇根州立大学、伊利诺伊大学、宾州州立大学、明尼苏达大学、威斯康星大学、俄亥俄大学、爱荷华大学和印第安纳大学。在全美中国留学生最多的大学里,有九所都来自 Big Ten。比如伊利诺伊大学香槟分校有 1 万国际学生,4 900 人都来自中国。密歇根州立大学的中国留学生数量全美第一,数量超过 5 300 名。其他的诸如俄亥俄州立大学、印第安纳大学、明尼苏达大学等,中国留学生数量均呈现爆炸式增长,每个学校都有超过 3 000 名中国留学生。[②] 2015 年 5 月,美国高校进入毕业季之际,哥伦比亚大学统计系的硕士毕业生名单引起了国内各界的关注与热议。该系毕业的总人数 231 人,其中,来自中国内地学生多达 190

---

① 该数据库共收录期刊 5 600 余种,每周新增 17 750 条记录,记录包括论文与引文(参考文献),其引文记录所涉及的范围十分广泛,包括著作、期刊论文、会议论文、专利和其他各种类型的文献,所涵盖的学科超过 100 个。

② 《赴美中国学生叹难融入　不少人曾被骂"滚回亚洲"》,中新网 2015 年 8 月 11 日。

人,占 82%;另有我国港台地区学生 6 人、其他来源地的华裔学生 3
人、日本学生 3 人、韩国学生 4 人,余者为美国本土的非亚裔学生。
该案例的典型性足以说明近年来中国留学生在美国某些高校"扎堆"
的程度。

根据 SCI 学术论文进行的数据挖掘结果显示,美国所集聚的海
外华人科技人才最多,占 67.31%,并远远超出其后 9 个国家的占比
总和。这一统计结果与其他类似调查结果基本吻合,即海外科技人
才的 2/3 左右集中在美国。加拿大、英国、日本、德国和澳大利亚的
占比也都超过了 5 个百分点,但差距不大。新加坡主要是集中在新
加坡国立大学和南洋理工大学,且以 1990 年之后赴新加坡者居多。
法国作为人文社会科学较为发达的国家,在海外华人科技人才的集
聚与理工科留学生培养方面的角色并不突出。

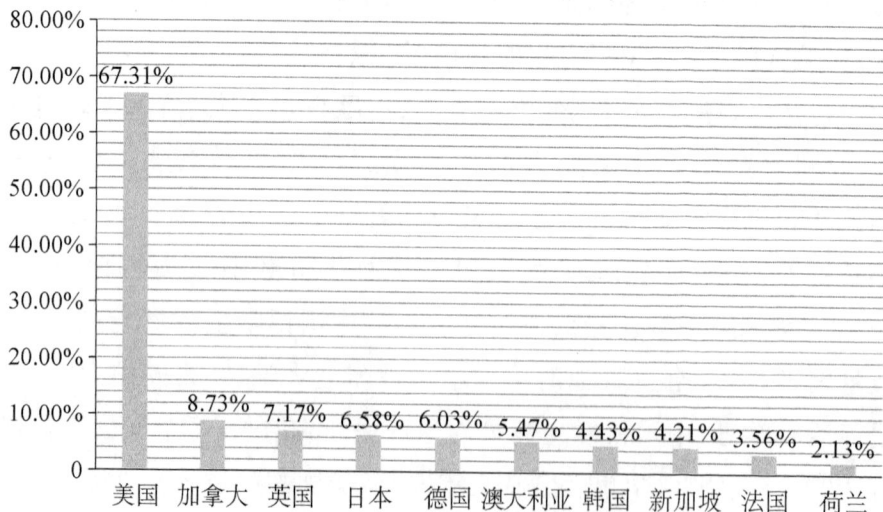

图 3-5 海外科技人才的国别集聚

事实上,海外科技人才的区域集聚还体现在高校、研究机构的集
聚方面。数据处理结果显示,哈佛大学占比最高,达到了 3.20%;其
次是新加坡国立大学。笔者于 2014—2015 年间在新加坡访学期间
的相关统计及实地调研证实了这一现实,即新加坡国立大学和南洋

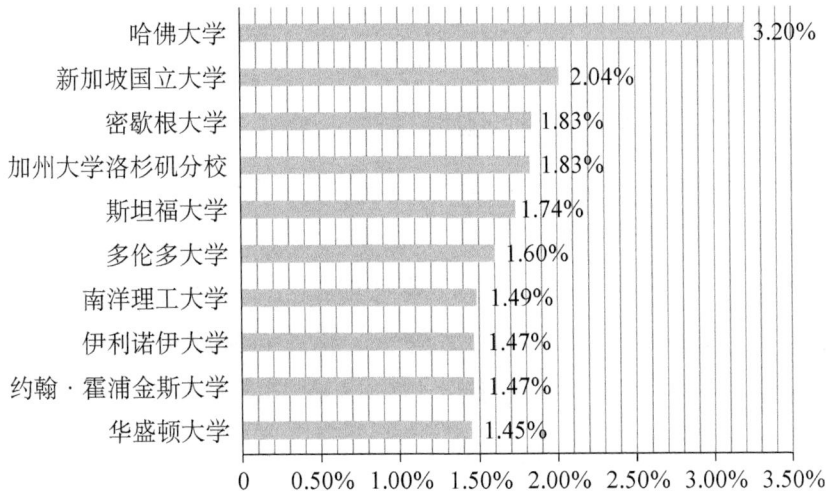

图 3 - 6 海外科技人才的高校集聚

理工大学成为了亚洲地区集聚海外华人科技人才的重镇。在排位前10 的高校中,七所在美国,两所在新加坡,一所在加拿大。

如果进一步将同一系统的多个机构进行整合,得到的数据分析结果如图 3 - 7 所示,加州大学系统占比最高,达到了 8.01%;其次是

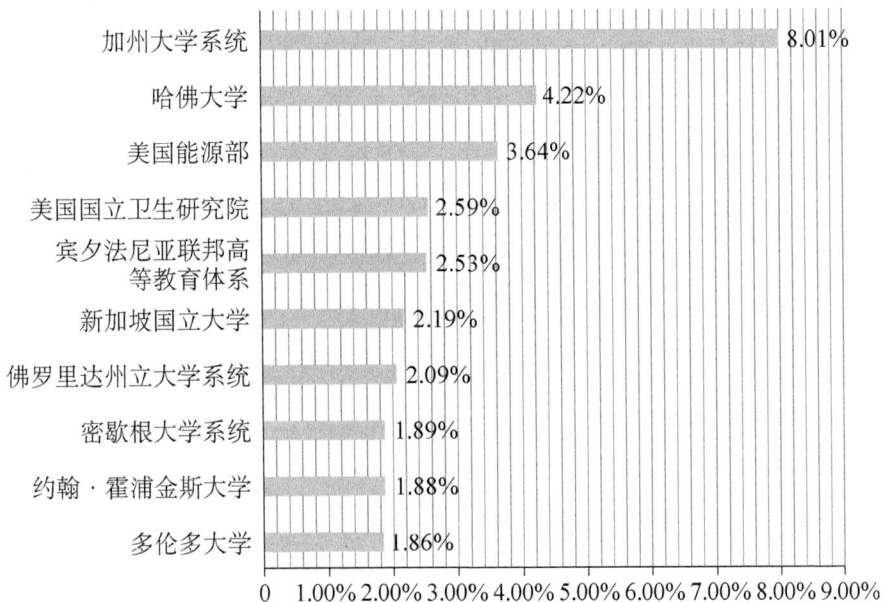

图 3 - 7 海外科技人才的学术系统集聚

哈佛大学,占 4.22%;美国能源部系统占 3.64%,随后依次是美国国立卫生研究院、宾夕法尼亚联邦高等教育体系、新加坡国立大学、佛罗里达州立大学系统、密歇根大学系统、约翰·霍普金斯大学和多伦多大学。值得注意的是,美国的能源与卫生系统所属科研单位的占比较高。

综上所述,海外高层次科技人才的区域分布特征较为清晰,以美国地区的一流理工科高校为最大集聚地,其次是类似于加拿大的多伦多大学、新加坡的两所名校、西欧等区域性集聚地。这一区域分布图谱与全球科技及科学教育资源的分布格局总体一致。另外,前苏联地区的高校在这一图谱上未有显现。

二、海外高层次科技人才的专业集聚

在全球化、信息化的时代背景下,一方面,全球留学生规模持续攀升,尤以中国、印度为之最,2016 年度的中国的留学生占全美外国留学生总数的 31.5%,[①]印度随之;另一方面,在学缘网络及新兴产业所涉学科分布特征的引导之下,同一个国家的学生扎堆某个专业的现象其实十分普遍。比如,印度出国留学的学生都会不约而同地选择与 IT 相关的专业;英国许多大学开设了发展学课程,这个专业有超过 80% 的学生都来自日本;法律是最受美国学生欢迎的热门专业之一,在很多世界知名大学的法学院中,都有来自美国留学生的身影。[②] 尤其近年来,由于我国在"一些重要领域方向跻身世界先进行列,某些前沿方向开始进入并行、领跑阶段,正处于从量的积累向质的飞跃、点的突破向系统能力提升的重要时期",[③]我国高层次人才的

[①] "Open Doors Report on International Educational Exchange", Institute of International Education, USA, 2016.

[②] 王盼盼:《中国留学生海外扎堆 走出中国人圈子成当务之急》,中新网 2013 年 9 月 9 日。

[③] 习近平:《为建设世界科技强国而奋斗——在全国科技创新大会、两院院士大会、中国科协第九次全国代表大会上的讲话》,2016 年 5 月 30 日。

出国留学,尤其公派出国攻读理工科博士学位或开展高级研修项目的针对性、导向性也更趋清晰,不再是早期全面落后状态下的"遍地开花"模式,而是更加强调国家科技发展的紧迫需求和关键环节,强调经济科技发展的中长期发展战略部署和阶段性发展任务的结合,强调基础理论研究与应用研究的分工协作等。直接结果是中国的海外高层次科技人才呈现出高度的学科集聚。

　　本研究团队依据海外高层次科技人才的 SCI 论文发表情况,通过逆向跟踪分析,发现这一群体主要集中在以下学科领域:生物学,27.96％;临床医学,22.98％;物理学,15.29％;化学,14.79％;工程与技术科学基础学科,12.39％;材料科学与工程,11.17％。上述六个专业领域的占比均超过了 10 个百分点,[①]充分反映了学科集聚的态势。此外,在药学、计算机科学与技术、数学和基础医学等领域,也呈现出较高的集聚度。

　　进而以材料科学与工程(一级学科)的下属二级学科"纳米材料"

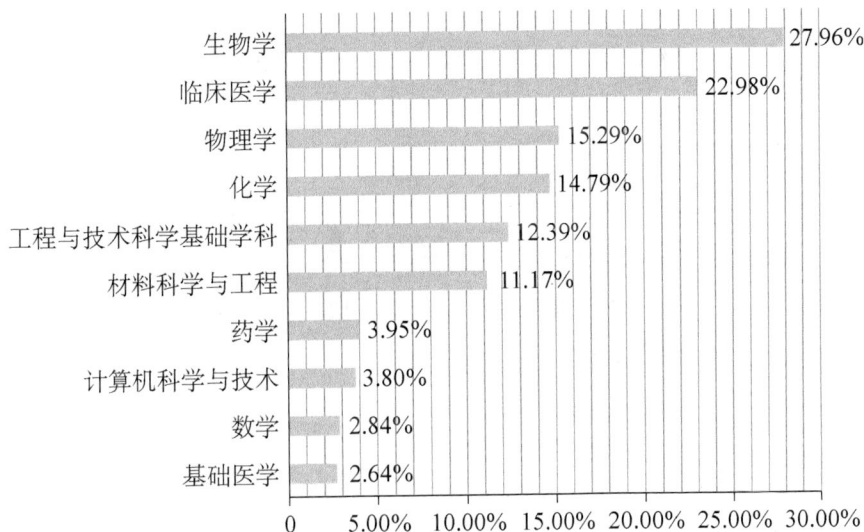

图 3-8　海外科技人才的专业集聚

---

① 跨学科论文的存在,使得百分比之和超过 100％。

为例。2008—2016 年间,海外华人科技人才在该领域共计发表19 613篇 SCI 学术论文,其中,18 159 篇的国别为美国,占总数的61.32%;另有2 826 篇源于新加坡,占 9.67%;2 098 篇源于日本,占7.09%;1 980 篇源于德国,占 6.69%;1 924 篇源于英国,占 6.50%。上述 5 个国家加总,占比高达 97.27%,突出反映了纳米材料领域的海外高层次科技人才及其学术研究成果的高度集中。

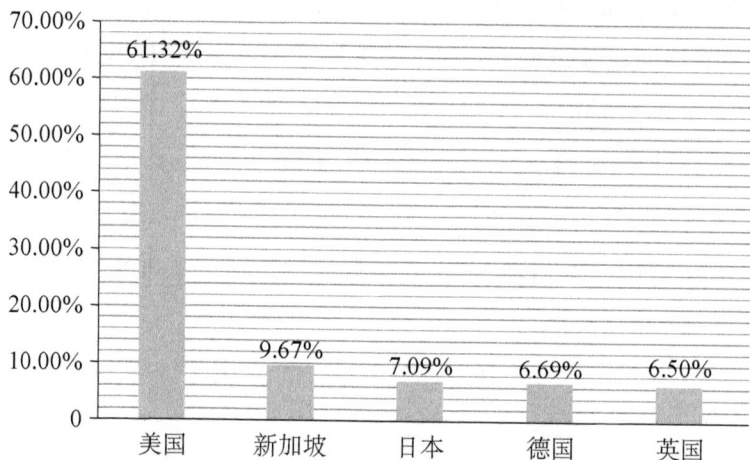

图 3-9　纳米材料(二级学科)领域的海外科技人才 SCI 成果分布

对纳米材料领域的 SCI 论文进行二次分析后发现,不仅存在国别方面的高度集中,而且在少数的高校也呈现块状分布态势。在全部29 613篇 SCI 论文样本中,南洋理工大学共计 1 439 篇,占 4.86%;新加坡国立大学1 171篇,占 3.95%;麻省理工学院 800 篇,占2.70%;加州大学伯克利分校 723 篇,占 2.44%;伊利诺伊大学 547篇,占 1.85%。上述五所高校的纳米材料领域集聚了大批的海外华人材料学家。

可见,区域和学科层面的块状分布态势反映了海外高层次科技人才的分布及流动状况,不仅是我国优化公派留学政策及海外引智政策的重要依据,也为构建全球化背景下的学缘网络、推进国际科学交流与科技合作提供了重要契机。

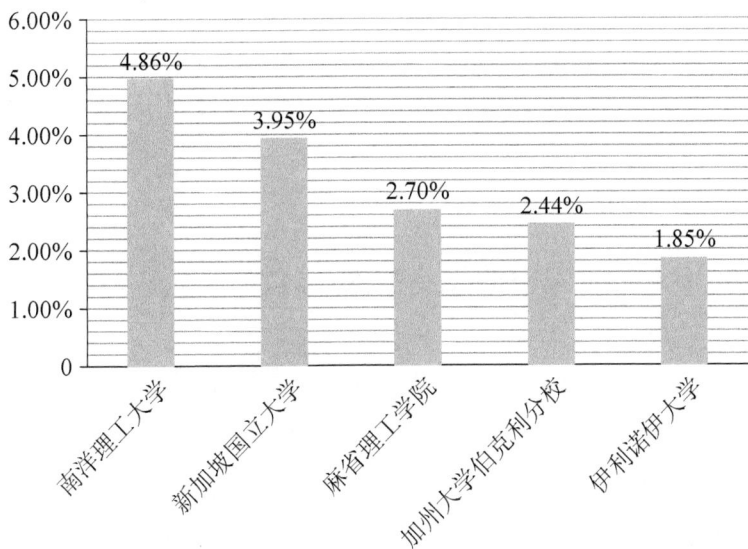

图 3-10　纳米材料(二级学科)领域的海外科技人才 SCI 成果分布

第三节　层次性提升

近年来,海外科技人才在全球科技系统的层次不断提升,越来越多的华人科学家活跃在世界重大科技项目的最前沿,很多原创性研究成果吸引了全球的目光,华人科学家进入各国最高科学殿堂的成功案例接连不断,在学术界的国际影响力持续提升。2014 年,Thomson Reuters 发布了全球顶尖 100 位材料学家榜单。其中,榜单前 6 位均为华人(5 位在美国,1 位在中国台湾)。而在美国的 5 位世界最顶尖材料学家[①],全部是中国科技大学的本科毕业生。2014 年及 2015 年度的高被引科学家名单的公布进一步引起了中国国内

---

① 身居美国、全球排名前五位的华人材料科学家分别是:杨培东 Peidong YANG,排名第 1;殷亚东 Yadong YIN,排名第 2;夏幼南 Younan XIA,排名第 4;孙玉刚 Yugang SUN,排名第 5;吴屹影 Yiying WU,排名第 6。

各界的广泛关注与诸多争议。因此,本书主要是从两个维度考察海外科技人才的层次性提升问题:一是华人院士的增长态势;二是基于文献计量学的方法,对典型学科中华人科学家的国际学术影响力进行量化分析。

一、外籍华人院士规模的逐步扩大

相对于入选高被引科学家而言,入选所在国国家科学院院士同样是衡量海外华人科学家的科研能力及国际影响力的重要标志。"海外人才信息研究中心"的"外籍华人院士数据库"搜集了目前在世但加入了外国国籍的华人院士基本信息,截至2016年12月31日,仅美国国家工程院、美国国家科学院、加拿大皇家学会和英国医学科学院四个顶尖级的科学院便共计评定了167位华人院士(不包括源于台湾研究院的院士,以及不在所在国定居及工作的中国大陆人士),占全球华人院士的90%以上。其中,仅美国国家工程院的院士便达到了92人,是全球集聚海外华人院士最多的科学院。从167位华人科学家入选院士的时间来看,如图3-11所示,呈现总体上的上升趋势。

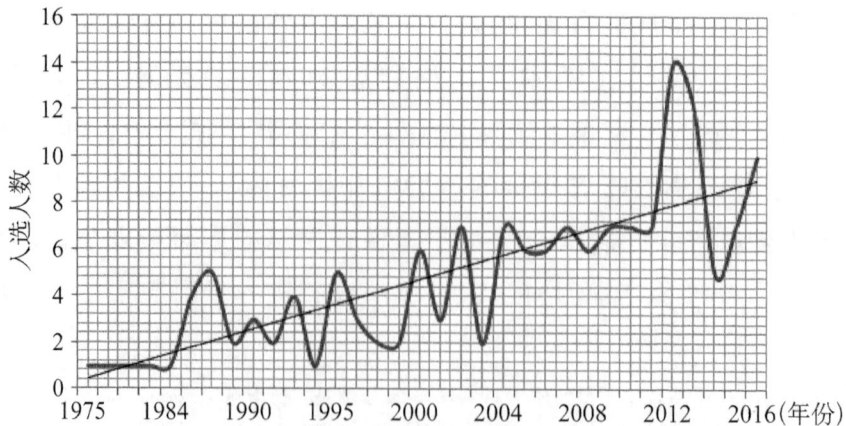

图3-11 海外华人科学家入选各国院士时间表

截至 2015 年底，美国国家科学院共计评出了 46 位中国籍贯的华人院士，在世界各国科学院中位居第二。2016 年 5 月 3 日，美国科学院（NAS）公布了 2016 年新增选院士名单，本次新当选院士中有 4 位华人学者，[①]至此，中国恢复高考之后培养起来的科学家中，已有 24 人成为了美国的华人院士，分别是：王晓东、谢宇、朱健康、周忠和、谢晓亮、叶军、李家洋、董欣年、骆利群、庄小威、张杰、陈雪梅、邓兴旺、杨薇、施一公、陈志坚、郁彬、何胜阳、沈志勋、吴皓、张首晟、戴宏杰、孟祥金、杨培东。其中，王晓东于 2004 年当选为美国国家科学院院士，他是当时获选院士中最年轻的一位，也是新中国培养出来的第一位获此殊荣的科学家。综观这 24 位院士，有以下几点特征：第一，全部具有海外留学经历。除 1 人（张杰）外，其余 23 人均在美国的一流高校获得理工科博士学位。第二，入选美国院士的时间不长，且间隔较短，2004 年是起点，连续性与趋势性较为显著。第三，所有

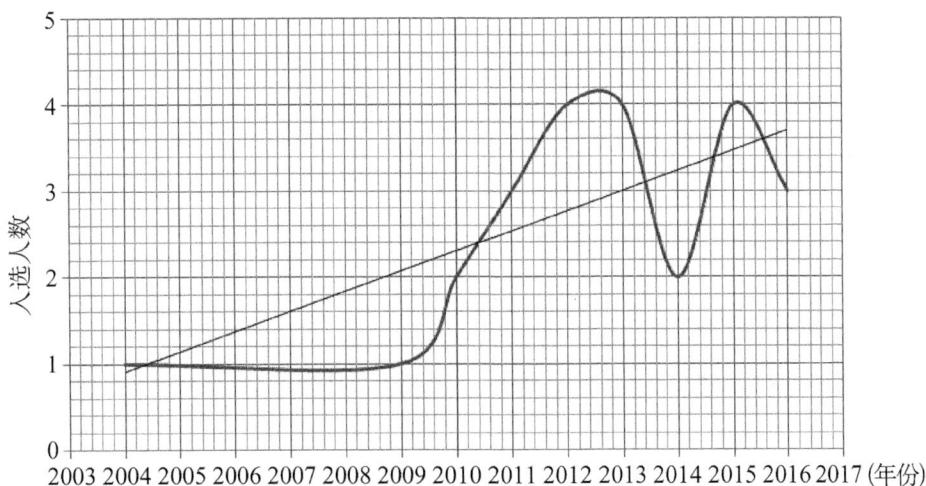

图 3-12　恢复高考后中国培养的华人科学家入选美国院士时间表

①　名单如下：戴宏杰（Dai, Hongjie），斯坦福大学化学系教授；孟祥金（Meng, Xiang-Jin），弗吉尼亚理工学院暨州立大学分子病毒学教授；杨培东（Yang, Peidong）：加州大学伯克利分校化学系教授；安芷生：中国科学院地球环境研究所研究员、中国科学院院士。其中，安芷生当选外籍院士。

在美的这些华人院士,要么与中国保持密切的学术关系,要么已经正式回国,如王晓东、朱健康、施一公、张杰等。

上述华人院士分别在各自的领域引领世界潮流,成为相关学科的国际巨匠。比如,王晓东的主要贡献是解密了细胞凋亡的生物化学途径的关键过程,他是离诺贝尔奖距离最近的新一代中国留学生;朱健康在植物抗旱、耐盐与耐低温方面做出了杰出的成就,是世界植物科学领域发表论文引用率最高的科学家之一;陈雪梅是最先从植物体中分离出 microRNAs 的研究团队的骨干之一;杨薇对 DNA 修复蛋白的结构与功能研究作出了卓越贡献;施一公在 Smad 对 TGF-beta 的调控机理、磷酸酶 PP2A 的结构生物学方面做出过有国际影响的工作;陈志坚的最新发现为认识细胞对病毒感染的反应提供了深远的新的洞察,可能为开发亟须的、更有效的治疗方法铺平道路;郁斌与合作者利用 fMRI 分析解码人类在观看影片时的大脑视觉信号来重建影片中的影像,被《时代周刊》评为年度 top50 发明之一;沈志勋在凝聚态物理和复杂材料领域研究中做出了许多开创性工作,是国际学术界公认的凝聚态物理领域一流科学家;张首晟领导团队提出的"量子自旋霍尔效应"被《科学》杂志评为 2007 年"全球十大重要科学突破"之一。此外,王晓东、杨培东等人均被 Thomson Reuters 预测为诺贝尔奖的最可能获得者。

二、华人科学家国际学术影响力的持续增强:以脑科学为例

越来越多的迹象表明,互联网的功能结构与大脑有着令人惊讶的相似性,用脑科学几乎可以解释所有新出现的互联网新应用和新概念。譬如,物联网为代表的互联感觉神经系统,云计算为代表的互联网中枢神经系统,工业 4.0、云机器人、车联网为代表的互联网运动神经系统,沉浸式虚拟现实为代表的互联网梦境系统。事实上,脑科学与人工智能的发展不仅并行不悖,而且相得益彰,而计算神经科学

则是实现两者有机结合的桥梁。但是,通过传统的神经生物学与计算机、数学、信息等学科间交叉和互动迸发出更多思维火花,是世界各国在脑科学研究领域中共同面临的难点。2014 年,上海将"脑科学与人工智能"列入《关于加快建设具有全球影响力的科技创新中心的意见》中,作为 22 个重大战略方向中 8 个基础工程之首。2015 年 3月,上海市科委在全国优先启动"脑科学与人工智能"项目,组织上海市优势科研和产业力量,前瞻布局和探索上海脑科学发展路径。

　　2016 年 5 月 30 日,习近平主席在全国科技三会上发表讲话时指出:"脑连接图谱研究是认知脑功能并进而探讨意识本质的科学前沿,这方面探索不仅有重要科学意义,而且对脑疾病防治、智能技术发展也具有引导作用……"[1]亦即脑科学的发展已经不仅是传统意义上的医学问题,而是与人工智能的发展息息相关。

　　早在冷战结束之初,美国国会曾将上世纪最后 10 年定名为"脑的十年",并规划出 58 个大的研究课题。以此为发端,各国都相继加强了对脑的研究。2013 年以来,欧美科研强国又纷纷吹响了探索大脑奥秘的号角。2013 年 4 月 2 日,美国时任总统奥巴马向全球公布了"推进创新神经技术脑研究计划"。欧盟、日本随即予以响应,欧洲推出了超过 15 个欧盟国家参与、为期 10 年的"人类脑计划",而日本则启动了日本脑计划。此次美欧在这一领域的全新计划,正是多年探索基础上的又一次发力。前者意图通过先进技术更深入了解人脑功能单元的连接组成及其动力学变化,后者则偏重在采集大量数据的基础上,向"人工模拟大脑功能系统"进发。[2]　为此,本研究团队按照预设的检索式,经过对脑科学概念内涵和外延的分析,将关键词定义为脑科学的扩展,具体包括:"brain science"或"neuroscience"或

----

① 习近平:《为建设世界科技强国而奋斗——在全国科技创新大会、两院院士大会、中国科协第九次全国代表大会上的讲话》,2016 年 5 月 30 日。

② 崔雪琴:《中国脑计划"酝酿启动　将从认识脑、保护脑和模拟脑三大方向展开》,《中国科学报》2015 年 3 月 18 日。

"neurobiology"或"computational neuroscience"或"cognitive neuroscience",可以比较详尽地覆盖脑科学的诸多领域。据此,对2000—2015年间的海外华人科技人才([排除]国家/地区)在脑科学领域,尤其类脑研究领域的高被引SCI论文进行了采集和数据清洗,共计获得3 219篇符合要求的学术论文,分析结果如下:

(一) 国别分布

按照国别划分,海外科技人才在脑科学领域的高端研究成果主要分布在以下国家(由于一篇论文时常会有多个作者,因此占比总和超过100%):美国占比最高,达84.85%;其次是英国,占22.73%。上述两国成为了脑科学领域海外华人科技人才最为集中的区域。随后是加拿大(16.67%)、德国(13.64%)、法国(7.58%)、日本(6.06%)、荷兰(6.06%)、以色列(4.55%)、葡萄牙(4.55%)及瑞士(4.55%)。上述10个国家既是中国吸引和集聚海外脑科学顶尖人才的主要目标地,也是进行类脑科学跨国研究与学术交流、派出留学生的重点对象和目的地。

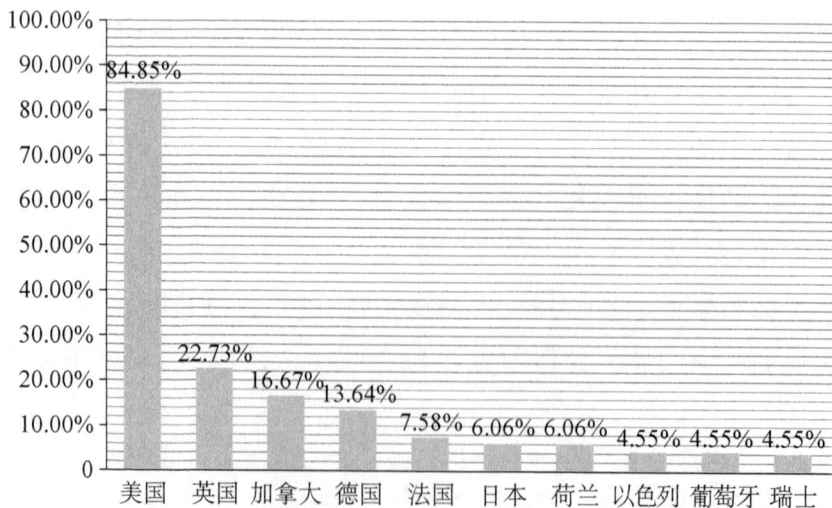

图3-13 "脑科学"领域的海外科技人才高被引SCI学术论文分布情况

（二）被引论文的年度分布

按照年度划分，如图 3 - 14 所示，海外华人脑科学家的高被引 SCI 论文发表呈现稳步递增态势，并于 2012 年度、2014—2015 年度出现大幅度增长态势。这凸显了海外华人脑科学家在国际脑科学前沿领域的学术影响力递增态势。

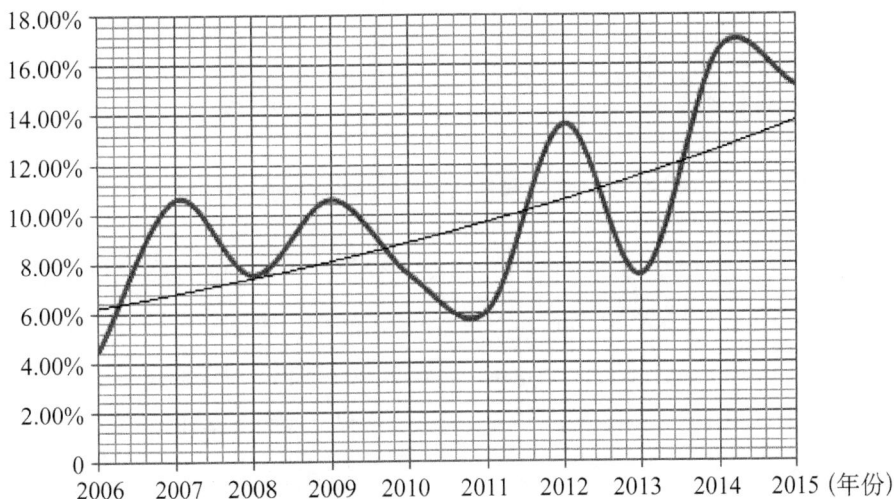

图 3 - 14　"脑科学"领域的海外科技人才 SCI 学术论文的被引年度分布

（三）被引频次的年度分布

按照年度划分被引频次，如图 3 - 15 所示，自 2007 年以来，海外华人脑科学家的 SCI 论文被引频次急剧上升，从另一个维度反映了这一群体的国际学术影响力的总体走势，层次性提升态势显著。

值得注意的是，中国在该领域的研究已经身处全球第一阶梯。早在 2008 年，中国研究者第一次在世界上从学术角度提出了互联网与脑科学交叉研究的思路和方法，提出"互联网将向着与人类大脑高度相似的方向进化，互联网将具备自己的视觉、听觉、触觉、运动神经系统，也会拥有自己的记忆神经系统、中枢神经系统、自主神经系统。

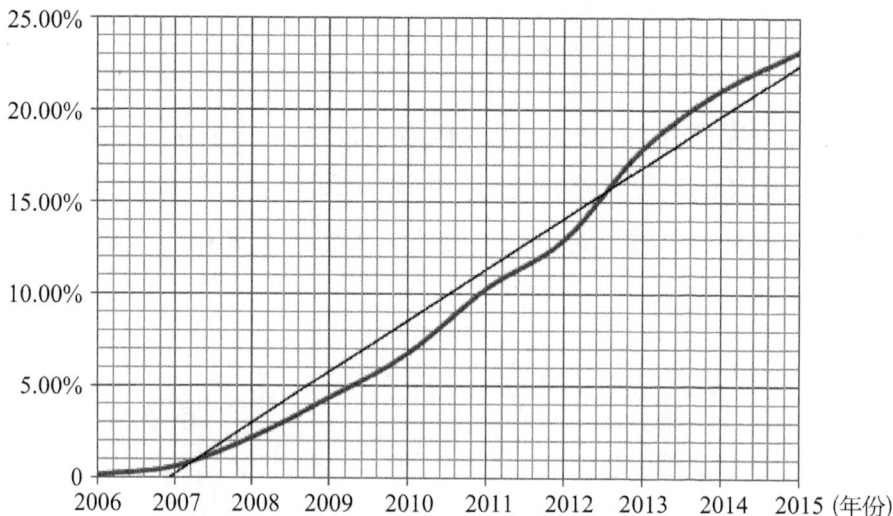

图 3－15 "脑科学"领域的海外科技人才 SCI 学术论文的被引频次年度分布

另一方面,人脑至少在数万年以前就已经进化出所有的互联网功能,不断发展的互联网将帮助神经学科学家揭开大脑的秘密。科学实验将证明大脑中也经拥有 Google 一样的搜索引擎,Facebook 一样的 SNS 系统,IPv4 一样的地址编码系统,思科一样的路由系统"①。在上述 SCI 论文中,至少有 12 篇被列为"高被引科学家"论文,集中体现了这一领域的国际影响力和专业水准。同时,有不少该领域的专家已经回到中国,进入了中国科学院上海生命科学研究院、北京生命科学研究所等国内顶尖级的研究机构。② 因此,国内业界需要重点关

---

① 刘锋:《互联网进化论》,清华大学出版社 2012 年版。

② 一个典型个案是冯建峰的回国发展。冯建峰,1991 年北京大学概率统计系博士毕业,1993 年获德国洪堡基金资助,1996 年移居英国剑桥,英国 Sussex 大学信息系 Reader。2005 年,回国应聘为湖南师范大学特聘教授,同年 3 月被教育部批准为"长江学者和创新团队发展计划"特聘教授。十多年来,冯建峰博士将随机过程的理论用于神经网络和神经生理问题研究,专注于系统发展神经计算的数学理论,提出了一类新的数学模型,彻底解决了一类最优随机控制问题,对无穷维的 Hopfield 模型做出了精确和严格的估计,取得了国际领先水平的优异成果,成为国际生物信息领域知名专家。冯建峰在剑桥大学和 Sussex 大学曾长期领导实验室建设,现正与哈佛大学、耶鲁大学、剑桥大学、爱丁堡大学、北京大学等国内外十多个单位的科研机构有着广泛的合作,并兼任（转下页）

注这一领域与互联网直接相关的一些研究成果,尤其是少数脑科学精英的研究动向及流向,服务于"建立中国原创的互联网神经学学科"的基础目标和互联网大脑计划。

第四节　虚拟集聚

网络所具有的信息开放、独立表达、平等互动等特性,促使互联网转变为共同参与的平台。网民们借助互联网所提供的虚拟社区、论坛、公共聊天室、博客日志、新闻跟帖、网站投票系统和电子邮箱等,进行网络表达并形成网络舆论。从本质上看,虚拟集聚的机理与传统集聚有非常大的不同。传统集聚是地理空间范围内不同个体的共同作用,但虚拟集聚没有地理概念,更多的是来自于交叉网络外部性和一般网络外部性的共同作用,而这种相互作用被虚拟平台吸收放大形成正反馈,引起了虚拟集聚程度的提升。

网络社区是指基于共同兴趣、共同信仰或者共同利益,以网络为媒介联系或者组织起来的、有相对稳定的成员或者会员、有相对固定的活动方式,在网络中所形成的社会集体。它是信息技术发展之后形成的崭新活动空间,没有物理意义上的地域边界,其成员可以散布于各地。摆脱了地域空间的限制,网络社区的成员通过互联网相互联系,不但提高了活动效率,而且降低了活动成本,被视为一种"虚拟社区",是"互联网上隐形的共同体"。随着互联网的普及和网络用户的增长,这些网络社区大量兴起,成为一种新兴的虚拟集聚形式。尤其以 Academia 和 Research Gate 等为代表的专门针对学术与科研工作者的"小众"型社交网站也出现了迅猛发展的势头。作为一种新型的国际人才交流平台,学术与科研型社交网络对传统的科研方式、科

（接上页）复旦大学数学学院特聘教授等。

研合作方法、科研成果发布模式、科研人员互动交流形式等都产生了不可忽视的影响。

华人科技人才较为集中的美国、加拿大地区最为典型。这里出现了许多较大的华人虚拟集聚社区,如美国华人论坛、洛杉矶华人网、北美华人 e 网、硅谷华人社区、美国亚省华人网、华府生活网络、北美华人平安网等,这些网络的会员人数大都在千人以上,具有相当的影响力。这些网络社区不仅成为中国联系海外华人的重要桥梁,充当东西方之间政治、商业、科技、文化等交流合作的平台,还凝聚了大批掌握一定技术、财富或取得一定社会地位的华裔专业人士,从而对于中国"走出去"与"国际化",以及创新型国家建设、经济转型、产业结构优化升级具有特殊意义,发挥着海外"人才资源库"与"联络站"的独特作用。诸如早期的 H-Net 网站,以及近年来风行全球的 Academia、ResearchGate、Mendeley、Linkedin、Facebook、Scholaers Net 等为代表,一批新型国际人才交流平台形成,学术与科研社交网站的发展正对传统的科学研究模式、科研合作方式、科研人员交流形式等产生革命性的影响。[①] 下面,拟以"美国华裔教授专家网"(简称 Scholars Net)为个案,简要介绍这类海外华人网络社区作为虚拟集聚互动的一种方式在现今社会已产生的影响和必将产生的更大作用。

一、Scholers Net 的建立与演变

(一) 发展历程

1991 年初,犹他大学的几位中国专家学者及研究生自然形成了一个留美学人联谊圈子,并逐渐发展为美国华裔教授专家网(以下简

---

① 陈亮:《新型国际人才交流平台——学术与科研社交网络的兴起》,《千人杂志》2014 年 10 月 29 日。

称 Scholars Net）。该网站自成立以来，一直致力于促进中美两国关系的发展，加强与中国的交流与互动，并且双方进行了许多卓有成效的合作，因而得到了美国华人社会的广泛关注。经过了二十多年的发展，美国华裔教授专家网通过参与各种会议及活动，发展和结识了许多来自美国各州各界的精英，由当初的只有几十名成员的联谊圈子发展到拥有 12 000 多名会员的大规模群体，而在这么多的成员中，不乏知名的教授、专家、律师以及工程师。

在早期，Scholars Net 只是盐湖城地区的一个普通华人团体。但随着规模的不断扩大，越来越多来自不同地区、不同领域的教授和专家加入其中。Scholars Net 也由原来仅仅在犹他大学和盐湖城的好友中的交流圈子逐渐演变成为一个网络社区。Scholars Net 的成员主要在各类年会期间定期会面，平时则主要通过电子邮件互相沟通。2004 年之后，为了便于发送信息，同时扩大影响力，Scholars Net 设立了网站（网址：http://scholarsupdate.hi2net.com）。随着网站的设立，Scholars Net 彻底演变成了一个典型的网络社区，成员们通过网络沟通、交流、分享信息，而不需要受到时间和地点的限制。由于网络具有传播迅速、成本低廉、信息量大等特点，因此越来越受到高层次华人人才的青睐。

（二）主要栏目

Scholars Net 是一个海内外高层次精英人才的集纳团体，一个为留学人员提供最快资讯的平台，一个永不关闭的电子交流联络系统，一个服务高级知识分子和专业人士的通信工具，也是一座沟通海内高科技、高等教育和人才合作的桥梁。打开美国华裔教授专家网，可以看到其主页发布的栏目主要分为以下几类：关注焦点、活动公告、最新消息、科技动向、学人动向、两岸三地、人在海外、即时通信、网站信息。

1. 活动公告

关注焦点和活动公告主要用来发布国内外人才交流及各类活动

的相关信息,包括举行聚会联欢和学术论坛、活动邀请、征文征稿、考察访问、短期培训等各方面信息,并及时播报活动的过程和取得的成果。2004年至2015年12月底,活动公告共发布消息4 037篇,并呈逐年递增趋势。此外,举办和参与学术活动及其他活动一直是美国华裔教授专家网与中国互动最主要的方式之一。2004年以来,美国华裔教授专家网每年都会主办相当数量的研讨会和交流会,邀请来自中国国内的专家学者参加,同时也会组织专家学者赴中国访问和交流。2004—2015年底,活动公告共发布消息4 079条,具体信息分布状况如下:

表3-2 2004—2015年间"活动公告"信息数量分布

年份	2004	2005	2006	2007	2008	2009	2010	2011	2012	2013	2014	2015
活动公告	35	159	196	302	308	388	480	435	462	585	411	318
当年信息总量	140	636	1 353	1 530	1 661	2 463	3 099	3 051	2 847	3 536	3 017	2 433
比例%	25	25	14.5	20	18.5	15.8	15.5	12.4	16.2	16.5	13.6	13.1

2. 科技动向

科技动向主要介绍国际医学、科技、生物等领域的最新进展。2009—2015年底,科技动向的消息总共有3 753条,占全部25 766条信息的14.6%。具体的信息分布状况见表3-3:

表3-3 2009—2015年"科技动向"信息数量分布

年份	2009	2010	2011	2012	2013	2014	2015
科技动向	588	610	559	480	588	516	412
当年信息总数	2 463	3 099	3 051	2 847	3 536	3 017	2 433
比例	23.90%	19.70%	18.40%	16.80%	16.60%	17.10%	16.9%

该栏目自2009年开设,仅第一年就有588条信息,占当年信息

总数的 23.9％,可谓受到了相当的重视,这充分体现了美国的专家学者对当今世界科技动向的格外关注。相反,来自中国国内的研究成果则十分罕见,这也间接说明了中国国内的科技发明水平距离世界先进水平还有很长一段距离。科技动向最大的意义在于向中国国内乃至全球华人介绍当今全球科技发展的最新动态。其内容均由美国华裔教授专家网经过精心筛选后发布,代表了一种专业的视野。这一部分内容为我们了解当今世界的科技发展动向和最新的研究成果提供了非常重要的参考。

3. 学人动向

学人动向主要展示了来自世界各地的专家学者撰写的专著、论文以及发表的评论,内容以人文社科为主,涉及政治、经济、文化、社会、民生、卫生、医学等各个领域。美国华裔教授专家网是一个高层次人才的群体,其中以专家学者居多,学人动向栏目的出现恰恰充分体现了美国华裔教授专家网对学术的关注。各种学术观点在这里激烈碰撞,这为美国的华裔学者与中国学者的交流互动提供了良好的平台。

表 3 - 4　2009—2015 年"学人动向"信息数量分布

年份	2009	2010	2011	2012	2013	2014	2015
学人动向	23	355	498	480	590	499	411
当年信息总数	2 463	3 099	3 051	2 847	3 536	3 017	2 433
比例%	0.9	11.5	16.2	16.8	16.7	16.5	16.9

通过表 3-4 我们可以看出,除了第一年数量偏少之外,学人动向其余几年的数量都有较大的提升,2011 年之后连续 5 年都占到信息总数的 16％以上。

4. 人在海外

"人在海外"为美国华人社区以及在美的中国留学生或工作人员

提供了包括留学、签证移民、人才招聘、创业就业以及商讯税务等方面的信息。这些内容为中美相互之间的来往提供了许多有益的经验,为中美之间的人员交流带来了许多的便利,切实解决了海外华人在生活工作中遇到的许多实际问题和困难。

表 3-5 2009—2015 年"人在海外"信息数量分布

年份	2004	2005	2006	2007	2008	2009	2010	2011	2012	2013	2014	2015
人在海外	6	30	91	111	367	422	410	466	449	577	531	464
当年信息总数	140	636	1 353	1 530	1 661	2 463	3 099	3 051	2 847	3 536	3 017	2 433
比例%	4.3	4.7	6.7	7.3	22.1	17.1	13.2	15.3	15.8	16.3	17.6	19.1

通过表 3-5 我们可以看出,"人在海外"在早期的信息量非常小,2005 年全年仅有 30 条信息,2006 年也只增长到 91 条。但是,"人在海外"的信息数量每一年都在不断提升。到了 2008 年,信息数量迅速增至 367 条,占当年信息总数的 22.1%。这与 2008 年是奥运年息息相关,奥运盛会促进了中美之间的来往和交流。此后,中美之间人员的往来更加频繁,也加大了对这方面信息的需求。因此,"人在海外"栏目在整个网站中所占的比例也在不断提升。

最后,通过"网站信息"一栏,可以大致了解该网站的影响力和关注群体。目前,美国华裔教授专家网共有 13 600 名会员,发布信息18 585 条、图片 16 462 幅,并拥有 10 480 条读者评论。从数据上看,海外华人关注该网站的人群数量众多,其中也不乏大型学术机构寻求与美国华裔教授专家网的合作。从评论区可以看到,国际出版中心社科翻译分社、美国加州 Bowers Museum、四川省人才工作领导小组办公室、上海市侨办、《世界日报》(World Journal)等机构都在寻求与美国华裔教授专家网的合作。可见,该网站在美国华裔圈内有一定的影响力,且发布的文章、探讨的问题均有一定深度,是较为严肃、面向群体层次较高的人才交流网站。

（三）与中国的互动方式

第一，信息发布。发布消息是美国华裔教授专家网与中国进行交流互动最主要的方式。在互联网日益发达的今天，这一互动方式也越来越普遍。华裔教授专家网通过网络向国内传递各种消息，国内可以通过网络浏览这些信息，从而产生一种积极的互动。10 余年间，美国华裔教授专家网共发布信息 18 585 条，可以说，信息的交流是美国华裔教授专家网与中国互动最主要的方式。通过信息发布可以促进中美有关部门，高校和科研单位之间保持良好的互动联系；及时提供美国和海峡两岸及港澳地区的会讯、合作或引智的信息。另外，信息发布这一互动手段充分借助了网络平台以及发挥了华人教授专家的优势，报道学人动态，发表专业评论和文章，保持与各地各校专家和学人之间不断的联络和交流，并及时传递高校及高科技企业的引智消息。

第二，组织和参与各种活动。多年来，美国华裔教授专家网组团赴华参加各类海外留学人员交流会和洽谈会，展示最新科技，并协助启动各类科研项目，大部分成员都和两岸四地的高等院校和相关部门保持密切的联系与合作关系。部分学者一直积极参与大西南地区发展，支援中西部和东部各省大学，或互访或讲学或共研课题。积极参加广州留交会，并响应国务院侨办参加多种专业人士创业交流会及各类专业活动等。在众多的活动当中，学术会议和交流会占据了主要的地位。美国华裔教授专家网的成员以教授专家和学者为主，因此，学术交流和会议是他们与中国互动的最主要方式之一。美国华裔教授专家网每年都会举办一定数量的学术研讨会，邀请来自中国的专家学者参与。每年 10 月份左右，美国华裔教授专家网都会举办美国华裔教授学者协会年会，邀请美国华裔教授专家、留学生以及来自国内的专家学者参与。除了赴中国进行学术活动之外，Scholars

Net 还组织和邀请美国各界赴中国参与各种文化活动,如在 2008 年和 2010 年,Scholars Net 就曾组织相关人士赴中国观看北京奥运会、上海世博会以及广州亚运会等盛事。

第三,向中国国内推荐和介绍人才。美国华裔教授专家网组织代表团遍访了国内的十几个省市,为各地推荐了一批优秀的高层次人才。他们有的成为中国高等院校的骨干,有的成为自主创业的先锋,有的被选入"千人计划"。近些年来,由于中国国内对高层次人才的需求量加大,Scholars Net 发挥自身优势,为中国吸引高层次人才工作牵线搭桥,就人才交流与国内进行了许多卓有成效的合作。2011 年 7 月,在美国硅谷——圣何塞市举行的"2011 中国南京科技创新与新兴产业推介会"上,美国华裔教授专家网团队签约"南京三千人计划",并派专家团队参与了"基于云数据中心的物联网对城市交通的综合智能控制"等重大项目。2011 年 8 月,美国华裔教授专家网参加了在北京启动的"第十一届海外侨界高层次人才为国服务团",包括来自 9 个国家的 28 位海外高层次人才携新材料、环保、生物医学、循环经济等 10 余个领域、60 余项科技、经济项目回国交流、洽谈。2012 年 1 月,美国华裔教授专家网与上海浦东签订了引智引才的战略合作协议,双方陆续合作举办各类专项活动,促使更多海外高层次人才来浦东发展。

第四,传播中华文化,扮演公共外交的生力军角色。在全球化的今天,任何有关分析、理解中国的文化交流活动,都处在各种不同的价值体系之下,同时熟悉东西方文化与国情的海外专家学人,可以用西方受众认可、习惯、熟悉的方式进行宣传,进而有助于提升中国的国家形象与全球道德文化感召力。另外,美国华裔教授专家网在美国本土具有一定的影响力。通过这种网络社区拓展与主流社会的沟通渠道,有利于促进中国展开公共外交,推动与其他国家友好关系的发展。除了为国家外交发挥一定作用之外,Scholars Net 还能够提供某种民间的沟通模式,包括利用其专业领域的影响力以及在海外的人脉网络优势,充当"民间外交使者",在所在国以高于个人、低于国家却又跨越国家边界范畴的形式,通过咨询、倡议、游说、宣传等多种方法对当地政府与国际组织施加影响,促进合作,化解分歧。

第五,介绍美国风土人情,向国人打开交流的大门。在中国经济飞速发展的今天,国人纷纷走出国门,或是商务出行,或者是留学海外。初出国门的人都不同程度上遇到各种问题,适应国内外截然不同的生活工作学习环境,需要花费大量的时间和精力,从而达成出国的远大目标,获得相应的优良成绩。美国华裔教授专家网是美国本土人士以及在美长期工作生活的各领域的专家学者的经验交流平台,其中包含包罗万象的信息,还专门设有为初出国门留学美国或者商务出国的国人提供恰当的建议帮助的栏目。无论是专家学者撰写的学术建议,还是摘自美国各大周刊杂志的要闻,抑或转载环球的风土人情介绍,都为国人揭开了海外生活的神秘面纱,既有去魅的效应,又能促进中外文化交流,提高中国学术界的国际地位。

二、Scholers Net 的角色与功能分析

(一) 发展特点

美国华裔教授专家网是由海外华侨华人专业人士组成,并以为海外工作留学的华侨华人专业人士提供专业服务为主旨的网络社区组织。作为全球产业分工细化与专业化的产物,美国华裔教授专家网有着以下发展特点:

第一,鲜明的专业背景特征。美国华裔教授专家网最显著的特征就是鲜明的专业背景,这是该网络社区成立、发展、凝聚相关专业人士的基础,是专业人士加入该组织的基本门槛,是美国华裔教授专家网提供相关服务,进行各类交流合作的主要依据。在中国与全球化智库的调研报告中,有 33% 的代表选择专业社团的成立背景是为

了"专业交流需要"。

第二,"人才储备库"。美国华裔教授专家网以获得博士、硕士学位的学者、专业人士和政府部门的精英为主,具有明显的人才"资源库"与"联络站"特点。

第三,涉及产业与行业日趋多元化。海外华侨华人从事的主要职业早已从"三刀"(菜刀、剪刀、剃刀)发展到"三师(工程师、医师、会计师)等技术性或管理性工作,如今还出现了向"三家"(科学家、企业家、发明家)发展的大趋势,包括进入政治领域的海外华人都有所增加。随着海外华侨华人在各领域的多元化专业发展,美国华裔教授专家网所涉及的行业与结构分布也日渐多元化。从网站调研评论中可以看出,大部分人都承认"进入了一个新的创业时代"、"涉足的行业更加广阔"、"逐渐进入主流行业"。

第四,与中国的联系、招才引智等工作的对口联系日渐加强。随着中国日渐融入全球经济以及国际影响力增强,美国华裔教授专家网逐渐加强与中国各方面的联系,甚至以东西方交流为其使命,其宗旨就是团结壮大在美华人精英力量,促进中美间的交流与合作。美国华裔教授专家网的成立易于取得"共赢":一是可以通过其"集群效应",为加强美国和海峡两岸及港澳地区合作、招才纳智等作出贡献;二是可以为有意愿回国创新创业的专业人士提供信息交流、项目沟通的平台,以及事业发展的机遇;三是许多部门、机构、企业会为"项目中介"、"技术咨询"、"人才猎头服务"等支付一定的费用,如果相关负责人能够将获得的一定资金回馈,就可以推动其可持续发展。当然,这种联系的加强还体现在经常举办有关的研讨会、论坛、回国考察团等方面,这些活动也会间接对会员形成影响,带动会员自发回国发展与为国服务。

第五,全球影响力不断扩大。如今,美国华裔教授专家网的信息不再局限于中美两国,信息触角拓展延伸至欧洲各国,有向全球发展的趋势。目前主要的内容依然以美国本土学术信息为主,但科技前沿、学人动态等已经开始出现英国、法国等国家的专家学者的相关文章和个人信息。这样的信息范围不断扩展的趋势以及信息交流的无国界化，扩大了美国华裔教授专家网的覆盖范围，有利于增加各国专家学者的互动交流，促进多方面的高层次人才的合作与发展。

（二）主要优势

通过网络互动的虚拟集聚力量，既可以发挥网络的优势，也体现了美国华人高层次人才群体的优势，更解决了海外华人高层次人才的现实问题。

第一，发挥网络传播速度快、信息量大的优势。相比于传统媒介，网络互动具有快速便捷、信息量大的特点。而这一特点为美国华裔教授专家网提供了许多便利。首先，是时效性强。美国华裔教授专家网几乎每两周就更新一次《即时通讯》，相对于期刊来说周期更短，体现了网络互动的时效性。其次，传播方式简单。信息一旦发布上网，可以在很短的时间扩散到全球华人社区，只要通过浏览网页，就可以获取相关信息，传播速度十分惊人。最后，信息量大。相比于传统的媒介如报纸等，通过网络发布消息，容量几乎没有限制。

第二，发挥高层次人才的优势。高层次人才的优势在于丰富的知识储备，通过网络发布消息，表达观点，恰好能发挥高层次人才的优势。首先，Scholars Net 会员均为专家学者，所传递的信息具备相当强的专业性和学术性。其次，Scholars Net 提供了不同的审视视角。美国华裔教授专家网的成员大多居住在美国，其中相当一部分已经在美国居住了多年。美国华人具有连接东西方的天然优势，其中大多数人既了解中国文化，又深知西方文化，因此，在东西方文化的交融下，常常会为我们提供看问题全新的视角，他们会针对国际局势和国内问题，提出独到的见解。最后，针对某些社会问题提出意见。近些年来，随着中国综合国力的不断发展，各种社会问题也不断出现。海外高层次人才对社会问题表现出了极大的关切。《即时通讯》常常会有专家学者针对中国的经济发展模式、教育问题、医疗问题、卫生问题等发出评论，并提出许多行之有效的意见和建议。

第三，**解决现实问题的优势**。首先，海外高层次人才的流动性较强，网络可以顺利地将信息传递到全球的任何一个角落，同时不必担心信息丢失、信息过多等问题。其次，通过网络解决可以随时与国内互动。最后，网络对实际活动是一个很好的补充。美国华裔教授专家网的成员分布在各地，因此，现场互动的难度大，通过网络可以及时了解到各类活动的过程和状况。此外，活动的召集与组织也是通过网络完成，成员可以自主选择活动。

（三）主要问题

第一，**条件和群体的限制**。通过网络互动，其首要条件自然就是互动双方都拥有网络。目前，中国借助于互联网进行跨境交流面临一些困难，这无疑大大地削弱了美国华裔专家网与中国互动的基础。其次是群体限制。美国华裔教授专家网是一个高层次人才的组织，具有较高的专业性。这也在一定程度上造成了群体的限制。

第二，**实际活动较少**。美国华裔教授专家网利用网络与中国产生互动，一方面发挥了网络的功能，但另一方面却也将互动局限在网络上。正是由于互动过分集中在网络上，造成了现实的互动较少。相对于虚拟互动，美国华裔教授专家网实际互动的数量要小得多。从互动的稳定程度来说，在现实互动中所建立起的人际关系较网络互动建立起的人际关系更坚固，凝聚力更强一些。因此，更多的实际活动才能建立更加牢固的互动关系。对于美国华裔教授专家网来说，实际活动偏少带来的后果是难以与中国形成稳定的关系，这在很大程度上降低了美国华裔教授专家网与中国互动的成效。

第三，**现实影响力不强**。虽然网络活动带来诸多便利，但网络毕竟是虚拟的，因此也就造成了网络互动的现实影响力较差。最直接的体现就是美国华裔教授专家网在网络上发布消息，但得到的响应不足。美国华裔教授专家网与中国互动的最主要方式是发布消息。许多专家学者就中国的一些社会问题发表看法,并提出了许多行之有效的方法。但这些意见并没有得到足够的重视。

第四,网络可信度。美国华裔教授专家网所发布的信息经过专家教授的严格筛选,大多真实可靠,但仍然不排除有漏网之鱼。此外,由于美国华裔教授专家网中的不少信息是通过转发而来,相当一部分涉及留学、投资、税务等方面内容,这就要求无论是消息的发布者还是接收者都要留意信息的来源与可信度,尤其是涉及财产、信息安全的内容,更需要加以留意。

海外高层次科技人才与中国同行互动的意愿强烈,虚拟集聚具有传播迅速、成本低廉、信息量大等优势,是一种新型的互动方式,为双方提供了一个合适的交流媒介。通过这种虚拟集聚,海外华人高层次人才即使没有回国,也可以发挥自身的优势,向国内传递最新的华人社区信息、学术信息和科技动向,而中国国内同行可以通过互动汲取许多有用的经验。因此,对于中国相关部门来说,如何合理地利用相关的海外专业技术群体的专业性网络,促进海外高层次科技人才与中国同行之间的交流,是有关部门需要进一步研究并妥善解决的问题。

第五节 学缘网络的形成

学缘网络是基于专业知识技术及相同相近的求学经历而形成的网络关系。海外留学生与国内母校之间的学缘网络兼具专业特质、民间平台特性及国际科技(学术)桥梁功能。海外学子基于地缘(如来自国内同一地区或者身居国外同一城市)、师缘(如来自国内同一母校或者身居国外同一学校)等关联性要素而自由组合、自发成立了很多海外专业社团。近年来,国内很多高校也建立了有别于海外专业技术社团的海外校友分会,维系着与本校海外学子的学缘网络。

内外双向努力,尽管路径不一,但共同推动了学缘网络的形成。

一、学缘网络的内涵与特质

学缘,泛指教育和科学研究中师生和学术派别之间的渊源关系。简单地说,就是受教于哪个学术流派、毕业于哪所高等院校等,即学历的源头。基于知识、技术的内在关联和学科分布而形成的关系网络即为学缘网络。相对基于血缘、地缘、神缘、物缘、业缘(通常所谓的"五缘")而形成的传统移民网络,海外学子与国内母校之间的学缘网络主要是基于知识、技术(学术)等形成的社会关系网络,网络形成的动因不仅先天形成于来源地,而且后天形成于海外求学求知的过程,从而大大延伸和拓展了传统移民网络的内涵:一是学缘网络既是海外学生学者与中国潜在的旅外学子之间的纽带,更是旅外中国学生学者之间的重要纽带,是海外留学生组织化程度提高的重要体现;二是相对于传统移民网络"对内服务"的有限功能与内敛性特征,学缘网络的开放性、灵活性大大增强,从而使其得以在协助开展引资引智活动、塑造祖(籍)国的良好国际形象、促进与国内母校之间的科技合作与学术交流等方面有所作为。

相对于传统移民网络的"机械性团结"而言,学缘网络更多呈现出了"有机团结"的特征,从而使其具有了更多的功能和更为突出的地位与作用。因此,学缘网络与移民网络的形成机理相似,但移民网络所强调的社会网络只具有社会关系的性质,而学缘网络所体现的社会网络具有高度的专业性、学术性,是首先基于专业背景,而不是移民身份所形成的网络,否则,必然会陷入 Joaquín Arango(2000)的悖论之中:同一来源地的学生(者)的求学目的地为何不同。[①] 不仅

---

① Joaquín Arango, *Explaining migration: a critical view*, ISSJ 165/2000, UNESCO2000, Blackwell Publishers, USA.

如此,还可以根据移民网络理论进一步提出质疑:学缘网络提供的便利多于其他移民网络的依据何在?

移民网络理论是学缘网络的理论渊源。1987年,美国社会学家Douglas S. Massey等人在"社会资本"理论的基础上提出该理论。法国社会学家Pierre Bourdieure认为,社会资本是实际的或潜在的各种资源的集合体,其本质是人际关系网络。瑞典经济学家Gunnar Myrdal提出的"累积因果关系"认为,移民行为有其内在的自身延续性,即使最初导致移民的客观环境发生变化,移民行为仍将持续。[1]移民网络理论(Network Migration)产生于国际移民大潮,起初主要尝试为亚洲的发展提供一种新的研究思路,比如美国硅谷与中国台湾新竹之间的人才流动、印度喀拉拉邦向中东石油富国的劳务输出、菲佣的国外分布网络等。从一般意义上来看,"网络往往是建立在原生性认同(primordial identity)基础上的,构成华人网络的一些基本资源,是地缘、血缘、业缘、神缘、学缘或族群等关系"。[2]但在考察海外学子与国内母校之间的网络关系时,这种"原生性认同"的核心和主体通常仅限于学缘抑或师缘,并附属性地带有一定的地缘的涵义。学缘网络由此而衍生。

学缘网络的核心即为留学生群体在海外所积累的社会资本和人力资本,因此,学缘网络兼具移民网络和知识网络的双重特性:一是能为留学生的融入与生活提供某种形式的便利,极大地增加了具有相同或相近学缘关系的国内潜在留学群体到那里去留学或工作的可能性,具有移民网络的自我延续的动态特征;二是能为知识、技术的跨国流动提供平台,使跨国人才流动与国际学术交流等获得了新的渠道,具有自循环的机动特征,并天然地成为留学生社团发展的基础,从而区别于传统移民网络(侨民网络)。各种各样的学缘关系成

---

① Herman Emma, "Migration as a family business: the role of personal networks in the mobility phase of migration", *International Migration*, Vol. 44, 2006.

② 刘宏:《跨界亚洲的理念与实践》,南京大学出版社2013年版,第17页。

为连接社团组织成员的纽带。比如,湘潭大学与西班牙莱昂大学有着交流合作项目,莱昂大学的中国留学生大部分都来自湘潭大学,这种学缘关系的存在,使得社团组织的建立自然而然,先天条件十分优越。可见,学缘网络与社团组织是一种互为表里的关系。学缘网络是社团组织内在的灵魂,是社团组织存在与发展的基础;而社团组织则是学缘网络所依附的实体和主要外在形式。学缘网络的发展与社团组织的兴起相辅相成、相互促进。

学缘网络的形成直接体现为海外社团组织的发展。根据不同的组织形式,数量众多的海外学生、学者组织可以大致分为两类:一类是会员来自国内同一高校的学生学者组织,包括国内高校牵头组织的海外校友会,以及海外校友以国内母校为纽带自发组织的校友会,通常是两者的结合;另一类是中国留学生或学者以留学所在学校、所在国特定地域或者相近行业(专业)为纽带自发组织起来的社团,亦即海外专业技术社团。两类海外社团的组织形式、发展动机、运作形态、与中国国内的紧密度等均有很大差别,但都成为了海外学子的重要平台。

二、海外校友分会

海外校友会泛指海外留学生以国内母校或者留学期间的同学关系为纽带建立的社会团体。中国的海外校友会至今已有百余年的历史。1902 年 12 月 17 日,首个华人海外校友会——"美洲中国留学生会"(The Chinese Students' Alliance of America)在美国旧金山成立。20 世纪 90 年代以来,全球化、信息化驱动下的全球产业结构调整与业态转型加速,大批留学人员赴外求学,并自发组织各种形式的同学会、校友会、联谊会等。尤其是近年来,中国海外留学生的规模持续扩大,2015 年底突破 52 万人,大批高校毕业生赴海外求学,在母校与海外留学生群体之间形成了特殊的网络关系。很多国内高校及政府部门也越来越重视海外留学生与母校之间的关系,纷纷增设了高校校友会的海外分会。比如,截至 2016 年 12 月底,上海交通大学的海外校友分会多达 26 个,仅在美国就拥有 15 个海外校友分会。[①]在国内高校的共同推动之下,不同学校的海外校友会之间的交流合作也不断增加,甚至出现了联盟化的趋势,比如中国高校北美校友会联盟、交通大学校友总会等。据上海社会科学院信息所(海外人才信息研究中心)"海外人才大数据平台"的最新数字显示(数据更新日期为 2016 年 12 月),全球范围内拥有专门网站、基本正常运转的海外学生学者组织已经超过 1 400 个,其中,中国国内母校牵头成立的海外校友分会约占 1/3,但此类校友组织的影响力、成员规模、活动频率及稳定性等均优于海外自发组织。统计结果显示,中国 95% 以上的"985"、"211"高校如今都建立了海外校友分会,并维系着与海外学子之间的常态化联系。

近年来,国内高校越来越重视海外校友分会的筹建与运作,设立负责海外校友会工作的社会团体及网站,通过梳理海外校友的分布与结构等,为海外校友组织的建立和建设提供各种支持与资助。相应地,海外学子对于国内母校的积极举动反响热烈,纷纷通过申请成为会员并主动参加各种活动等,维系与国内、母校及海外同窗之间的联系,从而使海外校友组织日益成为权威传递母校信息、增进校友情谊、促进学校和校友共同发展的有效平台。很多重点高校注重校友组织的规范化建设和正常化运行,使很多海外校友分会保持了较为旺盛的人气。同时,海外校友组织的校际特色逐步显现。海外校友分布状况从侧面反映了母校在国际教育界的交流合作关系,以及海外学子与母校之间的学术相关性[②],比如,清华大学与美国硅谷的 IT

---

① 数据来源:上海交通大学校友会网站,http://alumni. sjtu. edu. cn/newalu/gdxy. php?page=1。

② 高子平:《学术相关性维度的海外理工科留学人才回流意愿研究》,《自然辩证法研究》2014 年第 6 期。

产业之间、同济大学与德国汽车行业（专业）等之间的密切联系在一定程度上反映了国内母校的专业特色和建校渊源。新近成立的海外校友组织与传统侨团不同，是在中国崛起、全球化、信息化背景下的一种新型网络，具有鲜明的留学生背景和知识技术网络特征，即为学缘网络。尤其在全球人才大争夺、国际科技合作频繁的背景下，国内母校与海外学子之间的联络的意义远超出了联谊本身，而具有拓展海外引智平台、整合国际科技资源、提升国际影响力等诸多功能。

值得注意的是，中国正式派遣留学生的活动始于 19 世纪后半期，海外校友会的建立至今也有百余年的历史，但迟至 20 世纪晚期，才有针对海外校友组织的零星研究出现。同样作为一种移民组织，与地缘会馆、宗亲组织、同业公会等社团相比，海外校友组织显然没有得到应有的重视。1999 年出版的《华侨华人百科全书·社团政党卷》收录词条 4 400 余个，但其中具有海外校友会性质的团体不足1%。这在一定程度上反映了中国学术界对海外校友会基本情况的不了解。相应地，中国国内学术界基于"大侨务"的理念，将海外校友组织作为海外华侨华人社团的一种形式进行研究，从而在凸显学缘网络的社会功能的同时，忽略了其内在的专业特质及与一般性移民网络的差异。此外，国内学术界对海外校友会的基础信息掌握不全面、不充分，缺少实证调查和信息采集，从而导致了对于海外学子与国内之间的学缘网络的研究难以系统深入。

根据理工科毕业生较为集中的特点，本研究团队对中国的"985"高校网站进行了全面的信息采集，并结合相关部门的统计数据，截至2015 年底，共计获得 499 个国内高校海外校友分会的基本信息。统计结果显示，国内高校的海外校友会分会总体呈现快速增加的态势，其中，清华大学最多，共计 53 个，占 10.62%；其次是浙江大学（6.61%）、中山大学（6.21%）、南京大学（5.21%）和华东理工大学（5.01%）。

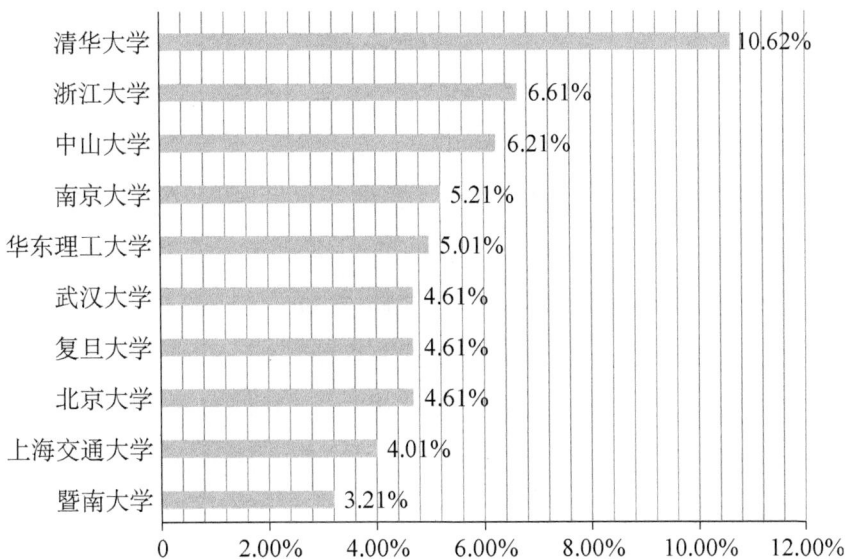

图 3 - 16 国内"985"高校海外校友分会数目排序

相对于海外专业技术社团而言,国内高校的海外校友分会是由国内高校以母校身份发起,对海外校友分会具有一定的指导功能甚至资助,在动辄上万人的海外校友中,通常能形成一个较为稳定的内核,即由各海外校友分会的主要负责人等代表性人士组成的稳定群体,与母校之间保持着相对频繁、顺畅的交流,经常承担母校外访接待、同门赴外留学帮助、促进学术交流与合作等功能。

在信息采集的同时,2014 年 5 月—2015 年 8 月间,本研究团队针对符合条件的有效样本开展了海外问卷调查,共计联系了 468 个海外校友分会,[①]获得有效问卷 456 份,回收问卷的有效率为97.44%。样本结构分布如下:从性别来看,男性 222 人,占 49.0%;女性 234 人,占 51.0%。从年龄结构来看,35 岁以下的受访者共计

① 关于国内高校的海外校友分会调查研究工作,得到了上海市政府侨办的 2013—2014 年度课题资助,课题负责人:高子平。

352 人,占 77.5%;35—40 周岁共计 44 人,占 9.7%;41—50 岁共计 40 人,占 8.8%;51 岁以上受访者 18 人,占 4.0%。从海外居留状况来看,已经加入住在国国籍者占 12.8%,已经获得住在国"绿卡"者占 18.7%,加总可得,超过 31% 的受访海外校友拥有了海外居留权。从学历分布来看,本科学历占 7.6%,硕士学历占 57.6%,博士学历占 19.1%,其他占 15.7%。从受访者在海外校友分会中的角色来看,普通会员占 64.8%,初创者占 15.7%,负责人占 6.3%,联络人占 5.7%,另有 7.5% 的受访者尚未正式加入。

总体来看,海外校友调查的样本选取比较科学,基本反映了海外校友分会的基本结构,有效样本中没有出现奇异数据或结构性倾斜的现象,具有较高的信度和效度。在问卷调查的基础上,根据数据分析的初步结果,本研究团队开展了实地调研工作,走访了中国农业大学、北京科技大学、复旦大学、同济大学、华东理工大学等主要高校,与相关高校的校友会主要负责人座谈,了解海外校友工作的进展、专业倾向、面临的问题及设想等,并通过对部分高校海外校友分会负责人的访谈、座谈、非参与式观察等方式,进一步了解了一些国内母校与海外学子之间的交流互动情况等。

如前所述,正由于很多国内高校的海外留学生渐成规模,从而提高了双方的相互关注,学术界的相关研究也有所显示。① 本次针对海外校友会员的统计结果如表 3—6 所示,作为正式的海外校友分会会员,对国内母校"比较关注"者高达 65.5%,相比之下,仅有 34.5% 的非会员留学人员"比较关注"母校,足以彰显海外校友分会组织在提高国内母校关注度方面的提升作用。从卡方检验可知,Pr=0.011< 0.05,是否加入了海外校友分会对国内母校的关注程度有显著的差异。

---

① 张美凤:《校友会的重要角色》,《人力资源》2011 年第 1 期。

表 3-6 海外校友分会会员身份与对国内母校的关注程度交互分析

		对于国内母校的关注程度			
		比较关注	一般	不太关注或不关注	总计
是否海外校友分会会员	是	65.5%	41.0%	41.7%	58.9%
	否	34.5%	59.0%	58.3%	41.1%
总计		278	78	24	380

如果说关注程度只是从受访者主观意识的角度分析了学缘网络的凝聚作用,那么,是否为海外校友分会的活动提供过各种资助或者便利等,则是进一步印证学缘网络重要性的现实依据。统计结果如表 3-7 所示,高达 94.7% 的海外校友分会会员提供过相关支持与帮助,仅有 5.3% 的非会员留学人员扮演过此类角色。从卡方检验可知,$Pr=0.000<0.05$,是否属于海外校友分会会员,在为海外校友分会提供支持方面有显著的差异。这从另一个侧面反映了海外校友自主办会、主动作为的特征非常显著。

表 3-7 海外校友分会会员身份与为海外校友分会提供支持交互分析

		是否为海外校友分会提供过支持		总计
		提供过	没有提供过	
是否海外校友分会会员	是	94.7%	42.4%	57.7%
	否	5.3%	57.6%	42.3%
总计		114	278	392

在与国内母校之间的直接交往方面,母校校庆已经日渐成为拉近双方关系、凝聚海外学子的重要抓手。综观近年来国内很多高校的大型校庆活动,不仅有很多海外校友远道来贺或者在海外就地举办校庆活动,而且时常借回国参加校庆之机举行海外校友分会的成立大会或者年会等(如广州大学、东华大学等),从而大大增加了母校校庆对于海

外校友的吸引力。调查结果如表3-8所示,高达84.2％的海外校友分会主要负责人参加过国内母校校庆等重大活动,而主动参加此类活动的非会员留学人员仅占15.8％。从卡方检验可知,Pr＝0.036＜0.05,是否加入了海外校友分会与"是否参加母校校庆等重大活动"有显著的差异。

表3-8　海外校友分会会员身份与是否参加母校校庆等重大活动交互分析

| | | 是否参加国内母校校庆等重大活动 | | | 总计 |
		经常参加	偶尔参加	从不参加	
是否海外校友分	否	84.2％	57.7％	52.1％	57.6％
会会员	是	15.8％	42.3％	47.9％	42.4％
总计		38	156	188	382

不仅如此,是否拥有海外校友分会会员身份,在贡献母校的具体形式方面也有诸多差异。统计结果如表3-9所示,82.4％的海外校友分会会员表示为母校提供过捐赠,72.7％表示曾为母校建言献策,85.4％曾经接待过母校出访团,并且全部直接或间接参加过一些科研项目与科研活动,60％参与过一些项目合作,而非会员做出此类贡献的比例则依次仅为17.6％、27.3％、14.6％、0、40％。从卡方检验可知,Pr＝0.00＜0.05,是否加入了海外校友分会对贡献母校的形式有显著的差异。无疑,海外校友会会员身份在积极参加母校各项活动,尤其在专业技术交流合作方面的作用非常突出。

表3-9　海外校友分会会员身份与贡献母校的形式交互分析

| | | 作为海外校友,为母校的发展作出过哪些贡献 | | | | | | |
		提供捐赠	建言献策	接待母校出访团	参与科研攻关	项目合作	其他	总计
是否海外校友	是	82.4％	72.7％	85.4％	100.0％	60.0％	35.8％	61.6％
分会会员	否	17.6％	27.3％	14.6％	0	40.0％	64.2％	38.4％
总计		34	66	82	2	10	134	328

相对而言,由于海外校友分会与国内母校之间保持着较为经常的业务联系,学缘网络较为完整。但由于海外校友分会本身的不稳定性特征,尤其是随着分会负责人的频繁流动,部分分会的运行时常受到影响,甚至会成为少数同门内部交流的"小圈子"。但是,这些海外校友分会作为母国在海外的人才资源库,可以在将来国家人才资源开发与利用的工作中起到重要作用。[①] 因此,如何在保持与国内母校的学缘关系的同时,拓展海外的学缘网络是其面临的主要挑战。

三、海外专业技术社团

专业性社团多以一个或多个专业领域或专业人群命名,如英国中英科技与贸易协会、英国旅英中国工程师协会、中国旅美专家教授联合会等;也有不分领域的综合性专业团体,如全欧华人专业协会联合会、美华专业人士协会等。[②] 真正由海外华人专业人士组织、针对华人专业人士这一特定群体的自治组织,要数 20 世纪 90 年代初在北美相继成立的全美金融协会和加拿大中国专业人士协会等组织。在欧洲,比较有影响力的华人专业协会包括德国的全欧华人专业协会、英国华人金融协会和法国华人金融协会等。在大洋洲,也活跃着如南澳华人专业人士协会等华人专业组织。[③] 至于海外专业技术社团的数量及规模,我国迄今并无全面系统的调查统计,有关主管部门通常只是掌握与部门业务相关、经常联系的社团名单。有研究者统计,从 1950 年到 1991 年 40 年间,美洲的华侨华人专业社团的数量就从 469 个增加到 2 252 个,几乎增加了 5 倍,而仅在美国一地,华侨华人的专业社团也从 1998 年的近 600 个达到今天的 1 200 个之

---

① 郑巧英:《民间组织与中加人才交流》,《第一资源》2013 年第 5 期。

② 任娜:《海外华人社团的发展现状与趋势》,《东南亚研究》2014 年第 2 期。

③ 孔祥明:《海外华人专业人士的生存现状》,《侨务工作研究》2008 年第 6 期。

多。①　但显然,这里并没有将基于血缘、学缘、神缘、业缘、物缘等五缘文化而形成的传统侨团、国内高校直接或间接组织的海外校友分会与海外专业技术社团进行区分,而是混为一谈。更有甚者,将海外专业技术社团与海外侨团合二为一,称为"海外华侨华人专业人士社团"②或者"海外华侨华人专业社团"③,这里无疑将海外华侨、海外华人、海外留学生等概念混用,从而得出了很多似是而非的结论。

海外专业技术社团是由中国留学生或学者以留学所在学校、所在国特定地域或者相近行业(专业)为纽带自发组织起来的社团,显然,无论是中国留学生,还是访问学者等高级研修人员,都属于中国公民。相应地,这些社团为所在国与中国之间的交流合作搭建桥梁、协助国内有关部门和单位引进人才、维护中国的国际形象等,才具有了道义基础和国际法依据。反之,如果是海外华人组织的由华裔学生学者构成的社团,从国籍从属关系来看首先属于所在国,理当维护所在国的国际形象和国家利益,而对维护中国的国际形象与国家利益充其量只具有一定的道义责任,且需谨小慎微。有鉴于此,这里探讨的海外专业技术社团由中国留学生和学者构成,具有以下四个方面的基本功能:一是为中国学生学者提供一个沟通、交流、互助的平台,促进会员之间互通有无,取长补短,共同跨越所在国语言和文化对求学造成的障碍。二是形成集群效应。在国际国内激烈竞争的环境下,建立回国发展的联络平台,可以通过专业组织的影响力与国内接洽或提供便利。三是有效发挥导向作用。当前,海外留学人员面临的一个突出问题就是所学专业与国内发展需求脱节。海外专业技术社团可以较多地了解人才供需趋势及国家相关政策,帮助国家寻找、推荐、输送各领域所需人才,有效引导海外留学人员做出正确的

① 任娜:《海外华人社团的发展现状与趋势》,《东南亚研究》2014 年第 2 期。
② 王辉耀:《海外华侨华人专业人士报告(2014)》,社会科学文献出版社 2014 年版。
③ 周克明:《发挥海外华人专业社团的作用——对国家实施"走出去"战略的思考》,《人民日报海外版》2004 年 12 月 1 日。

专业选择与职业规划。四是维护海外学生学者的合法权益、合理地位并塑造良好的整体形象,作为对我驻外机构职能的重要补充。

> 受访者3:德国的华人海外社团很多,也很丰富,很多都有很久的历史,也有很多逐渐消退,并伴随着一些新的社团在不断建立。由于华人在德国的数量不多,存在较大的流动性,至少在德国,我已经听闻过好几个社团,正是由于人员的流动而逐渐走向败落。如果这些社团可以和国内的大学、政府或企业取得合作,彼此有长期的互动,那么这些海外社团的发展可能会有更大的空间。从长远来看,随着中德合作的日益紧密,国内的合作方也会有越来越多的机会,需要寻求德方社团的协作,来拓展在德国的业务。

根据概念界定和功能定位,本研究团队主要通过新媒体等手段,共计获得1 673个海外专业技术社团的基本信息,信息采集的截止日期是2015年12月31日。统计结果如图3－17所示,按照国别划分,美国占比最高,为37.94%,其他国家的占比则全部低于10个百分点。其中,加拿大占9.05%,澳大利亚占7.30%,德国占6.76%,日本占5.97%,英国占4.58%,法国占4.10%,新西兰占3.26%,意大利占3.14%,韩国占2.96%。

如前所述,相关研究均已表明,自进入21世纪以来,海外专业技术社团如雨后春笋般涌现出来。究其根源:一是中国持续稳步发展及迅速崛起;二是海外理工科留学生及滞留未归的海外科技人才规模迅速扩大,且呈现块状分布。两方面的原因相互交织,共同导致了海外专业技术社团的大批成立。统计结果如图3－18所示,高达35.54%的海外专业技术社团成立于2005年之后,32.97%成立于1995—2004年之间,加总达到68.51%,亦即超过了总数的2/3。

从海外专业技术社团的规模来看,类型相对多样。统计结果如图3－19所示,19.61%的海外专业技术社团介于5—99人之间,

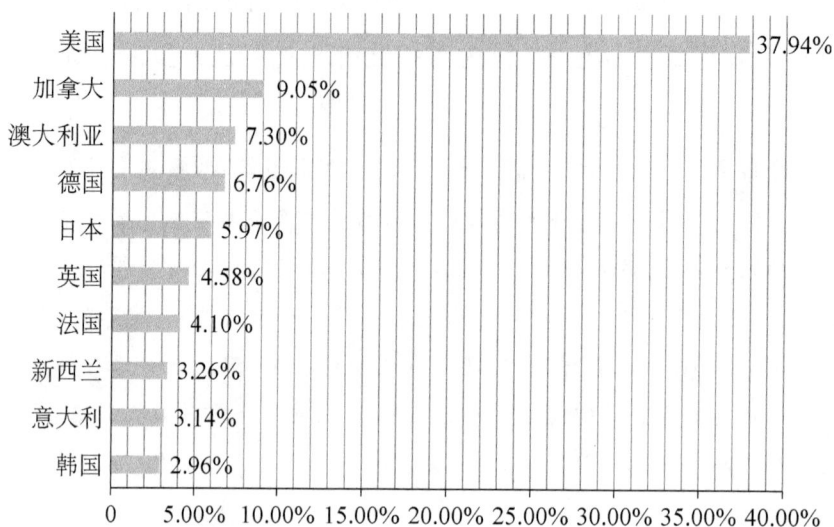

图 3 - 17　海外专业技术社团的国别分布

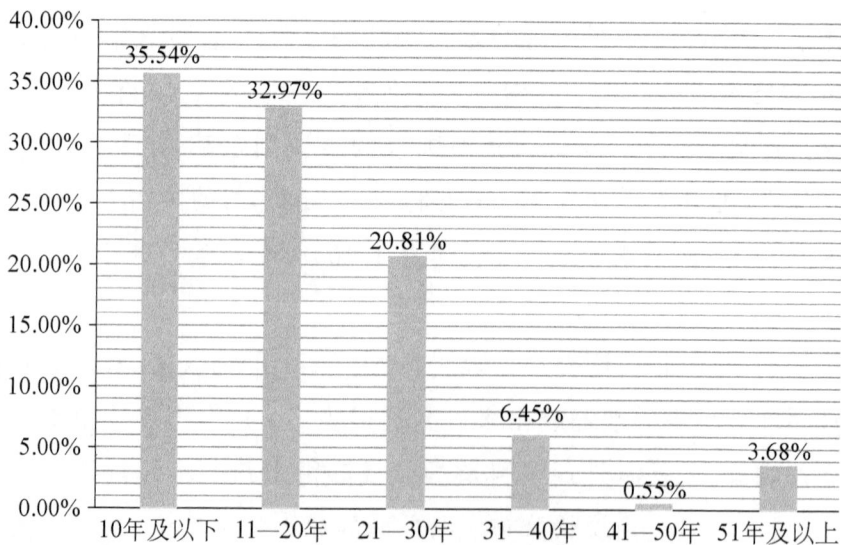

图 3 - 18　海外专业技术社团的年限分布

11.76%介于 100—199 之间,33.33%介于 200—499 之间,13.73%介于 500—999 之间,21.57%的规模超过了 1 000 人。

由其规模不难看出,相对于国内高校的海外校友分会,海外专业

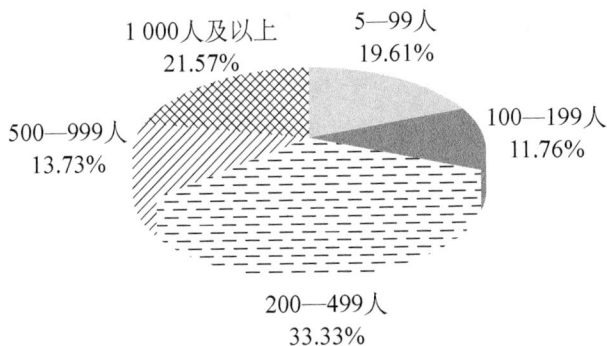

图 3 - 19　海外专业技术社团的规模

技术社团的稳定性相对较高,在运营及日常维护方面更为完善。从国家的留学工作及海外引智战略的角度来看,海外专业技术社团是沟通交流的主渠道,而海外校友分会主要是海外学子与国内母校之间的"内部通道"。如何整合两类社团,更好地服务于国内经济科技发展,事涉科技、侨务、外事等诸多部门,是亟待深入研究的新议题。

第六节　阶段性流动

阶段性流动专指 6 个月以内的跨国流动。需要说明的是,以往这只是少数特殊群体(精英分子)或者特殊情境(如跨国公司业务布局的国际化特征)的一种行为,不能夸大或者扩大化。即使在分析当前中国在国际人才流动领域出现的阶段性流动现象时,同样必须秉持客观、冷静的态度,避免国内外学术界和媒体屡屡炒作这一现象的习惯性偏好,从而为揭示这一"小众现象"的概率、动因、形态、影响等创造必要的条件。

一、阶段性流动现象日渐频繁

从 20 世纪末开始,随着全球化进程的加快,国际上出现了一群在不同国家之间来回流动的高级人才,他们跨越国界牵线搭桥,传递着技术、信息、资金等,共同分享着人类科学技术发展所带来的各种红利。这让学术界逐渐形成了一种共识,认为这种阶段性的或者说短期的人才国际流动也许"能够带来对接收国、流出国以及迁移者三方都有利的结果"。[①] 阶段性流动通常包括短期入境、科技合作和劳务派遣等形式。一般来说,这些签证可能要求由本国雇主提出签证申请,有职业、学历、时间限制,不能随便更换工作。与长期移民类似,在短期流动中,欧美发达国家依然是科技人才的首选之地。在欧美拥有先进设备的科研机构以及全球最优秀的科技公司,科学家和工程师更有用武之地。流入到非洲、中东、俄罗斯的科学家,除了人才回流和短期性的流入及援助外,主要是普通科技人才和劳工的流入。目前,美国有三个准许"专门人才"临时入境的计划,并设立了 H1B 签证,专门短期吸引高学历人才。H1B 工作签证是美国也是全世界最受关注的职业签证,区别于 L1 商务签证,这一签证主要针对科技人才,并主要流入美国知名的高科技企业。2001—2010 年,美国集聚世界高技术工人的数量从 63 984 人增长到 454 763 人,增长了 7 倍多,其中亚洲的高技术工人增长最明显,增长了 30 多倍,非洲和南美洲分别增长了 10 倍多和 7 倍多。[②]

但是,这种阶段性流动现象日益普遍之后,学术界开始赋予了一些理想主义的成分,"人才环流"一词随之诞生。人才环流这一说法起源于对一些发展中国家流入美国的研究生和科学家的研究文献中,被认为"是一种科学家和研究人员(以及其他高技术人才和专家)

---

① Steven Vertovec, "Circular Migration: The Way forward in Global Policy?", International Migration Institute Working Papers Paper 4,2007.

② 郑巧英等:《全球科技人才流动形式、发展动态及对我国的启示》,《科技进步与对策》,2014 年第 13 期。

在不同地理区域流进流出的有正面效应的形式"。① 1998 年，J.
Johnson 和 M. Regets 对中国台湾和韩国的海外人才在美国与祖籍
地之间的阶段性流动进行了实证分析，并且将其重新定义为人才环
流（brain circulation），特指人才从出国留学到海外求职，再到回国发
展的迁移路径。② 随后，美国技术移民专家 AnnaLee Saxenian
（2000）、③DeVoretz（2005）等很多学者分析了全球化背景下出现的
"人才环流"新现象。从此，这一概念被学术界广泛接受并使用。但
近年来，学者们在探讨海外人才对印度软件业以及台湾地区半导体
产业发展的贡献时，发现这两个地区的海外人才在流出地与流入地
之间的流动并不是将终点设定为流出地，只进行单次的循环，而是
"候鸟式"地频繁往返于两个国家之间。因此，这类海外人才也被形
象地称为"空中飞人"（astronauts）。④ 他们中大多拥有外国国籍，在
国外拥有住房和稳定的工作，但每年都会定期回到流出国参加学术
会议、商业会谈、专业咨询、短期教学等活动。由此，智力环流的内涵
被进一步扩展为不间断的、多次往返的迁徙流动。⑤ 从讨论智力环流
动因的文献梳理来看，理论界已经分别从个体、社会网络、产业结构
以及全球化各个层面进行了分析。Baldwin Richard 和 Frederic
Robert-Nicoud（2007）率先将"影子移民"作为国际外包现象的产物

① Tom Casey, Sami Mahroum, Ken Ducatel and Barré Rémi（eds.），"The Mobility of
Academic Researchers：Academic Careers & Recruitment in ICT and Biotechnology, A
Joint JRC / IPTS-ESTO Study", Brussels, 2001.

② J. Johnson and M. Regets, "International Mobility of Scientists and Engineers to the
United States：Brain Drain or Brain Circulation?", http://www. nsf. gov/statistics/
issuebrf/sib98316. htm.

③ A. Saxenian, "Brain Drain or Brain Circulation? The Silicon Valley-Asia Connection",
South Asia Seminar, 2000.

④ AnnaLee Saxenian and Jinn-Yuh Hsu, "The Silicon Valley-Hsinchu Connection：
Technical Communities and Industrial Upgrading", *Industrial and Corporate Change*,
Vol. 10 (4),2001, pp. 893 – 920.

⑤ 林琳：《智力环流——人才国际流动"共赢"模式的新探索》，《国外社会科学》2011 年第 2
期。

进行了理论探讨和模型构建，①使现象研究的学理性得到显著增强。

就中国而言，自纳斯达克泡沫破裂以来，海外人才滞留海外但时常回国（来华）开展业务或交流的现象迅速增加。加之加入 WTO 之后的跨国贸易行为与跨国公司内部员工派遣行为等，中国学术界也开始关注阶段性的跨国人才流动问题，并畅想出诸如"海鸥"、"飞客"之类的中文词汇。2009 年，有关人士甚至声称中国的"海鸥"已经超过 10 万人，而且增长趋势迅猛，认为跨国企业，涉及国际化需求的行业例如投资银行，新经济与高科技产业，以及其他行业涉及国际产业分工协作的环节等，是"海鸥"的主要阵地，并举例认为微软的几个不同时期的领头人都是"海鸥"式人物，如高群耀、李开复和张亚勤等。②从逻辑建构的角度看，这显然是将典型性混同于代表性，用特殊个案代替一般趋势。2015 年，陈波将"人才环流"定义为：由人才流出以及之后与其智力水平相当的人才的回流导致的国民平均智力水平的任意波动，③使国内学者过于乐观甚至畅想式的理解上升到了学理的高度。

然而，现实图景远非如此，感性层面的信息掌握出现偏差，甚至选择性地对某些支离破碎的个案进行夸大化、扩大化的理解，已使所谓的学理分析失去了本源与本真。事实上，早在第一次石油危机前夕，正值西方阵营内部的"区域性全球化"如火如荼之际，法国著名学者 P. Ladame 便对技术移民中的这一特殊现象提出了异议，并首次在文章中提出了"精英环流"（circulation des elites）这一新的概念，可惜的是当时这一概念只停留在理论设想阶段，并没被给予充分的实

① Baldwin Richard, Frederic Robert-Nicoud, "Offshoring: General Equilibrium Effects on Wages, Production and Trade", NBER Working Paper No. 12991, 2007.

② 马宁:《顺应国际化趋势　中国 10 万"海鸥"往返于中外之间》,《中国青年报》2009 年 12 月 10 日。

③ 陈波:《从人才流失到人才环流:一个理论模型》,《国际商务研究》2015 年第 5 期。

证检验。^① 但他揭示了一个现实：真正进行所谓"环流"的"空中飞人"只是少数的精英分子，或者需要特定的情境（比如：跨国公司的业务布局高度国际化），而远非普遍现象，媒体的热烈炒作与学界的热心描绘多有不实之处。

基于相关研究和现实情形，笔者认为：第一，根据《中华人民共和国外国人入境出境管理条例》的相关规定，以及多数国家的通行惯例，将阶段性流动（短期流动）的时限定于 6 个月以内（183 天左右）为宜；第二，与长期性、永久性流动的动因及动机不同，阶段性流动多属事务性层面的普通流动，是为满足业务之需；第三，将分散、断续的阶段性流动现象串联起来，学界迄今所勾勒的所谓"人才环流"图景不具有普遍意义，不能将常态化现象等同于普遍化现象，更不能虚构"人才环流"的幻象。

二、海外科技人才在中外之间的阶段性流动

针对阶段性流动的类型问，英国《经济学家》曾刊文指出，高端人才的全球短期流动现象主要发生在两种环境当中：一是集中在欧盟各成员国内部，由于欧盟内部对居民流动限制较少，再加上空中旅行成本较低，很多人实际上经常往返于伦敦、法兰克福、布鲁塞尔等大城市之间；二是在跨国公司进行全球化扩张的背景下，越来越多的员工被派往其他国家或地区处理业务，因此也会长期逗留在异国他乡。有分析指出，"影子移民"越来越多是多方因素造成的，比如跨国投资越来越多，客观上要求公司高层人士更频繁地前往其他国家处理公务。如火如荼的"业务外包"同样需要印度等国的工程师时不时地到欧美各地进行后续服务。此外，如今跨国公司的组织结构也发生了

---

① P. Ladame, "Contestée: La circulation des élites", *International Migration Review*, Vol. 1, 1970, pp. 39 - 49.

转变,由过去单纯按地域划分转为按具体的商业内容划分,而且在跨国公司推行本土化的过程中,一大批当地管理人员或工程师会不定期地被安排到跨国公司总部所在地接受中短期培训。[①]

为了支持留学人员回国服务,中国教育部于1997年全面实施了"春晖计划"("Spring sunshine"plan),由国家教育部拨出专项经费资助在外留学人员短期回国工作。这是我国的第一个鼓励阶段性流动(或者说短期回国)的国家项目,收到了很多留学人员的欢迎。IT业于世纪之交兴起之后,加之加入了WTO,中国迅速成为全球贸易及新兴科技领域的重要参与者,显著加速了海外人才在中外之间的频繁流动。不仅如此,作为海外人才中规模最大、最受瞩目的群体,海外科技人才在中外之间的这种频繁流动也不仅限于学术交流与科研合作,而是越来越多地与经贸合作、创业活动等融为一体,跨国公司派驻中国的现象更趋普遍,阶段性流动形式多样化、渠道多元化的态势显著,从而有效地促进了中国与全球科技前沿的对接,并促进了信息等高科技产业链在中国的诞生。为此,2007年2月,我国新出台的《关于建立海外高层次留学人才回国工作绿色通道的意见》重申,"对暂时无法回国的海外高层次留学人才,鼓励他们通过兼职、开展合作研究等各种适当方式为祖国服务,做到不求所在,但求所用"。从强调"回国服务"演变到同时强调"为国服务",从强调"人的回归"演变到也同时强调"才的回归"。这就从政策层面为阶段性流动进行了准确的定位。但从海外科技人才与中国之间的阶段性流动来看,主要限于以下几种形式:

(一)短期学术交流或者项目合作

在经济全球化背景下,短期化是专业技术人才国际流动的基本

[①]《影子移民——全球高端人才流动新方式》,《经济参考报》2005年5月23日。

趋势之一。① 随着国内外学术交流、教育合作等的不断增多,越来越多的高校、科研院所进行短期的对外学术交流与项目合作,使海外科技人才进行阶段性流动的比例大大增加。国家教育部和国家外国专家局联合实施了"高校学科创新引智基地"(简称"111"计划)项目,申报要求中明确规定:学科创新引智基地应聘请不少于 10 名海外人才,其中包括不少于 1 名学术大师,不少于 3 名学术骨干,不少于 6 名来华短期学术交流学术骨干。学术大师每人每年原则上累计不少于 1 个月,学术骨干每人每年累计不少于 3 个月。在国家外国专家局、国家教育部等协同推进短期学术交流的同时,很多知名高校根据自身学科建设和人才培养的需要,设立了一些校级短期学术交流项目。除了专业层面的交流与思想碰撞之外,此类交流还能推动国内科研体制的优化和国际视野的形成,促进更多的青年科研人员立足全球看中国,从世界科技发展的高度认识中国的科技发展。近年来,越来越多的国内高校通过短期学术交流项目,为海外科技人才的回流设立缓冲期和适应期,②比如,上海交通大学推行致远讲席教授制度,有很大一部分海外学者在担任讲席教授一段时间后,纷纷选择全职加入本土高校。

(二) 执行人才专项中的短期回国(来华)工作计划

早期的短期计划主要针对出国留学人员。其中,春晖计划最为典型。自 2008 年以来,"千人计划"成为我国海外引智工作的最大、最主要的平台,随后实施的"千人计划"短期项目也成为我国目前鼓励海外高层次人才回国(来华)短期工作的最高级别的专项计划。2010 年 8 月,中组部正式颁布了《"千人计划"短期项目实施细则》,指出"千人计划"短期项目是"千人计划"的重要补充。在"千人计划"实

① 王光妍:《学术人才国际流动与政府人才管理》,《光明日报》2015 年 5 月 31 日。
② 姜澎:《国际化学术人才高地在沪上高校崛起》,《文汇报》2016 年 4 月 11 日。

施过程中,必须坚持长期项目为主、短期项目为辅的原则。短期项目引进条件之一是"已与用人单位签订至少连续 3 年、每年在国内工作不少于 2 个月的工作合同,并明确合同期内工作成果知识产权的归属。"相应地,"外专千人计划"短期项目的申报人必须是非华裔外国专家,引进后要求在国内连续工作 3 年以上、每年不少于 2 个月。

以用为本的海外院长"非全时实聘"制

上海财经大学坚持以用为本,在国内率先推出体制内非全时实聘海外院长制度,先后聘任 9 名海外知名华裔学者担任校内优势学科所在学院的院长。具体做法是赋予海外院长提名学院行政班子副职的权利。海外院长根据所在学院情况,充分听取群众意见,提名推荐,经学院党政联席会议决定后上报校党委会审批。其次,赋予海外院长学院财务最终审批权,履行财务"一支笔"职责。同时,海外院长全面负责教学科研、学科建设、师资队伍建设工作。在聘任海外院长的学院设立常务副院长岗位,协助海外院长开展工作。海外院长不在校期间,常务副院长主持学院日常工作。这种制度安排,既可为海外院长发挥优势、履行院长职责提供有效平台,也可保障学院各项行政工作持续有序开展,有助于海外院长的先进办学理念、改革设想与举措得到贯彻执行。

(三) 跨国公司派驻中国

早在 2009 年,普华永道在上海发布的最新调查报告"亚洲跨国人才流动的主要趋势"就指出,中国已经成为跨国公司外籍员工最主要的亚洲外派地,在华外籍员工的薪酬普遍高于本地员工,"海归"人员今后将成为在华跨国公司招聘的首选。调查报告的 61% 受访者预计在今后两年内将聘用更多海外华人。"语言能力"、"技能"和"熟悉中国文化"是海外人才(海归)受在华跨国公司欢迎的三个最主要的理由。① 尤其近年来,越来越多的跨国公司将总部或者研发总部置于中国,并从注册地直接外派中国国籍或者华裔的科技人才入驻中国,以期降低市场信息甄别、社会网络拓展的隐形成本。尤其在上海、北京、深圳等地,这些"影子移民"可以为中国带来某种形式的"技术溢出",并促进中国本土知识存量的积累。②

(四) 跨国办公

早在世纪之交,随着一些跨国公司入驻中国,便开始出现跨国办公现象,时称"飞人",也有戏称"海鸥"等。由于这一现象极为罕见,通常表现为涉华跨国公司的高级主管在不同分部之间、新增的涉华国际组织的员工在中国与其他国家之间高度频繁而短暂的流动行为,规模不大、人数不多,难以上升到政策层面。如今,随着中国企业"走出去"、国外企业更大规模地"走进来",中国与世界经济科技开始全面对接,上述的"跨国办公"现象也随之增多。根据相关调查及比较分析,笔者认为,"跨国办公"可以界定为:相关人员在一周以内出境两次以上或者入境两次以上的工作行为。跨国办公现象则是指相关人员频繁"跨国办公"的例常行为。这是最为典型、时隔最短的阶段性流动行为,并对我国现有的入出境管理政策、薪酬政策、税收政策等提出了很大的挑战。2016 年 12 月 9 日,国家公安部发布的"新10 条"某种程度上回应了上述现象,是因应阶段性流动现象频繁的重大政策举措。

第七节　海外网信人才的崛起

在互联网＋引领创新 2.0 的时代背景下,新一代信息技术革命

---

① 《亚洲跨国人才流动呈现四趋势》,《解放日报》2009 年 4 月 1 日。
② 徐毅:《国际外包中"影子移民"及其影响》,《世界经济研究》2014 年第 4 期。

与新产业革命交叉融合,人才的类型与内涵也发生了深刻变化,富于信息时代特征的网信人才成为这一时代的第一资源,面向网信人才的全球争夺战已经打响。能否培养和引进大批优秀的网信人才,事关各国在本轮信息技术革命中的竞争格局。

一、网信人才成为全球追逐的新型人才资源

当前,以云计算、物联网、大数据和人工智能等为代表的新一代信息技术高速发展并全面普及,一个明显有别于工业文明的信息时代已经来临,其核心趋势特征表现为:数据资源成为核心生产要素,共享经济占据主流经济模式,智能机器成为劳动力主体,泛在网络支撑全社会的协同创新。全球经济社会深层次变革也在引发国际人才流动范式的根本转型。例如,各类创新技术不断改变了人才的培养和发现的模式,个体数据(My data)的高度富集和高效流转重塑了人才的价值体系,基于网络的大规模生产协同以及共享经济模式将改变人才的工作和收益模式,大量一般性劳动被智能机器替代的趋势对人才的内涵与能力带来颠覆性改变……上述趋势都预示着一个崭新的人才群体和人才形态的出现,即网信人才。相对于传统的科技人才而言,网信人才有几个鲜明的特征:

第一,以信息技术为专业背景或者工作对象。对于网信人才的内涵、外延、特征与形态等基本问题,业界和学术界的认知依然较为模糊。但综合国内外信息技术革命和新产业革命的发展态势,不难看出,以下类型的网信人才目前已具雏形:大数据人才、物联网人才、云计算人才、人工智能(机器人)人才、虚拟现实人才、增强现实人才、互联网金融人才、电商人才、网络游戏人才、即时通信人才和社交媒体人才。其中,最后四类也时常统称为互联网人才。每一大类人才均可细分。比如,大数据人才通常还包括数据科学家、数据架构师、数据分析师和数据运维人员等。全球职场社交平台 LinkedIn 根

据其平台上的 2015 年雇主招聘活动及会员大数据,排出了全球 25项最热门职业技能和需求变化。结果显示,云和分布式计算居于首位,其后依次是统计分析与数据挖掘,营销活动管理,SEO/SEM 市场推广,中间件与集成软件,移动开发,网络与信息安全,存储系统与管理,网络架构与开发框架,用户界面设计,数据工程与数据仓储,算法设计,Perl/Python/Ruby,Shell 脚本语言,Mac、Linux、Unix 系统,渠道营销,虚拟化技术,商业智能分析,Java 开发,电子与电气工程,数据库软件与管理,软件建模与过程设计,软件与用户测试,经济学,公司法与治理。不难看出,绝大多数热门职位均与现代信息技术革命所涉行业或领域有关,以信息技术为专业背景或者工作对象。

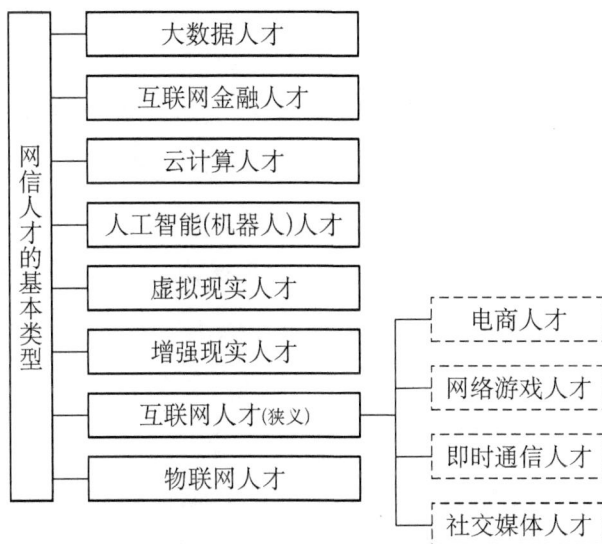

图 3－20　网信人才的基本类型

第二,学科和专业跨度大,知识结构和能力结构更趋复杂。早在1995 年,Dorothy Barton 在其著作《知识创新之泉》中便提到,微软、惠普、IBM 等科技巨人都不只是单纯的工程师,已经颠覆了传统的 I型人才(专才),在"I"的架构下,伸出两只手搭在别的领域成为通才。近年来,在以云计算、物联网、大数据和人工智能为代表的新一轮信息技术革命洪流中,对新兴人才的知识结构和能力结构更是提出了更高、更复杂的要求。以数据科学家为例。数据科学家是复合型人才,是对数学、统计学、机器学习等多方面知识的综合掌控,需要对数据做出预测性的、有价值的分析。首先,与传统的 IT 人士不同,它的工作中既包含 IT 的成分,也包含业务的成分;其次,数据科学家具有很强的逻辑分析能力,能够了解数据和信息如何与企业的业务产生关联;再次,数据科学家还拥有其他多种能力,既了解信息、业务以及数据如何在企业中流动,也知道如何将信息整合在一起,这是数据科学家拥有的独一无二的能力。相对而言,"数据分析师"通常要求必须有数学、统计或电脑科学等的相关专业背景,最常见的工作技能要求是 SQL、R、SAS、Excel,以及随着需要处理的数据量日渐庞大,Hadoop 也被许多公司列为必备的基本条件之一。

第三,流动性极强,甚至呈现虚拟集聚的态势。现代信息技术革命的来势凶猛,技术更新的周期短、速度快。相应地,网信人才也如金秋稻浪,一波赶一波,以至于"90 后毕业生都不一定具备大数据人才技能"。[1] 比如,商务智能(BI)人才主要是将企业中现有的数据进行有效的整合,快速准确地提供报表并提出决策依据,帮助企业做出明智的业务经营决策。业务自身及商业模式的不断更替决定了 BI 人才知识结构与能力结构必须持续优化更新。相关调查显示,不足 10 年时间已经形成了新老两代 BI 人才。他们在数据分析和信息管理理念上存在较大差异,年轻的新一代 BI 人才更加开放,更倾向于使用开源工具和云计算,热衷于最新技术工具和认证,但这些年轻的 BI 人才对企业的忠诚度更低,而且更加敏感,对工作环境更加挑剔。"如果他们不能与其他员工很好地协作,他们将无法了解数据分析结果对整个企业业务的影响。"[2]在全球网络化的背景下,这一群体主要

---

[1] 《全球抢破头 大数据人才荒》,中国新闻网 2015 年 4 月 21 日。
[2] 《大数据人才战报:十大数据分析职业趋势》,IT 经理网 2013 年 3 月 6 日。

通过互联网获取各种职业信息和发展机会，甚至通过虚拟合作的方式开展工作，以至于在税收、安全等方面带来了新的挑战。

第四，薪酬持续增长，普遍高于传统行业。Information Week、McKinsey 等的统计数据①均有体现。比如，BI、分析和信息管理专业人士的薪水过去三年增长速度超过行业平均水平，管理职务的薪水排名在 Iformation Week 的 23 个 IT 职业大类收入调查中排名高居第四。据美国招聘网站 Glassdoor 的报告称，数据科学家的平均年薪为 118 709 美元（约合人民币 737 550 元），而程序员的平均年薪为 64 537 美元（约合人民币 400 974 元）。美国地区数据架构师的薪资范围是 65 928 美元到 147 868 美元，中间值为 105 581 美元。以目前的趋势来看，相对于 SQL，擅长 OracleDB 的人才更容易得到高薪。美国的公司通常给 CIO 的薪水从 81 226 美元起跳至 269 033 美元不等，中间值是 142 269 美元。② 显然，薪酬待遇高于传统行业和领域。

第五，各国普遍急需大批的网信人才，网信人才的全球争夺战已经打响。类似于世纪之交的 IT 人才，作为新一轮信息科技革命的弄潮儿，网信人才备受各国青睐。仅 2015 年，全球便产生了约 8.6ZB 的数据，且数据量正以每年约 50% 的速度增长，未来 5—10 年内将继续高速发展，和大数据相关的人才缺口因此极大。③ 麦肯锡早在 2011 年便预测，仅仅在美国市场，2018 年大数据人才和高级分析专家的人才缺口将高达 19 万。此外，美国企业还需要 150 万位能够提

---

① Neil Versel, "Health IT Salaries: Nowhere To Go But Up", *Information Week Report*, Apr. 5, 2013.

② 《数据分析师？科学家？架构师？大数据人才的工作内容及年薪比较》，http://www.thebigdata. cn/YeJieDongTai/14244. html, 2015 年 5 月 18 日。

③ 《大数据人才紧缺　两会代表建言政企协力推动人工智能发展》，《职业教育》2016 年 5 月 9 日。

出正确问题、运用大数据分析结果的大数据相关管理人才。[①]
LinkedIn 对全球超过 3.3 亿用户的工作经历和技能进行分析,并公
布了 2014 年最受雇主喜欢、最炙手可热的 25 项技能,其中统计分析
和数据挖掘技能位列榜首。大数据时代对数据人才的需求已经排在
了首位。[②] 在 2015 年度,名列 LinkedIn25 项技能榜首的则是"云计
算",其次是"数据分析"。这一群体的崛起将从根本上重塑全球各国
人才流动和竞争的格局,对各国的人才战略都将提出全新要求。正
是看到了上述特征,美国(2012、2016)、英国(2014)、日本(2014)、澳
大利亚(2015)等发达国家近年来加快国际人才战略规划,强调面向
新技术和新经济发展本国的网信人才资源。

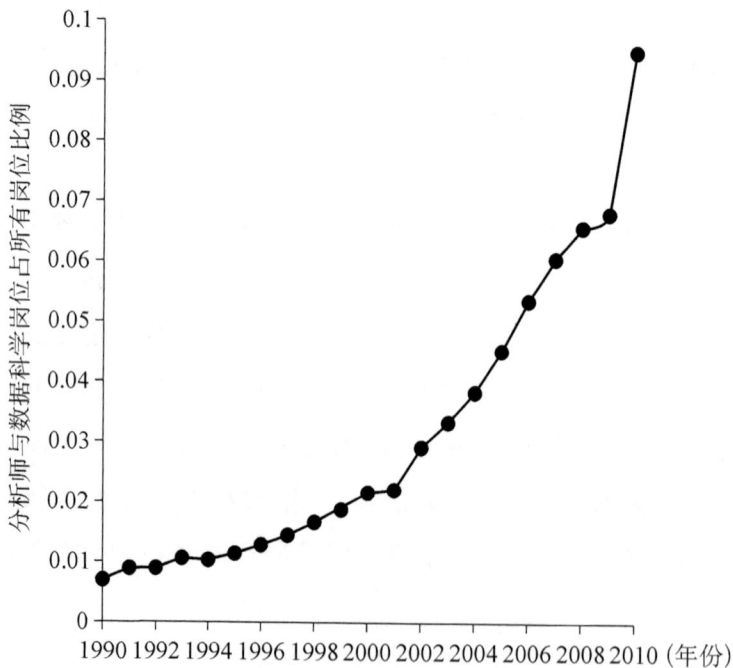

图 3‑21　分析师与数据科学岗位增长态势

① "Big data: The next frontier for innovation, competition, and productivity", McKinsey Global Institute, June 2011.
② 李静:《大数据发展势头迅猛　人才缺口大》,《中国经济时报》2015 年 1 月 5 日。

　　早在 2009 年,奥巴马政府便发布了题为《信息空间政策评估——保障可信和强健的信息和通信基础设施》的报告。其中,把信息安全教育和人才培养列为重点之一,正式提出了信息安全劳动力的概念,从而把信息安全作为一种新的社会职业。2011 年 9 月,美国土安全部和人力资源办公室牵头提出《网络安全人才队伍框架(草案)》,明确了网络安全专业领域的定义、任务及人员应具备的"知识、技能、能力",对开展网络安全专业学历教育、职业培训和专业化人才队伍建设起到了重要的指导作用。2012 年 9 月,美国专门针对网络安全人才队伍建设发布了"NICE 战略计划",明确提出了对普通公众、在校学生、网络安全专业人员三类群体进行教育和培训,以提高全民网络安全的风险意识、扩充网络安全人才储备、培养具有全球竞争力的网络安全专业队伍。欧盟于 2013 年 2 月发布的《网络安全战略》提出,各成员国要在国家层面重视网络安全方面的教育与培训,学校要开展网络安全培训,对计算机科学专业学生进行网络安全、网络软件开发以及个人数据保护的培训,对公务员进行网络安全方面的培训。日本在 2011 年发布的《保护国民网络安全》文件提出,为提高普通用户的网络安全知识标准,必须培养一批网络安全人才。上述举措充分反映了发达国家在培养和引进网信人才方面的重视程度及工作思路,不仅为我国吸引和集聚网信人才提供了经验借鉴,而且预示着网信人才争夺战的打响。

　　海外网信人才是指具有互联网相关专业背景并从事以网络技术为基础或者工作对象的海外人才。我国在网信人才方面的市场前景广阔。未来 5 到 10 年,我国仅大数据市场的规模增长年均增速就将超过 30％,高速发展带来的与大数据相关的科技人才缺口变得越来越大。① 相对而言,在全球信息技术革命和信息产业发展中依然处于

① 《大数据人才紧缺　两会代表建言政企协力推动人工智能发展》,《职业教育》2016 年 5 月 9 日。

相对弱势地位,尤其与美国存有不小的差距,正处于从"追赶"角色向"赶超"角色转变的关键时期。中共十八届五中全会、"十三五"规划纲要都对实施网络强国战略、"互联网＋"行动计划、大数据战略等作了部署,着力推动互联网和实体经济深度融合发展,以信息流带动技术流、资金流、人才流、物资流,促进资源配置优化,促进全要素生产率提升,为推动创新发展、转变经济发展方式、调整经济结构发挥积极作用。一方面,需要根据国内网信发展进程及实际需求,加大培养力度;另一方面,需要高度重视海外网信人才的引进与争夺,力求在全球范围内配置网信人才,并充分发挥海外网信人才群体在中国"赶超"过程中的牵引角色。2016 年 4 月 19 日,习近平总书记发表了《在网络安全和信息化工作座谈会上的讲话》,强调要"聚天下英才而用之,为网信事业发展提供有力人才支撑",并提出"引进人才力度要进一步加大,人才体制机制改革步子要进一步迈开。网信领域可以先行先试,抓紧调研,制定吸引人才、培养人才、留住人才的办法"。

目前,国内学术界尚无海外网信人才的专题研究和数据统计,主要囿于两个方面的限制:一是海外实证调查途径少,难以系统获得面上数据;二是产业和行业快速发展但远未定型,标准设定和形态描述相对困难。本研究团队同样面临类似的问题,拟通过以下两种途径,尽可能地获得一些基础信息。首先,对在美理工科博士生的学位论文进行二次数据挖掘,主要针对"Machine Learning"(机器学习)、"Data Mining"(数据挖掘)和"Computer Vision"(计算机视觉)等关键词所涉及论文进行逆向跟踪和数据分析;其次,面向具有全球影响力的国际化职业社交网络平台(如 Research Gate、Academia. edu 等)进行动态数据搜集,了解海外网信人才的分布情况。

二、基于博士学位论文的海外网信人才数据分析

在新一轮信息技术革命中,美国显然居于全球引领地位。尤其

在引领未来网络平台型产业分工的信息产业创新领域,如大数据、云技术、虚拟现实与可穿戴技术等,都是在美国最先发明与创立;目前大数据的事实标准 Hadoop 是由美国制定,全球最大的十家 SaaS 供应商都是美国公司,美国在信息技术领域的领先优势,成为美国构建新型网络化产业分工体系的重要支撑。因此,本团队在分析海外网信人才的流动与集聚态势时,主要面向美国地区进行信息采集与数据挖掘,对中国在美理工科博士生的学位论文(2008—2015)关键词进行二次分析。对与网络安全与信息化相关领域进行排序,统计结果显示:在全部 37 947 篇博士学位论文中,共有 20 个关键词的论文数在 100 篇以上,其中,直接涉及网络安全与信息化相关行业、产业、专业领域的关键词共计五个,间接相关的关键词一个。Machine learning 居于首位,共计出现 375 次,占 0.99%;居于第三位的 Data mining 出现了 249 次,占 0.66%;居于第八位的 Wireless networks 出现了 226 次,占 0.60%;Wireless sensor networks 出现了 198 次,占 0.52%;computer vision 出现了 194 次,占 0.51%。另有与微电子相关的关键词 Microfluidics,共计 160 篇,占 0.42%。

表 3 - 10　中国在美理工科博士毕业论文的关键词

排序	关键词	中文名称	占论文总数的比例	出现次数
1	Machine learning	机器学习	0.99%	375
3	Data mining	数据挖掘	0.66%	249
8	Wireless networks	无线网络	0.60%	226
14	Wireless sensor networks	无线传感器网络	0.52%	198
15	Computer vision	计算机视觉	0.51%	194
17	Microfluidics	微流控	0.42%	160

加总可得,网络安全与信息化领域的理工科博士学位论文占总

数的 3.25%,其中,很多论文位居相关领域的最前沿。近年来,哥伦比亚大学、纽约大学、加州大学伯克利分校、伊利诺伊大学香槟分校等在该领域人才培养方面居于前列。依据上述数据进行逆向跟踪,二次分析结果如图 3-22 所示,网信领域的在美博士生依次集中在伊利诺伊大学香槟分校、南加州大学、宾夕法尼亚大学、卡内基·梅隆大学、罗格斯新泽西州立大学新伯朗士威分校、马里兰大学帕克分校、加州大学洛杉矶分校、俄亥俄州立大学、北卡罗莱纳州立大学和亚利桑那州立大学等高校。

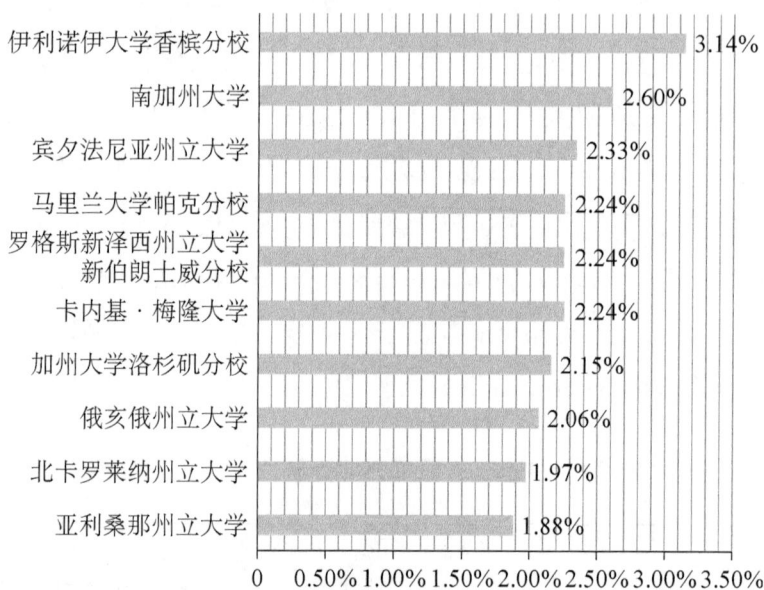

图 3-22　网信领域在美博士生的高校分布情况(前 10 位)

其中,在上述五个主要关键词中,"机器学习"居于首位。抽取"机器学习"为关键词的在美博士学位论文不难发现,自 2008 年以来,赴美攻读该领域博士学位的中国学子呈持续递增态势。

进而从高校分布情况来看,卡内基·梅隆大学、南加州大学、哥伦比亚大学、伊利诺伊大学香槟分校和加州大学洛杉矶分校为中国培养的"机器学习"方向的博士生最多,这五所高校代表了美国在该领域的顶尖水平。

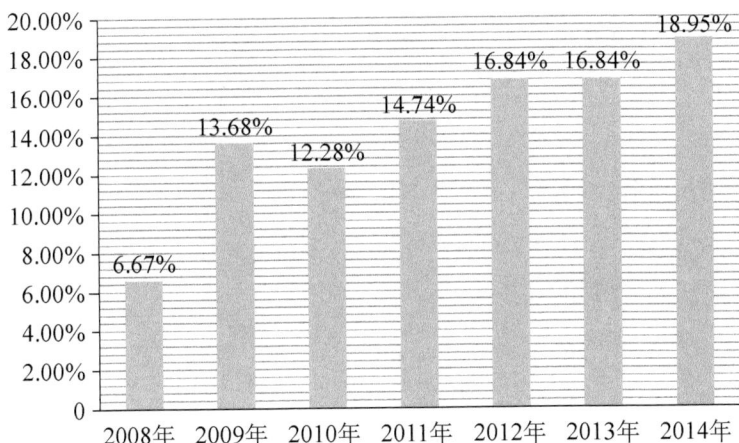

图 3 - 23　"机器学习"领域在美博士生人数的年度变化情况

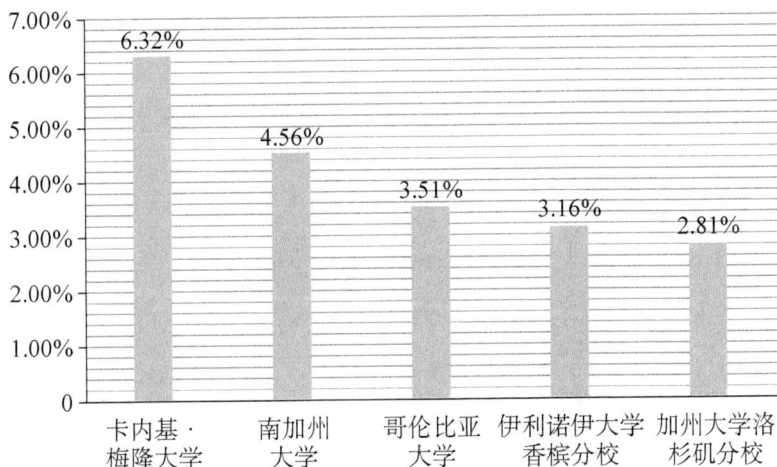

图 3 - 24　"机器学习"领域在美博士生的高校分布情况(前 5 位)

　　曾经就读的本科院校从其在国内的本科教育经历来看,高达17.14％的该领域博士生在本科阶段就读于清华大学,8.57％本科就读于中国科技大学,7.43％本科就读于浙江大学,6.86％就读于华中科技大学,其次是西安交通大学、武汉大学、上海交通大学、北京大学、复旦大学和南京大学。

　　但追踪其硕士阶段的就读学校,则有很大变化。如图 3 - 26 所

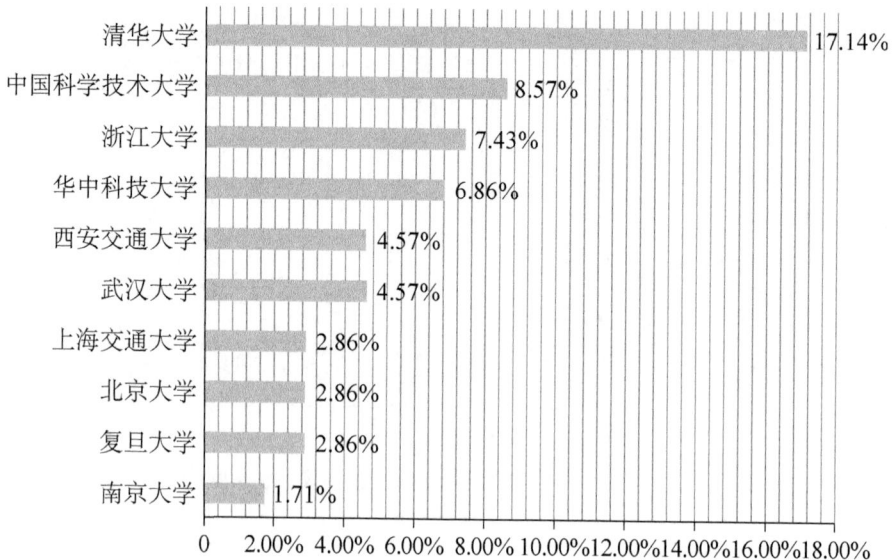

图 3 - 25　"机器学习"领域在美博士生人数的本科阶段就读院校

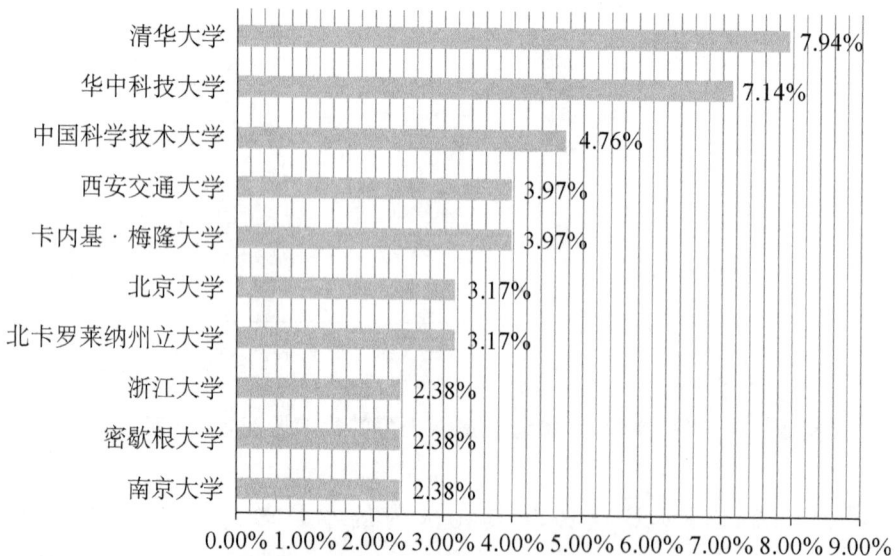

图 3 - 26　"机器学习"领域在美博士生人数的硕士阶段就读院校

示,清华大学的比例显著降低,占 7.94%;华中科技大学占 7.14%,中国科技大学占 4.76%。不难看出两个特点:一是国内高校的占比总体降低,硕士阶段生源更为分散,亦即本专业领域的留学派出院校较为分散；二是外国高校在排名前 10 位的高校中占据三席，这意味着很多学生从硕士阶段开始直接进入国外高校，从事人工智能相关领域的学习和研究工作。

可见，在新一轮信息技术革命从发源地美国向全球扩张的过程中，赴美攻读博士学位的中国学子在专业方向方面也发生了深刻变化，处于顺势而上、正面迎击的态势，这对于中国在这一轮革命中谋求更有利位势具有重要的推动作用，并为今后我国在相关前沿领域实现全面赶超提供了重要的人才资源保障。

第四章

海外高层次科技人才面临的突出问题

近年来，海外高层次科技人才呈现诸多群体性特征，如规模持续扩大、进入或者接近世界科技前沿的科学家越来越多、结构日趋多元化等。相应地，这一群体也遇到了一些新问题、新挑战，或者是某些长期存在的问题与挑战进一步凸显，甚至衍化为可能损及中国国家利益及海外科技人才自身权益的严重事件。目前，有四个突出问题值得引起重视：一是科技情报安全问题，二是这一群体与中国科技创新之间的学术相关性（度）问题，三是日渐加剧的"唐人圈"现象，四是海外科技人才对于中国经济科技发展状况的认知偏差问题。

第一节　科技情报安全问题凸显

随着中国与西方发达国家在科技领域的差距进一步缩小，海外理工科留学人员等的求学及海外科研活动引起了关注，在各国处理科技情报（信息）的标准不统一的客观环境之下，西方国家政府及部分媒体刻意关联与渲染，使科技情报安全问题成为了海外科技人才，尤其海外理工科留学人员必须谨慎处理的敏感议题，已经对我国的理工科留学生外派工作及引才引智工作造成了一定的干扰。

一、海外科技人才在从业过程中遇到的情报安全问题

自 20 世纪 50 年代起，由于与新中国处于敌对关系，美国对于"华人间谍"的恐慌从那一刻就已经开始了。1950 年，钱学森准备离开美国返回中国时，接到了移民及规划局的命令，不许他离开美国国境，美国海关扣留了他准备带回国的行李和书籍，说有电报密码、武器图纸等，结果没有找到任何机密文件，但一直到 1955 年才通知他可以离境。一个叫刘永铭的中国留学生 1949 年要求回国，美国政府直接把他关进了一个精神病院，在中国政府的干预下，直到 1956 年才将其放出来。不难看出，在冷战对峙背景下，所谓的"华人科技间谍"只是美国反华的一张牌，通常在西方媒体的强势推送之下达到妖魔化中国的政治目的。

苏东剧变后的 90 年代，中国的"威胁"在美国人心中又一次骤然上升。著名的洛斯阿拉莫斯国家实验室科学家"李文和案"就发生在这个背景下。1988 年，中国成功地试爆了一颗中子弹，使美国社会震惊之余流言四起，说这是因为中国盗窃了美国的核机密才得以发展的。1999 年 3 月 6 日，《纽约时报》率先独家报道所谓核武间谍案，将矛头公开指向了华裔科学家李文和。结果，当一切被证明子虚乌有后，为了纠偏，1999 年 9 月 12 日，《纽约时报》又以巨大篇幅发表《中国是凭真本事还是靠间谍来发展核武》的特稿，表示"美国科学家认为中国有能力凭自己的本事发展核武"。尽管李文和祖籍台湾，入籍美国多年，与中国大陆并无过多交往，但这一事件标志着在中国科技突飞猛进的背景下，在美华人科技工作者再次成为反华势力借以丑化中国的借口。李文和案成为了第一大案，以至于李本人蒙冤多年之后，出了一本著作，名为《我的祖国起诉我》(*My Country Versus Me*)，苦涩难言之情溢于纸面。

近年来，中国学者的科技情报安全问题时常沦为西方向中国施

压的借口,几乎每年均会发生多起类似的无厘头事件,并被西方媒体炒得沸沸扬扬。最近的一起影响较大的类似事件,发生在 2013 年年初,在美国 NASA 工作的中国科学家姜波携电脑回北京时于机场被捕,但经近两个月调查,当局确认电脑里没有任何机密或限制出口的资料,最终只能控告他不正当使用 NASA 电脑下载色情档案,把他驱逐出境。据媒体统计,仅 2005 年至 2007 年间,FBI 以涉嫌窃取美国技术为名,逮捕近 30 名中国人和华裔美国人,但最终没有任何人与所谓"中国间谍"有关。尽管如此,2013 全年,美国司法部根据经济间谍法案提起的控诉相较一年前增加了 30% 多,超过一半与中国有关系。

2013 年 12 月,中国男子莫海龙在他居住的迈阿密被捕,美国联邦调查局在那之前对他企图盗窃美国先锋良种公司和孟山都公司玉米良种的行为进行了长达两年半的调查。2014 年 7 月,美籍华裔顾问刘元轩(Walter Liew)因经济间谍罪名成立,被判入狱 15 年,他被控窃取杜邦公司一种颜料(钛白粉)的制造新工艺,将其转卖给中国公司。几乎同一时间,就在中美两国新一轮战略对话之际,美国就"网络窃密"议题向中国施压力度骤增,一名中国商人被美国控"窃取 F-22 战斗机图纸",这是在关键时刻又一起突然"浮出水面"的"中国间谍案"。① 2015 年 5 月 16 日,天津大学教授张浩从中国飞到美国洛杉矶入关时被警方逮捕,并被当地法院以涉嫌经济间谍罪起诉,一同被起诉的还有包括另外两名天津大学教师在内的 5 名中国公民。美国司法部网站刊登了关于"中国教授被起诉涉嫌经济间谍和盗窃商业机密罪的文章",显示美国联邦执法人员以"钓鱼执法"形式诱骗当事人赴美参加学术会议,在洛杉矶国际机场逮捕了相关学者。根据起诉书,张浩和庞慰被指从其美国雇主,分别是马萨诸塞州的思佳讯通信技术公司(Skyworks Solutions)和科罗拉多州的安华高科

① 《加拿大逮捕一名华人 美指控其窃取 F-22 图纸》,光明网 2014 年 7 月 13 日。

技公司（Avago Technologies）窃取应用在智能手机、平板电脑和GPS设备的薄膜体声波谐振器技术资料，这种技术也有军事用途。起诉书中罗列了关于这些指控的各项“证据”，这6人共面临32项指控，包括共谋从事经济间谍活动、共谋盗窃商业机密、经济间谍及教唆以及盗窃商业机密及教唆。首次出庭后，张浩律师邓光表示，张浩的案件“完全是（双方的）版权之争”。2016年6月15日，美国当局以三项经济间谍和盗窃商业机密等罪名起诉中国公民许家强，指控他盗窃前雇主的源代码，企图使中国政府受益。30岁的许家强曾在IBM中国公司任职软件工程师。

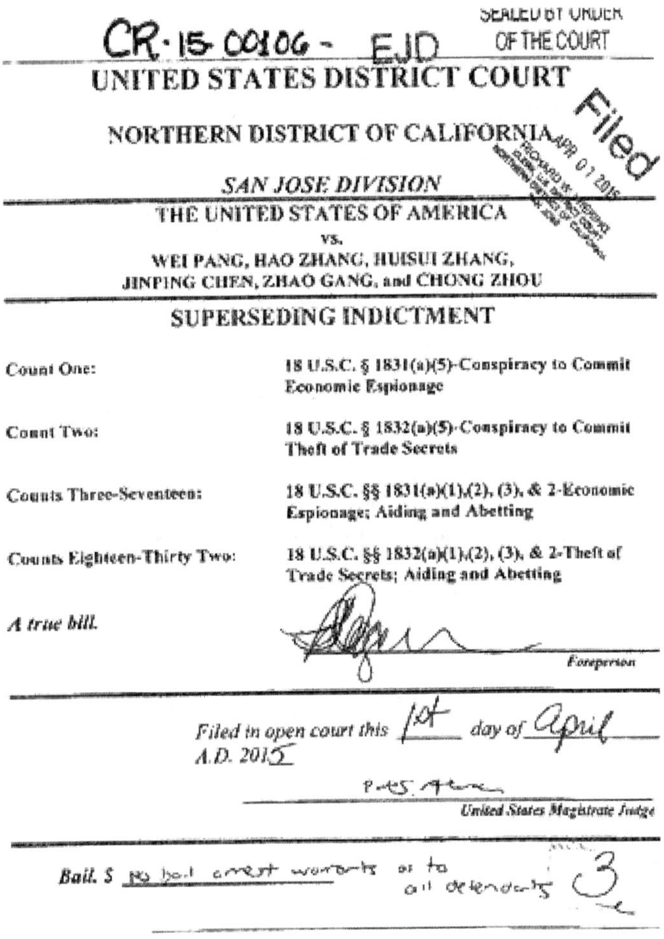

CR·15·00106 - EJD

SEALED BY ORDER OF THE COURT

UNITED STATES DISTRICT COURT

NORTHERN DISTRICT OF CALIFORNIA

Filed APR 01 2015

SAN JOSE DIVISION

THE UNITED STATES OF AMERICA

vs.

WEI PANG, HAO ZHANG, HUISUI ZHANG, JINPING CHEN, ZHAO GANG, and CHONG ZHOU

SUPERSEDING INDICTMENT

Count One:	18 U.S.C. § 1831(a)(5)-Conspiracy to Commit Economic Espionage
Count Two:	18 U.S.C. § 1832(a)(5)-Conspiracy to Commit Theft of Trade Secrets
Counts Three-Seventeen:	18 U.S.C. §§ 1831(a)(1),(2), (3), & 2-Economic Espionage; Aiding and Abetting
Counts Eighteen-Thirty Two:	18 U.S.C. §§ 1832(a)(1),(2), (3), & 2-Theft of Trade Secrets; Aiding and Abetting

A true bill.

Foreperson

Filed in open court this 1st *day of* April *A.D.* 2015

United States Magistrate Judge

Bail. $ No bail arrest warrants as to all defendants

图4-1　美国加州北区联邦法院出具的诉讼相关文件

当时,沸沸扬扬的华裔科学家李文和案在美国华人社会引起了巨大反响,在美国的华人,尤其是那些在美国科学界从事研究工作的华人科学家和华人教授开始反思一个问题:我们为美国服务,而美国到底给了我们什么?随着中国科技赶超世界科技的进步不断加快,中美之间的科技竞争将更趋激烈,西方媒体和政界的质疑、抹黑甚至栽赃行为大有愈演愈烈之势,并将对中西方科技合作与学术交流等产生深远的影响。

二、海外理工科留学人员面临的科技情报安全问题

西方媒体时常将培养有竞争关系的国家的留学生与间谍行为混为一谈,一方面希望发展本国的留学生市场,另一方面,又担心外国留学生习得先进知识技术之后回国发展,成为西方自身的竞争对手。2000 年 4 月 24 日,美国新泽西《莱杰明星报》发表署名迈克尔·德根的题为《中国的损失,最好的学生都去了美国》一文,文章的最后一段说:"一旦到了美国,一些中国的来宾可能会从事另一种欺诈。美国反情报官员说,一些中国留学生,特别是在物理、计算机科学和其他高技术领域,实际上是中国的间谍,即使是真正的学生也会被命令向中国政府报告学到的美国高技术。"这种歧视性的言辞立即引起了新泽西华人的关注及愤慨,他们在网站上发出抗议声明,并发表了一封致新闻界的公开信,信中说:"我们新泽西华裔社区对迈克尔·德根在其登于 2000 年 4 月 24 日《莱杰明星报》上的报道文章《中国的损失,最好的学生都去了美国》中所作的无端指控深感惊愕,在其文章中,德根先生声称一些完成学业后选留在美国的中国学生'可能从事另一种欺诈',他继而声称'美国反间谍官员说一些中国学生,特别是从事物理、计算机科学和其他高科技领域的,实际上是中国的间谍'。我们对此种不负责任的煽动性新闻报道极为愤怒。"公开信中说:"自从 80 年代早期中国学生来到美国留学以来,许多人可能选择了留在

这块国土并认其为第二故乡。迄今,没有任何一位中国学生因间谍嫌疑被公开指控和定罪。德根先生自然了解这一事实但故意忽视、制造此无据指控,德根先生进一步使华裔美国人社区蒙上了被怀疑的阴影。"公开信中还说:"一个社区作为整体应为具有不同背景的成员创造一个和谐的环境,使其能够生存并共享兴旺。以其缺乏证据的指控,德根先生的文章恰恰起到了相反的作用并种下了不信任和猜疑的种子。"新泽西州是华人在美国的主要聚居地区之一,德根的文章带来的负面影响无疑会影响当地华人的生活以及他们与其他族裔的关系,从而影响社区安全。① 尽管如此,相关呼吁并未引起美国社会的真正关注。

自 2005 年以来,欧洲一些国家对所谓"中国间谍"的报道突然热乎起来。2005 年 4 月底,法国媒体掀起了沸沸扬扬的"中国女留学生工业间谍案";5 月 9 日,瑞典各大媒体出炉了卡罗林斯卡"中国学者间谍案";5 月 11 日,法新社和比利时某新闻网又炮制了鲁汶大学"中国经济间谍网"。顷刻之间,似乎"中国间谍"已遍布了欧洲各地。其中,5 月 9 日是中国与瑞典建交 55 周年纪念日,瑞典电台却在新闻节目里连续三次报道了所谓中国访问学者"间谍案":"据一位不愿透露姓名的瑞典安全部门侦探透露,在卡罗林斯卡医学院,一位来自中国的访问学者被怀疑窃取未发表的文件。据称,中国政府有可能是背后的主使者,而这位访问学者则被怀疑犯有'间谍罪'。"随后,瑞典电视台、通讯社、报纸和网络纷纷引用了这一消息,而且越炒越大。甚至有报纸报道,不光在斯德哥尔摩的卡罗林斯卡医学院,在瑞典第二大城市哥德堡和北部乌普萨拉等城市的研究机构里,也晃动着"中国间谍"的身影。卡罗林斯卡医学院院长表示并不知道此事,安全局的官员随即也断然否认了这一传言。② 尽管如此,鉴于媒体在传播负面

---

① 《留学生也成间谍了》,《环球时报》2000 年 5 月 26 日。
② 《从中国女留学生开始,"中国间谍"遍布欧洲?》,《环球时报》2005 年 7 月 7 日。

新闻方面的独特力量,中国留学生及华人学者的形象遭到了严重破坏。

"中国间谍千年大案"①

2005年4月29日,法新社的一则短短的新闻迅速成为几乎法国所有报刊、电台、电视台新闻节目的头条:法国汽车集团公司法雷奥公司发现来自中国的"玛塔·哈莉"! 实习生"李李·黄"涉嫌工业间谍罪被法国警方逮捕。李李被描述成"精通法、英、德、西等语言"甚至"会说阿拉伯语"的语言天才;拥有数学、机械、实用物理等多项专业学位;精通电脑网络安全突破技术;拥有最尖端的设备:法国警方从其住处搜查出六台"功能强大"的电脑,以及"容量惊人"的移动硬盘……连续几天——应该说连续几周,几乎法国所有报刊、电台和电视台都连篇累牍大幅报道此事,并令人吃惊地异口同声将此案列为"重大间谍事件"! 法雷奥领导层似乎抓住了一条"大鱼",毫不犹豫地认为这是一场"经济战"。当地警方更是以为抓到了"世纪大案",忙不迭地派出"重案组"四出调查。如果人们只从法国当时两个月的报道来认识中国的话,那么人们一定会奇怪,怎么法国人能够容忍中国如此放肆在他们的国家大搞间谍活动?!

经过整整两年的全方位调查,包括对硬盘的全面检查、对李李在公司活动的模拟重建、对李李所有银行、住处、地所上的网站,特别是来自中国的与李李进行对话或联系的所有信息……进行全面调查,结果是:"没有发现你将任何下载的资料传送到任何外国……"(法国审判长所语)。而所有报刊传媒报道的"玛塔·哈莉"呢? 李李连法语都说得结结巴巴,英语考了三次才通过,其他德、西、阿拉伯语……更是天方夜谭。六台电脑? 一台李李自用的笔记本,一台与法国男友共用的台式机,两台从法国男友父母家搜出的老掉牙的286、386之类的电脑……而"容量惊人"的硬盘是——40G! 至于精通网络安全突破技术:警方押送李李回到法雷奥公司,看着李李根本没有用任何密码或网络突破技术,就轻而易举地将所谓

---

① 《解读中国女留学生间谍案》,美国中文网2007年12月21日。

的"机密资料"下载到自己的移动硬盘上。知情者告诉我,当时法国地方警察当局曾将此案郑重其事地"移送"法国反间谍机构"领土监视局",后者将厚厚的卷宗很快退回去,并告之"不感兴趣"……这样一个明显的"间谍案"最终是如何判决的,结果已经公布。所有的人都可以做出自己的理解。

　　2007 年 8 月 26 日,《明镜》周刊刊登封面文章《黄色间谍:沙粒原理》,指称在德华人及留学生"人人都是间谍",诬称"好奇、勤奋、兴趣广泛——在德国高校和研究所也有数以千计的中国人工作,拥有这些特性,他们可能是完美的研究人员或者也可能是完美的间谍——或许也可能两者都是"。① 2010 年 9 月,荷兰海牙战略研究中心主任 Rob de Wijk 警告说,荷兰大学里有中国间谍以求学为名收集高新科技和核研究方面的资料。随后,荷兰国家安全情报局(AIVD)的发言人 Sander van Dam 告诉荷广台:"根据我们掌握的资料,我们已经向荷兰所有大学发出警告,告诫他们防范中国学生间谍。"2011 年 3 月,英国发明家、企业家詹姆斯·戴森(James Dyson)称,一些中国学生假借学习之名来到英国读书,实际上是为了窃取机密、监视大学。他表示,中国学生将科学和技术知识带回本国,然后反过来用它们与英国竞争,这种行为堪称"不可思议"。他说:"看到英国的大学如此被外国政府和公司所利用,作为一个从事科技事业的人,我有很强的挫败感。"②近年来,随着中国制造业的快速升级以及整体科技实力的持续增强,西方媒体在看待中国的海外理工科留学人才时,这一纠结格外醒目。2015 年 1 月,一名在挪威阿格德尔大学从事风电项目研究的中国博士生及其欧洲籍导师被挪威警方要求在 1 月 23 日前离境,理由是他们的研究成果和专业技能可能被他国

① 《黄色间谍:沙粒原理》,德国《镜报》2007 年第 37 期。
② 王开:《在英中国学生遭遇"间谍门"留学生不满名校忙澄清》,中国新闻网 2011 年 3 月 29 日。

的人用于军事目的,制造导弹。

实际上,澳洲国际留学生的科技情报安全问题也早就存在。其中的一个原因是,这些大多尚未或者刚刚迈入成年、涉世不深的留学生,不得不在一个完全陌生的国家直接步入社会,校方大多不可能提供足够的校内居住设施。同时,来自印度、中国、韩国等的亚裔留学生还面临着"白澳"文化背景下的歧视,以及有关部门为了维护海外留学生市场份额而刻意隐瞒留学生安全事故等问题。① 2014 年 4 月 21 日,《悉尼晨锋报》刊登 Fairfax Media 亚太事务编辑约翰·加诺特(John Garnaut)文章,称中国正在澳洲的主要大学内部建立庞大的秘密线人网络,促使澳洲加强反情报能力。日本针对中国留学生的间谍指控的背景更为复杂,时常与中日国家争端相互推波助澜,一部分极右翼分子为此不惜使用各种伎俩。

日本右翼媒体:中国8万留学生都是间谍

"近年来,日本警察一直在抓捕在日本的中国疑似间谍,这次中国逮捕日本疑似间谍,是不是中国对日本上述行动的反击呢?"日本学者津上俊哉 11 日在推特上这样写道。中国人在日本从事间谍活动的报道,几乎隔一段时间就会出现。日本《产经新闻》称,大阪警方今年初曾逮捕了一名 62 岁中国人,他是一家贸易公司的社长,被怀疑定期和中国解放军有联系,窃取可应用于军工的技术情报。这名中国人被以违反"外国人登录法"被逮捕。而日本右翼媒体《保守速报》不久前也刊登耸动标题称,中国在日本的大约 8 万名留学生都是中国间谍。

总体来看,当前海外求学过程中遇到的科研敏感性问题集中体现在以下几个方面:一是中国的很多研究生尽管在正式出国之前接受了正式或者非正式的外事培训,但对于国外科技文献的知识产权、

---

① 陈小方:《澳大利亚国际留学生安全问题备受关注》,《光明日报》2009 年 7 月 13 日。

成果发表过程中的贡献分享等情况不了解或者不习惯,对于所在地的相关保密政策等不熟悉,图书资料系统有哪些文献和软件等可以免费获取,哪些数据库可以以外国留学生身份进入,哪些仪器设备的使用需要提交申请等,很多受访者表示不是非常清楚。

二是受到关注甚至戒备的当事人不能妥善地处理相关问题,获得周围同事的真正理解与支持,使某些莫须有的印象蔓延,引起负面影响。有受访者专门谈及这一现象,认为"当你开始新的工作时,来自新同事之间的某种戒备是常见的。这就是说你要经过一定时间才能得到同事的认同。排挤或许有过,当撞上性情不好的人时"(受访者81)。

三是少数海外媒体的误报、误导甚至蓄意抹黑行径使中国的海外留学生集体受害,无论在法国发生的误抓中国女留学生的情况,还是美国媒体多次对中国留学生的无端指责,日本右翼媒体对于中国留学生的学生身份的蓄意质疑等,都产生了诸多负面影响。据受访者83介绍,目前,主要发达国家的教育、科研机构均已针对中国学生设计了一些限制性措施。在填答为何不与中国进行学术交流与科研合作时,11.1%的受访者表示是因为"防止涉及到一些敏感问题"。可见,海外理工科留学生群体已经开始产生忌惮心理。从长远来看,这显然不利于国际科技交流与教育、科研合作。

受访者 24:如何消除误解、促进合作

可以公平参与科研过程。会遇到一些戒备,研究所的同事都是德国人,他们也会受到德国媒体的误导,对在德国的中国研究人员存在一些误解和戒备(德国明镜杂志在 2008 年曾有过对中国留学生的抹黑报道,标题为"黄色间谍",报道称在德国存在大量来自中国的留学生,其真实身份可能是为中国服务的高科技间谍)。比如,我们无法得到一些相对比较机密的科研资源等,对于有些数据的受访权限一直受到限制。

> 我个人觉得,人和人的相处都会存在一些偏见,但是如果可以在科研活动的同时,在生活上多和对我们存在偏见的德国同事进行沟通,让他们通过其他方式了解我们,那么这些隔阂或多或少会被瓦解掉。当这些隔阂被瓦解掉之后,我们所需要的那些要被破除障碍的资源就可以相对方便地获得。

造成上述问题的原因非常复杂,既有文化习惯方面的因素(受访者77),也有中国崛起进程中的外界认可与接收进度问题,以及一部分留学生在融入海外学术氛围方面的努力程度等。由于科研敏感性对于所在国社会心理的影响不容小觑,中国的主流媒体、驻外使领馆、留学生自身、海外社团等均需引起足够关注,在坚持原则、抵制恶意诋毁行径的同时,妥善处理好相关问题,更好地融入海外学术和教育环境,保证中国留学生的学业与研究工作。

为了提醒和保护海外留学生的安全,国家教育部每年发布若干个留学预警,公示相关国家情况的变化以及问题。根据教育部官方网站统计数据显示,2010—2012年共发布6个留学预警,①但从总体来看,均属签证、专业选择等技术层面的问题,并未涉及敏感的科技情况安全相关问题。根据相关当事人的介绍及笔者自身的海外访学经历,很多发达国家的高校已经针对中国学生学者设置了无形的网络防护墙,不仅造成了中国学生学者的海外科研活动不便,而且难免会触碰时而隐形、时而显形的防护栏。今后,随着海外学生学者的规模持续扩大,类似问题会经常被提及,如何有效防范并妥善处理,是海外学生学者自身及驻外使领馆等面临的掺杂了政治与技术的敏感问题。

---

① 周保凤:《中国海外留学生安全保护问题》,《法制与社会》2013年第5期(下)。

第二节　海外科技人才与中国科技
创新的学术相关度问题

　　将优秀学子送至世界科技、教育资源最密集的西方发达国家，通过学习国外知识技术达到强国目标，这是近代以来中国政府始终未变的重要目标。相应地，如何有针对性地开展外派工作、确保所学的知识技术能够"用在刀刃上"是留学工作的指挥棒。但近年来，随着自费留学成为最主要的出国留学方式，政府难以直接决定或者干预绝大多数留学人员的求学选择，海外学子的研究方向、科研活动、学术网络等与中国经济科技之间的关系问题凸显，能否及如何妥善处理这一问题，关乎留学工作的质量与效率，也影响到科技海归的回流质量与贡献率等，需要引起高度重视。

一、学术相关性成为海外科技人才与中国之间的新议题

　　学术研究本质上属于内修内省的精神活动。思维主体通过表象重塑、概念界定与逻辑演绎，形成一整套基于客体性存在的主体性认知，包括方法、理念、概念、推理等。无疑，任何学术研究活动都源于已知世界，面向未知世界，主体性存在恰恰是借由此岸通往理性彼岸的桥梁或船夫。科学是从变革自然中认识自然，发现其中本来就存在的规律；技术则运用自然规律来改造自然，发现自然界本不存在的人工自然物。近代以来，科学与技术逐渐走向统一，无论是科学还是技术本身都是学术问题。[①]　因此，在重构科学史的学术内在逻辑关系

[①]　卢山等：《科技创新型领军人才培养与吸纳环境实证分析》，《科学学与科学技术管理》，2011 年第 9 期。

时,必须充分意识到主体性存在的特殊角色与独特作用。尤其在现代科学体系中,知识的专有性与专业性不断增强,尽管知识很大程度上属于个人,但个人拥有的知识越来越有限,因此人与人之间的知识的互补性不断增强。知识交流有多层次的经济性和社会性效用,这些效用激励着知识的深化和扩展,[1]亦即学术活动及其主体引发的相互交往、相互作用、相互参照远远超出了逻辑自我演绎与学术自我发展的范畴,在具有理论性的同时,在经济、社会等诸多层面具有工具理性的涵义。据此,笔者于 2014 年正式提出了"学术相关性"[2]概念。学术相关性(scholarly corelation)是指基于学术的开放性与扩散性而形成的内在逻辑需求特性。正"由于未知世界的无限性,学术探索和由此产生的学术关联的延伸也具有无限性",[3]开放性是学术相关性形成的前提,扩散性是学术相关性形成的关键。学术相关性是在扬弃学术谱系与学术链的基础上形成的概念。

首先,社会分工不断细化、现代社会结构的进一步解构等,导致了后现代社会的知识体系更趋专业化,特定领域的专业性研究高度精深,但更加依托于相关专业知识的帮衬甚至支撑,亦即相关知识领域之间的关系更加细密。这恰恰是学术的开放性不断提升、不断强化的基本目的和动因。正是知识、信息井喷式增加的全新历史背景,要求实现从学术谱系向学术相关性的跃升。

其次,科学是一种自我补充、自我扩张的知识系统,科学自身的实践活动可衍生出继承、传播、辐射、催化、放大等一系列扩散性功能。科学衍生的扩散性不仅体现在科学理论与科学成果本身,还渗透在科学发展的整个过程中。[4] 只有保持多向度的学术交流而不是

---

[1] 马静等:《个人知识交互行为的内导因素》,《理论与探索》,2005 年第 5 期。
[2] 高子平:《学术相关性维度的海外理工科留学人才回流意愿研究》,《自然辩证法研究》2014 年第 6 期。
[3] 刘绍怀:《学术链:客观存在的学术关系形态》,《思想战线》2011 年第 1 期。
[4] 许合先:《科技诺贝尔奖领域知识创新与人才培养的传递链效应及其启示》,《科学管理研究》2007 年第 6 期。

单向度的学术授受,才能实现学术的扩散性。在保持多层次、多向度的学术扩散性的过程中,学术交往由传统的线性格式向网络状格式转变,从而在不同的节点上为创新提供了条件。正是创造性成为经济科技发展的核心动力的历史背景,要求实现从学术链向学术相关性的跃升。

学术相关性体现在具体的学术传授、沿袭、交往、交流过程之中,并因相互依存度而可分为直接相关与间接相关,因逻辑演绎方向不同而可分为正相关与负相关。在继承学术谱系与学术链的积极成果基础上,学术相关性可划分为四种形式:前相关(持续性)、后相关(持续性)、纵相关(师承性)和横相关(集聚性)。

前相关与后相关分别从学术发展的不同时间节点上阐述了学术客体的因果关系,即来自何方、将向何处去。具体而言,前相关是指学术的已有基础,比如,就海外留学生而言,海外求学的专业、方向、选题等是否沿袭了出国留学之前的专业知识积累及专业、方向等;后相关是指学术的方向与前景,求学过程结束之后,学生(者)是否将所学知识及专业方向作为未来从业的基本方向。前相关与后相关从学术客体的角度阐述了学术的延续性问题,其中,前相关是延续性的逻辑原点。前相关度和后相关度则是相应的量化概念。

纵相关与横相关分别从学术生成的不同层次上阐述了学术主体的源流关系,即围绕特定的教—学(研)活动形成的师承关系与同学(校友、周围相关同行等)关系。具体而言,前者是指学问的主要传授方,就海外留学生而言,海外求学期间的导师(组)的教研活动与留学生的学习(研究)活动之间的授受关系,学生的学术研究是否与导师的方向保持基本一致,教学方所传授的知识是否与学生(者)学习研究的实际需求保持一致。不仅大科学家精心挑选有才华、有前途的学生,有志于献身科学的优秀青年也不辞辛苦千里寻师,投奔于名师门下,这是一种双向的社会选择过程。① 中国的大批莘莘学子远赴海外留学,归根到底,是追逐相关高等学府的学术声誉以及海外导师的学术造诣。横相关是指同质化的学术活动及其载体的集聚程度。比如,就海外留学生而言,同一实验室、同一研究团队的不同个体所从事的学习研究工作是否有密切的联系,从而形成了相同或相关专业人才集聚的态势。其中,纵相关是这一组关系的逻辑原点。R. K. 默顿认为:"这些社会选择的社会过程使最优秀的科学天才更为集中,这就使得任何与马太效应原理相抗争、以创立新的科学精英机构的尝试变得极为困难。"②纵相关度和横相关度则是相应的量化概念。

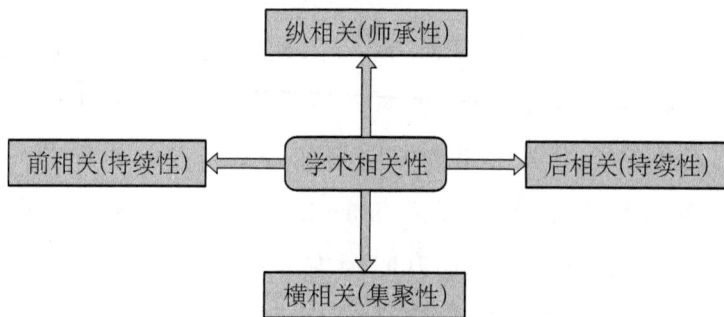

图 4-2 学术相关性的基本维度

学术相关性(度)基于学术自我发展的内在需求,反映了(后)现代社会学术发展的开放性特征与扩散性特征,是对学术谱系及学术链的扬弃。但学术相关性(度)只是从学术客体的角度进行了理论建构。如果仍将学生(者)这一主要研究对象(学术主体)作为被动的受体,作为学术链条上机械、抽象的一个环节,不能充分认识到精神劳动者的主体地位,从主体性存在的角度进行理论建构,那么,学术相

---

① 李三虎:《"热带丛林"苦族——李比希学派》,武汉出版社 2002 年版,第 218—219 页。
② [美]R. K. 默顿:《科学社会学——理论与经验研究》,鲁旭东、林聚任译,商务印书馆 2004 年版,第 631 页。

关性(度)理论就无法真正超越学术谱系与学术链。因此,在从学术客体的角度分析了学术相关性(度)问题之后,需要进一步从学术主体的角度进行理论构建。相对于 Brain Drain 研究范式以及学术谱系、学术链等概念而言,学术相关性将学术主体置于应有的位置和角度,使人才问题研究实现了主体性的回归。

二、海外科技人才与中国经济科技之间的学术相关度偏低

根据本研究团队于 2013—2014 年期间针对海外理工科博士生和博士后的问卷调查结果,海外高层次科技人才与中国之间的学术相关性(度)问题值得引起高度关注。集中体现在海外理工科留学人才的科研选题缺乏问题意识和国家需求导向。学术研究需要兴趣,没有兴趣的科研活动难以取得真正有价值的成果。但从当前中国经济科技发展的阶段性需求来看,由于创新驱动发展战略的实施关系到国家创新能力提升、产业结构升级、科技强国建设、社会发展水平提升等诸多重大战略问题,学术研究尚未达到发达国家科研人员的理想境界,功利性、导向性、应用性趋势不仅在所难免,而且在今后相当长时期内非常必要。在访谈过程中,多数受访者表示通常会将学术发展兴趣与职业发展需求相结合,但在涉及到具体的科研选题时,统计结果显示,仅有 5.7% 的受访者表示将"回国获得较好就业机会"作为确定科研选题的个人因素。不仅如此,我们在深入访谈中发现,越来越多的海外理工科博士生的研究课题与中国的关系不大,比如对于北大西洋—北冰洋间水交换的"溢流"现象的研究(受访者 75)等。因此,在回答求学结束后的去向时,一部分留学生总是埋怨回国找不到发展机会,事实上也就是所研究的具体问题与中国的现阶段需求之间出现了脱节。

以前相关维度为例。前相关是提升学术关联度的基础。因此,在调研科研选题时,关于海外科研选题与留学之间的研究方向或者

原先的工作有何关联？统计结果如图 4-3 所示，9.5％的受访者表示"完全一样，沿袭了以前的研究方向"；17.6％表示"属于同一方向，但更为前沿"；36.3％表示"属于同一研究方向，但具体选题不太一样"。加总可得，63.4％的科研选题完全沿袭了以前的研究方向，29.0％的科研选题在一定程度上沿袭了以前的研究方向或者与原先的工作相关，7.6％的受访者表示"完全不一样，没有沿袭性"。基于理科与工科的专业性远高于人文学科和社会科学，即使相对于国内理工科院校或专业的科研选题而言[①]，海外留学期间调整研究方向的比例显然超出了预期，前相关度不高。

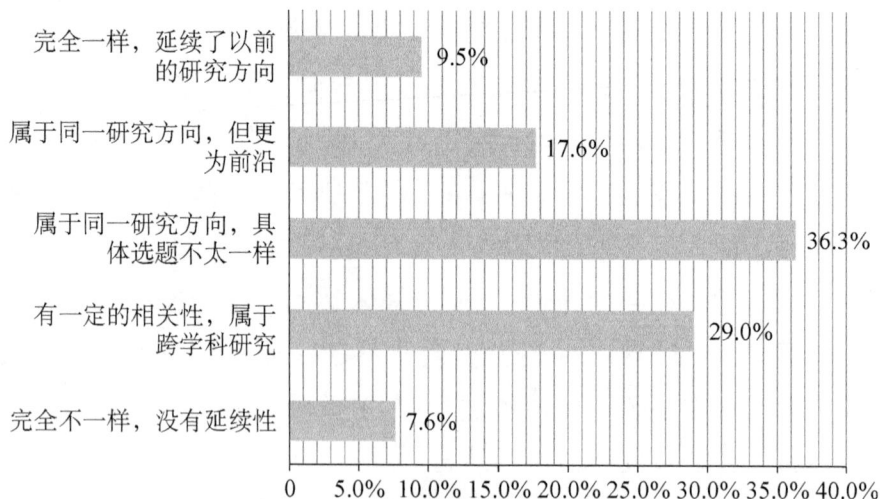

图 4-3　科研选题的前相关度

　　按照海外专业大类，将所选取的五个专业大类的样本进行前相关度分析，不难发现，完全沿袭以前在中国的研究方向者为67.7％，这低于专业发展要求，并且有悖于留学工作的基本要求。

---

① 周光礼：《中国博士质量调查——基于 U/H 大学的案例分析》，社会科学文献出版社2010 年版，第 78 页。

表 4 - 1　部分专业大类受访者科研选题的前相关度

		您在海外的选题与留学之前的研究方向或原先工作					
		完全一样,延续了以前的研究方向	属同一研究方向,但更为前沿	属于同一研究方向,具体选题不太一样	有一定的相关性,属于跨学科研究	完全不一样,没有延续性	合计
海外专业学科大类	化学	11.7%	14.9%	34.0%	33.0%	6.4%	100.0%
	材料科学	15.8%	28.9%	42.1%	10.5%	2.6%	100.0%
	生命科学	7.7%	23.1%	34.6%	19.2%	15.4%	100.0%
	计算机	24.0%	16.0%	12.0%	48.0%	0	100.0%
	物理	0	6.2%	50.0%	43.8%	0	100.0%
合计		12.6%	18.1%	34.2%	29.6%	5.5%	100.0%

从直接原因来看,除了自身疏忽之外,公派留学生遴选过程中不太重视科研选题是重要根源。我国教育部门一直从导向层面要求申报公派研究生项目时密切关注国内发展需要。比如,《2014年国家建设高水平大学公派研究生项目选派办法》第七条明文规定:"重点支持《人才规划纲要》、《科技规划纲要》确定的重点支持学科、前沿技术、基础研究、人文及应用社会科学领域。国内推选单位应结合本单位重大科研项目、创新团队、创新基地和平台、国家重点实验室、重点学科及人才队伍建设需要确定具体选派专业和领域。"问题在于,上述导向性的要求在实际操作过程中面临诸多困难:一是中国在技术预见领域的整体水平相对较低,科技发展的技术路线图制作工作才刚刚起步,很多单位对于科技发展前景并不清楚;二是上述规定具有原则性、导向性,并无后续的具体要求,比如,详细规定到三级学科,或者另附一套同行专家评审机制;三是各单位针对申请者科研潜力及所申请项目的科研层次的专家评审要么没有,要么流于形式。

第三节　专业外语交流与"唐人圈"的形成

外语能力是出国留学的必备条件，无论是出国之后参加语言预科班，还是在国内通过各种外语等级考试和培训，基本目的都是为了保证海外求学过程的基本顺畅。但由于种种历史原因，我国外派学生的外语语种绝大多数都是英语。在改革开放之后的很长一段时期内，由于我国外派留学生的求学目的地相对集中，以英语国家为主，因此，相关问题并未引起高度重视，但目前出现了几个重要变化：

一、更多的非英语国家成为留学目的地，语言能力问题引起关注

本研究团队的调查结果显示，以英语为主流社会第一语种的国家比例为 53.7%，其余占 46.3%，亦即非英语国家作为留学目的地的比例接近一半，彻底改变了以往长期以英语国家为最主要目的地的结构。大量非外语专业的理工科研究生进入非英语国家攻读博士学位或者从事博士后项目研究等，语言问题相应地凸现出来。以国家留学基金委最新公布的 2014 年国家公派出国留学项目为例，申请赴荷兰攻读博士研究生的对外联系渠道主要是教育部/国家留学基金委现有的合作渠道，包括与荷兰阿姆斯特丹大学、阿姆斯特丹自由大学、爱因霍芬科技大学、代尔夫特理工大学、蒂尔堡大学、格罗宁根大学、莱顿大学、马斯特里赫特大学、乌特列支大学等已签署的合作协议，只有极个别是所在单位或个人合作渠道。这里的主要差别是：如果是所在单位或个人渠道，通常是已经形成了较为深厚的交流合作基础，包括在语言差异方面有所准备，甚至有些单位本身就有相关语种或者语言基础的学生（者），因此，在外派过程中的语言问题相对

容易解决。但由于主要依据现有资源进行申报,很多申报人只能在短期内突击培训,而且以英语为主,出国攻读博士学位或者从事博士后、高级访问学者项目研究,语言能力问题在所难免。比如,翻阅一下我国教育部与荷兰格罗宁根(University of Groningen)大学签署的合作协议,该校优先支持中国学生学者申请生态学、材料科学、化学、天文学和物理学领域的研究,并要求申请人达到英语方面的选拔标准。尽管有着相对较好的外部英语环境,但荷兰毕竟不是英语国家,如果从事高端的专业性研究,在科研(实验)过程中,必然会遇到语言障碍。为此,本团队专门针对该校的中国理工科博士生进行了访谈,受访者 49 明确表示:"希望能对留学生出国前进行更加系统的语言培训,特别是到非英语国家进行留学的情况。"

二、少数理工科留学生的语言能力与所在国学术交流的要求存在差距

针对海外学术论文刊发过程中的最重要环节这一设问,高达 28.8% 的受访者选择了"专业外语水平",仅次于"同行专家的评审意见",居于第二位。很多受访者在访谈过程中表示,除了国际学术期刊之外,多数博士生和博士后需要在所在国的有关非英语语种刊物上发表自己的某些形式的科研成果,尤其是在参加所在国非英语语种的学术交流会议时,需要提交当地语种的学术论文甚至使用当地语言演讲等,这都对其语言能力构成了很大的挑战。事实上,我国国内高等教育考试中,除了俄语、日语之外,非英语类的小语种考试极少,这就意味着绝大多数的理工科学生基本上都属于英语语种,这种语言基础与今后我国大批学生赴外留学、留学目的地不断分散、语言要求不断提高的趋势有所不符,在高等教育甚至研究生教育阶段,为了到特定的非英语国家留学而补习小语种,难度极大、效果不佳,通常远低于对方国家高端科研(实验)活动对于专业语言的要求。加之

我国目前的留学人员的语言培训以通用性语言和学术语言培训为主,专业性有所欠缺,而且时常未能真正提供足以赴外开展高端学术研究的语言培训(受访者19),以至于一些学生在邮件发送等环节上甚至出现常识性的、礼节性的失误并受到批评(受访者82)。

我们在访谈过程中发现,所谓的"唐人圈现象"抑或"留唐现象"主要表现在两个方面:一是在社会交往方面,中国留学生长时间与中国学生在一起,几乎不与美国学生打交道,也不参加社会活动。近年来,facebook、微信等工具的使用,也对中国留学生的社交产生了一定影响,很多留学生更愿意在微信上找国内的同学聊天,不仅便捷,而且几乎免费;二是中国留学生在课堂上很难懂得老师在说什么,因而不参加课内的讨论,依然秉承死记硬背的学习方法,不提出自己的观点。就海外理工科博士生群体而言,通常不存在日常交往问题,关键在于专业交流层面存在一些障碍,难以真正进行学术层面的对话,这必然会对其海外学业带来影响。

三、少数海外留学生的语言能力使其难以成为国际科技交流合作的纽带

如今,随着外派留学生规模的不断扩大,尤其是自费比例开始逼近95%,国际社会,尤其是科技相对中国较为发达的国家在对待中国学生学者的心态上发生了巨大变化。如果不能有效地与周围同学、同事交流,而只是闷声搞科研,即使能够通过个人勤奋完成学业,也必然会在学习过程中遇到各种困难和障碍。德国同济大学校友会会长张逸讷(受访者83)表示,德国各高校均已对中国籍学生适当采取了一些科技情报方面的限制措施,在敏感领域的戒备不言自明。这就更加需要中国学生学者注意交流,保持融洽。

中西方文化差异通常体现在留学生的日常交往之中,相对稳重但趋于保守的行事风格事实上不利于海外留学生与所在国学术界的

交往。作为高层次的理工科人才，海外博士生和博士后如果能够熟悉所在国的人文社会环境，并在留学期间与当地学术机构建立较为良好的合作关系，将来必然会成为中国与所在国相关机构开展跨国科技合作与科研交流的桥梁。因此，受访者 38 结合个人经历，认为一定要熟稔所在国语言，并"多和不同的人交流，谈话，这比自己一个人在那勤奋努力工作还要重要，这样会打开你的视野，获得很多创新性的想法和合作的机会"。事实上，很多理工科留学生之所以习惯于与中国籍学生学者交流，不太愿意广泛地接触当地学术界，很大程度上是因为语言不过关，难以在专业层次上熟练使用当地语言进行交流，更谈不上项目合作。

　　海外理工科留学生的外语，尤其是非英语外语水平有限，已经成为了融入当地科研环境、保持融洽关系的重要影响因素。近年来，随着中国和平崛起进程的加快，海外理工科留学生的科研（实验）活动遭遇某些发达国家的戒备甚至抹黑。当事人如果不能有效地与周围同学、同事交流，只是闷声搞科研，即使能够通过个人勤奋完成学业，也必然会遇到各种困难和障碍。事实上，很多理工科留学生之所以习惯于与中国籍学生学者交流，不太愿意广泛地接触当地学术界，很大程度上是因为语言不过关，难以在专业层次上熟练使用当地语言进行交流，更谈不上项目合作。导致这种状况的原因很多：

　　一是我国在中高等教育阶段的外语教学语种过于单一。改革开放之后，我国中高等教育中的外语教学迅速实现了从俄语向英语的转变，除极少数地区和学生之外，绝大多数学生从中学开始学习英语。在改革开放之后的很长一段时期内，由于我国外派留学生的求学目的地以英语国家为主，出国留学过程中的小语种问题并未引起高度重视，但随着海外留学目的地的日趋分散，非英语国家大幅度增加，长期接受英语教育的中国学生在赴国外留学时必然会遇到外语语种问题。今后，随着国际教育合作的不断推进以及海外留学生规模的持续扩大,这一问题将会进一步凸显。

二是高端科研工作对外语的要求极高,需要使用大量专业术语,接触许多外文科技文献。语言预科班及语言等级考试等主要解决通用外语问题,确保日常生活中的语言交流顺畅,但海外理工科博士生和博士后从事高端研究工作,在非英语国家留学,不仅需要使用所在国语种进行日常交流,而且需要熟练运用所在国语种查阅科技文献、操作试验仪器、参加学术交流、接受当地师资的专业课程教学等,对于专业外语的要求非常高。在补充访谈中,多名受访者明确表示"希望能对留学生(出国前)进行更加系统的语言培训,特别是针对到非英语国家进行留学的情况"。

三是出国外语培训工作与非英语语种的留学需求之间存在一定的差距。对于公派理工科博士生和博士后等,我国均提供了出国外语培训,但从现状看,通常以英语培训为主,非英语语种比重过低,相应地,以日常交流语言的培训为主,专业性有所欠缺。在访谈过程中,部分受访者认为,一部分培训机构没有能真正提供足以赴外开展高端学术研究的语言培训。

语言是文化的载体,言语沟通是文化交流的最基本形式。在语言能力有限的情况下,很多中国学生不喜欢融入非华人的社交圈,觉得与西方学生考虑问题的方式不太一样。海外学子初到海外,面对新环境,出于安全感与交际低成本等因素的考虑,这些从小就生活在国内的孩子,会在第一时间内寻找"同是天涯沦落人"。因此,中国留学生往往比较喜欢跟中国人待在一起。尤其是初到异国他乡,中国留学生的扎堆现象较常见。也有一些研修人员,因为出国留学的学制比较短,毕业后回国发展,索性不作融入的尝试,这也对中国留学生的社交产生了一定的影响。此外,facebook、微信等工具的使用,也对中国留学生的社交产生一定影响。一些中国留学生没能很快进入状态,陷入了一个由中国人组成的小圈子,他们只关注自己从前熟悉、了解的事物,不愿和外国人交往。① 2015 年 2 月,CNN 在采访爱荷华州的中国留学生的过程中,几乎每个受访者都说,曾经至少有一次被美国人斥道"滚回亚洲去"。这些留学生说,感到被孤立,也很期待能融入主流社会。② 但无论在语言能力的训练方面,还是在融入当地文化的心理准备方面,很多中国学生学者多有欠缺,以至于自觉不自觉地依恋"唐人圈"。

第四节　海外科技人才对我国经济科技发展水平的认知偏差

海外科技人才,尤其海外理工科留学生的人力资本投资额度大,并且主要生活在发达国家的校园之内,对于快速发展的中国经济科技的认知存在一定的偏差,甚至或多或少地带有一定的优越感。近年来,随着海外理工科留学生规模的持续扩大,结构更趋复杂,上述问题也日渐凸显,并直接影响到这一群体的回流过程及回流之后的工作协调性问题。

一、海外理工科留学生的自我评价偏高

(一) 海外理工科留学生对自身科研成果的国内需求度估计偏高

当前,我国正处于从追赶发达国家向赶超发达国家转变的关键性历史发展阶段,越来越多的学科领域和重大项目开始接近甚至超越发达国家的水平,这就意味着海外求学过程可能会与国内出现重

① 古丽米娜:《出国留学别只呆在"唐人圈"》,《乌鲁木齐晚报》2011 年 2 月 14 日。
② 《赴美中国学生叹难融入　不少人曾被骂"滚回亚洲"》,中新网 2015 年 8 月 11 日。

叠甚至同质化倾向,生物医药较为典型。"海外人才信息研究中心"
对海外理工科博士生的调查结果显示,包括 6 名两院院士在内的生
物医药类评审专家组(共计 10 人)的评价结论如图 4-4 显示,认为
本专业领域内海外理工科博士生的研究成果对满足国内发展需求
"极为紧迫"的仅占 7.1%,"比较紧迫"占 40.0%,51.4%"一般",另
有 1.4%"不紧迫"。总体来看,属于中国经济科技发展迫切需求的科
研工作及成果仅约五成。

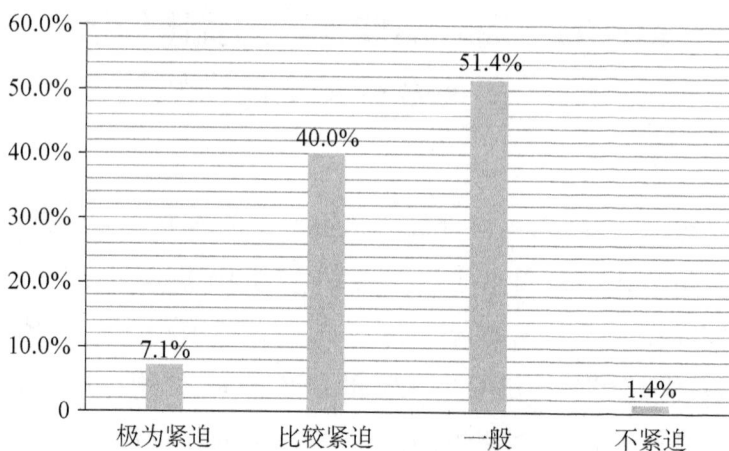

图 4-4　国内需求程度的专家评价结果(生物医药类)

无疑,随着海外留学人才回国规模的不断扩大,以及本土人才队
伍的规模壮大与层次提高,两者之间已由改革初期的互补关系迅速
演变为日趋激烈的竞争关系,海外人才的能力与潜力问题引起了越
来越多的关注,时有种种质疑之声。另一方面,海外科技人才对于回
国发展时的自身优势,也时常有所高估,根源在于中国经济科技的日
新月异,很多海外留学生身居异地,难以体会,加之多数直接从国内
高校毕业后赴外留学,缺少对于中国在相关行业或者领域的从业经
历及体验,导致了某种程度上的自我评价偏高。当然,也不排除少数
留学生基于学历、阅历或者文化而滋生的优越感甚至自我欣赏。

（二）海外理工科留学生对自身科研层次的估计偏高

海外理工科博士生、博士后及访问学者属于留学人员中的高层次人才，由于长期的专业性研究背景及对国内外研究状况较为熟悉，因此，这一群体对于所开展的研究工作通常有一个基本的自我判断。统计结果如图 4-5 所示，56.5％的受访者认为自己的研究在全球层面属于"先进"，23.3％认为属于"领先"，只有 9.9％认为自己的研究工作"一般"，另有 10.3％感觉"很难做出准确判断"。显然，海外博士生和博士后总体上认为自己的研究工作在全球层面处于较高位次。

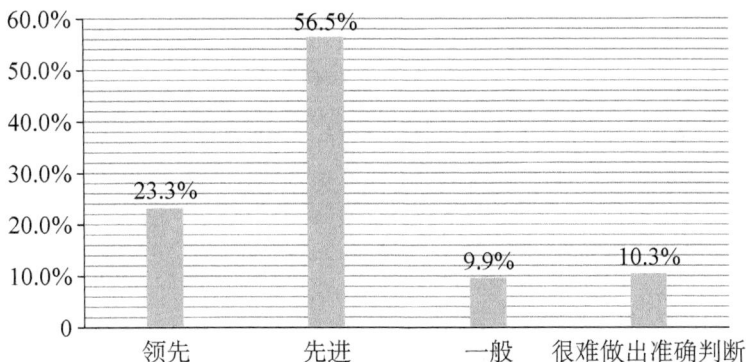

图 4-5　科研层次的自我研判

在访谈过程中，我们进一步认识到，一部分海外理工科博士生和博士后开始触及基础研究的前沿领域，甚至开始冲刺国际国内均未涉足的前沿领域，比如受访者 77 明确表示："目前所在的科研在国际上属于领先水平。该领域在 2011 年才发出第一篇相关的科研论文。目前只有挪威、瑞典还有英国等有些高校在进行。而且挪威是该方向的中心，主要集中在挪威科技大学。不过近期读文章的时候发现瑞士和法国的有些高校也开始进行类似的研究。"不仅如此，少数博士生或博士后在受访过程中展示了自己的成绩，表明在前沿领域所做的研究工作已经开始在国际上产生各种形式的学术影响。

受访者1：身处基础学科的前沿领域

由于是基础学科，且我所处的院系是新加坡政府重点投入且新建的机构，投入大，设备先进，绝大多数教师都来自世界一流大学的年轻教授，因此，课题大多是本领域最新、最热门的领域。作为新建机构，这里有点与国内类似，不仅追求高质量的论文，而且追求数量。

在过去几年，我已单独或与他人合作，共发表论文近10篇，其中3篇IF＞13，所有论文影响因子都＞6。我们系统发现了有机小分子脯氨酸催化的串联氨氧化-Michael反应，从而高度立体选择性合成手性tetrahydro-1,2-Oxazines。这个工作发表在德国应化ACIE(IF＞13)和美国化学会OL上。这个工作启发于芝加哥大学Hishashi Yamamoto，起初我们一直没有得到目标产物，但却得到了一个意外产物。在完成这个项目后，我又深入研究了这个意外化合物，并在此基础上和实验室的伙伴完成了5篇文章，这些工作已经发表的有三篇，一篇IF＞13，两篇＞6，另有两篇尚未发表。

鉴于本研究团队对生物医药相关专业的部分有效样本进行专家综合评分，因此，进一步对该部分有效样本的自我评价进行分析，结果如图4-6所示，生物医药类的受访者中，自认为研究层次处于全

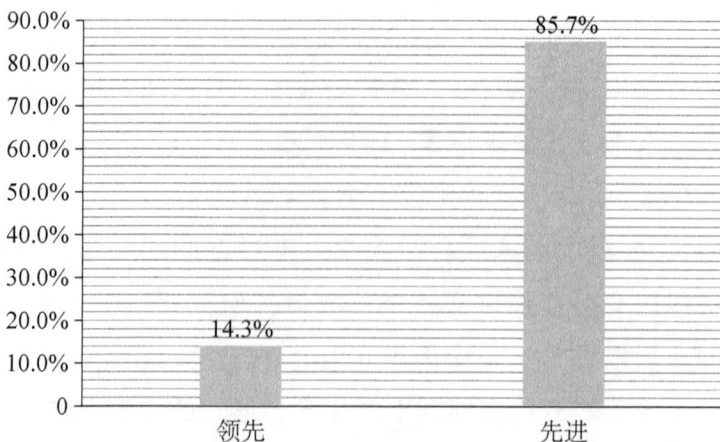

图4-6 生物医药类受访者对科研层次的自我研判

球"领先"地位者占 14.3%，自认为处于全球"先进"地位者占 85.7%，没有一人认为自己的科研选题及成果属于"一般"层次，自我评价高于样本群的整体结果。

二、海外理工科留学生对中国本土人才科研（研发）能力的估计偏低

在自我认知存在偏差的同时，一部分海外理工科留学人才对于中国本土人才的科研与研发能力认识不清，存在着一定程度的低估倾向，这也为回流之后的工作协调等埋下了隐患，是导致工作冲突与"二次流动"的重要诱因。本研究团队的调查结果显示：

（一）自身优势的判断与定位：九成以上认为与国内同行相比有优势

海外科技人才通过海外的学习和工作，积累了相当的经验，相比国内同行，他们对自身优势的判断与定位比较高，也很有信心。调查显示，九成以上的海外科技人才认为自己比国内同行有优势，其中22.3%表示优势明显（见图 4－7）。

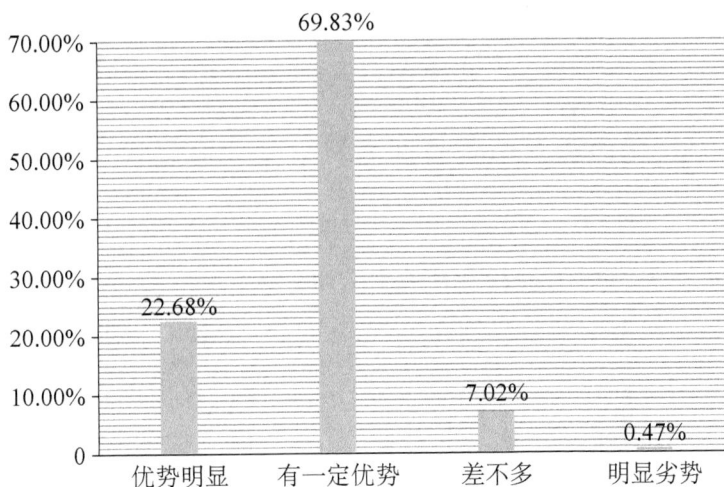

图 4－7　自身优势判断与定位

　　分析不同性别、年龄、学历的科技工作者群体,他们对自身优势的判断是否有差异,结果见表4-2。

表4-2　自身优势判断与定位的群体差异分析　　单位：%

		优势明显	一定优势	差不多	明显劣势	卡方检验
性别	男	23.9	69.1	6.5	0.6	p=0.113
	女	20.6	71.7	7.7	0	
年龄	30岁以下	15.7	73.7	9.9	0.7	p=0.005
	31—40岁	20.4	72	7.3	0.3	
	41—50岁	28.7	65.1	5.8	0.4	
	51岁及以上	32	63.1	3.9	1	
学历	学士	20	62.5	16.2	1.2	p<0.001
	硕士	17.6	74.6	7.1	0.7	
	博士	33.2	64.3	2.5	0	

　　从性别结构来看,男性中认为自身优势明显的比例稍高于女性。但从年龄来看,年龄越大的海外科技人才,认为自身优势明显的比例越大,51岁以上的被调查者中,这一比例达到了32%。从学历结构看,博士学位获得者最为乐观,认为自身具有一定优势或优势明显的占到了总体的97.5%,说明这类群体对自己的能力充满了信心,但不了解我国近年来的本土人才培养状况。

（二）自视高端并不愿与中国同行进行交流合作的现象并不罕见

　　在回答未与中国进行交流合作的原因时,12.5%表示"所学专业在国内很难找到交流合作对象",12.5%表示"本人的研究比较特殊,不太需要交流合作"。比如,受访者80直言："我做的方向国内做的人很少,很少有直接联系。"事实上,我国在理工科研究生教育、学术研究方面的学科领域日趋齐全,通过对照《中华人民共和国学科分类与代码简表》(国家标准 GBT13745－2009)与经合组织发布的《研究与试验发展调查实施标准:弗拉斯卡蒂手册》,不难看出,中国已经基本涵盖了当今世界科技发展的几乎所有领域,科技空白领域极为罕见。

> 受访者 79:我觉得我在 uis 的研究方向(大数据 hadoop 架构的处理分析)在国际上还是处于很顶尖的位置的,在目前为止只有很多处于前沿的大公司如 google、IBM 以及中国的阿里巴巴等在做调研,当然,全世界已经预感到这是大势所趋。Hadoop 分析的横空出世将改变人们的生活方式。举个简单的例子,现在流感在全世界很多国家爆发,如何准确地预测何时在何地流感将发生,以及发生程度将是人们以及政府很关心的事件,而我现在做的事情就是根据很多显示的数据预测出这种即将发生的事件,而且准确率较高。

如上显示了受访者 79 的自述。据中科院上海生命科学研究院的多位专家介绍,近两年来,类似研究在中国并不罕见,上述研究工作一度很前沿,但目前已经不属于最前沿、最高端的研究。但之所以出现一定程度的自视甚高现象,主要是由于以下几点原因:

第一,海外理工科留学生与中国科技发展动态之间的信息不对称。由于置身海外,努力熟悉并适应发达国家的科技发展步伐,追逐世界科技前沿,因此,海外留学生在访谈过程中,普遍对世界科技发展态势及趋势等如数家珍、烂熟于心,但对于中国科技迅猛发展的势头略有生疏,尤其是相当比例的海外理工科博士生属于应届硕士毕业之后直接赴国外留学,对于相关科技产业发展情况并不十分熟悉。比如,我国科技发展的技术路线图显示,在材料科学领域,中国在全球材料科学发展图谱中的位次迅速攀升,在少数几个研究方向上已经开始超越最发达国家。

　　第二,科学发展与技术进步的传统路径开始发生改变。自近代以来,工业发展需求促进科技进步,科技进步刺激工业发展,两者之间的互动关系相对稳定,从而导致了科技成果的分享也沿着核心地带—半核心地带—边缘地带的路线,并且通常是通过国际贸易来实现。但在全球化与信息化的共同推动下,经济—科技互动关系发生了逆转,科技发展的路径与范式也与以往有很大差异。以大数据为例,并非源于最发达工业基础上的新需求,也并非只有所谓的核心地带国家才能够进行大规模的研究利用。无疑,包括中国的海外理工科留学生在内,对于中国等传统的边缘、半边缘国家在当代科技发展中的位次挪移有所低估。

第五章

海外科技人才研究面临的主要问题

海外高层次科技人才是我国海外人才资源库中的核心资源。长期以来,国家高度关注这一群体的流动尤其回流态势。事实上,无论是以钱学森、钱三强、钱伟长等为代表的"建国海归",还是以李振道、丁肇中为代表的老一代海外华人科学家,以及以饶毅、施一公、王晓东为代表的新一代顶尖级科技海归,都与中华民族的科技振兴息息相关,并以不同方式作出了杰出贡献。但相对国家对海外高层次科技人才的重视程度,以及相对于这一群体的特殊重要地位而言,中国学术界的基础研究与决策咨询工作严重滞后,未能对这一群体进行真正系统、规范的理论研究,甚至未能形成初始性的信息采集、数据分析系统,也未能建立有效的海外实证调查系统,更遑论中国话语体系的构建与研究范式的重塑。因此,本部分拟重点从信息采集与数据库建设、海外实证调查与资料收集、研究范式转换与中国话语体系的构建等三个方面着手,分析存在的主要问题与症结。

第一节　信息采集工作滞后,数据平台建设滞缓

2015 年度,在我国的全部 52.37 万名出国留学人员中,自费留学

人数占 48.18 万,比例高达 92.00％,这就意味着我国有关部门准确掌握海外人才情况的难度日趋加大,必须通过基础数据库建设与定期更新,为有关部门及时了解这一群体的动态变化提供方便。从目前我国的海外人才信息采集情况来看,尽管国家有关部委、一些地方政府建立了部门性或者地方性的海外人才信息资料库,但普遍存在各种问题与不足。

一、部门分割现象突出,海外人才信息不共享

从信息资料的搜集情况来看,海外引智工作所涉各部委均有内部信息库。尤其自 2008 年以来,国家"千人计划"所涉引智窗口纷纷开展了信息采集和数据库建设工作,在一定程度上推动了社会各界,特别是党政部门对于海外人才信息采集工作的重视。但是,相关人才工作部门建立的人才信息资料库属于特定部门所有,信息共享缺乏体制机制保障,不仅大大增加了行政成本,很多部门进行了基础性的重复劳动,而且信息本身的动态性欠缺,甚至没有借助于现代信息技术进行定期的数据更新与数据库维护。鉴于信息的动态性特质,很多长期未予更新维护的数据库事实上已经没有任何使用价值。

此外,包括北京、上海在内,一些部门借助于海外办事处、联络点等建立了一些海外人才数据库,无疑在一定程度上满足了地方特定部门的工作需要,在小范围内具有一定的功用性,但不具有面上意义,甚至无法反应海外人才队伍的整体状况,相关的小型数据库本质上属于部门性的海外关系网络,是为了便于本部门开展工作而进行的小范围的资料采集,数量有限,动态更新不及时,并未将信息采集与数据库运维工作纳入常态化管理。比如,上海市外国专家局的"雏鹰归巢"计划迄今搜集人数仅 588 人,基本处于停滞状态。按照初期设想,信息搜集的对象则是近 100 所世界知名高校,旨在动态掌握海外高层次人才的分布与流动状况并择优录用。

二、海外人才信息系统尚未形成，诚信流动体系远未建立

特定部门为了实际工作需要而建立的海外人才信息库，无法、一般也不需要全面系统地掌握海外人才队伍的整体状况及动态变化趋势，不需要对海外人才的整体状况进行面上的数据分析与规律探讨等，以至于重复劳动增加，不同的部门可能各自进行着成本高昂、技术复杂的数据库建设，却鲜有沟通，更无共享；另一方面，同一个海外人才可能同时成为很多个不同部门的引进对象，漫天要价、频繁跳槽等现象增多。少数海外学子为了能够符合中国国内人才引进的各种标准，与各类人才引进项目对接，私自夸大个人在海外的学术造诣或工作业绩，甚至篡改海外学历等基本信息，利用姓名的英文拼写雷同现象盗取他人的科研成果等，尤其是发生了唐骏、李开复等名人的海外学历造假事件并经过媒体大肆曝光之后，"西太平洋大学"已经成为中国国内民众重新认识和评价海外人才的新的关键词，并将直接影响到社会各界对于今后出国留学政策及海外人才引进政策的认知，需要引起高度关注。

"最牛造假"：一位国家"青年千人计划"入选者

原北京化工大学生命科学技术学院教授陆骏在求职应聘及申请入选国家"青年千人计划"的过程中伪造履历，盗用文章，"包装行骗"。

▼ 陆骏列的 7 篇高档次论文，全部是冒用耶鲁大学助理教授卢俊的成果。

▼ 陆骏的博士学位也是冒用同名同姓者的。他自称是 1999 年北京工业大学和多伦多大学的应用科学学士，2004 年在多伦多大学获得生物工程博士学位。多伦多大学 2004 年的确有一个叫"Jun Lu"的人获得博士学位，但他是 1999 年在该校获得的硕士学位，与陆骏所说的不符。而

且,多伦多大学的 Jun Lu 父母是台湾人。

▼ 陆骏在简历中称自己在 2008 年 6 月至 2011 年 7 月间在美国默克公司担任研发科学家,后经调查发现,默克公司确有一个 Jun Lu,但这是另外一个人。

显然,陆骏把三个不同 Jun Lu 的博士、工作经历和论文凑成自己的,被网友戏称"最牛造假"。

面对如此海归直接造假行为或者变相造假行为,我国现行的法律法规制度并没有做出严格的界定和规范,我国高等教育法规中只是在 2009 年出台了《教育部关于严肃处理高等学校学术不端行为的通知》,该通知涉及的面较小,而且处理措施也是泛泛而谈,对造假行为者没有震慑力,他们敢于冒较小的风险代价牟取造假的暴利。然而在国内,我们通过唐骏、陆俊、傅瑾等造假者可以看出,他们并没有受到严厉的打击,陆俊、傅瑾诈骗国家"千人计划"、"国家自然基金"等经费几十万乃至上百万元,按照我国法律制度,已经构成了诈骗罪,但是他们又一次凭借"造假"类似的活动能力,仍然没有被移送司法机关。[①] 诚信流动体系未能建立,源于信息系统的缺失。

三、信息采集的意愿不强,动态跟踪与数据更新工作滞后

海外人才数据库建设需要耗费较大的人力、物力与财力,并且在维护与更新过程中必须投入大量的时间与精力。从理论上讲,学术界、政府主管部门、猎头三方最有可能开展这项工作。但我们的调查结果显示,三方均存在意愿不强、动力不足的问题。

对于科研机构而言,通常面临着与科研考核办法无法衔接、经费

---

① 李玲:《海归造假行为缘由与教育法律制度防范方法研究》《现代商贸工业》2016 年第 1 期。

预算不足等问题，以至于很多科研人员不愿意也不可能集中全部力量进行数据库建设，常见的外包做法只适用于完成特定的项目，而项目的基本特征就是难以形成常态化的经费保障，绝大多数科研人员却又无法在获得数据库建设的"第一桶金"之后进行有效的市场开发，甚至根本就看不到或者无法发现市场前景。不仅如此，海外人才数据库建设的关键不在于技术，而在于如何准确地把握社会需求，并按照社会科学知识进行可行性的方案设计，确保所采集的信息既规范完整，又能服务于社会发展。根据本研究团队建设海外人才数据库及海外人才大数据平台的经验，这主要取决于两个方面：一是是否有兼通社会科学发展规律、准确把握社会需求的专业研究人员；二是能否准确地将相关需求和建库目标传达给技术开发人员，转化为详尽的技术方案。

对于政府部门而言，通常由于该项工作的紧迫性不显著、人手不足等原因，很难列入年度工作计划。公务员管理体系实行严格的定岗定编，公共财政经费预算及执行也实行严格的年度性审批。数据库建设不仅不能按照年度工作计划编列，也无法实行年度性的经费结算，而必须是长期性的专项经费支出。更为严重的是，尽管很多政府部门开始认识到这一问题的重要性，但在实际的政府工作安排中，通常将其归于"信息化"建设抑或电子政务板块，作为政府工作的保障措施出现，使海外人才数据库建设与部门内部的简报工作、专报工作、网站维护工作等合为一体，而后面几项工作的常态性特征自然会挤占数据库建设，使很多单位、部门在制定年度工作规划甚至中长期人才规划时信誓旦旦地阐述的海外人才数据库建设的重要性被完全稀释。比如，早在2010年，《国家中长期人才发展规划（2010—2020）》便提出要"建立统一的海外高层次人才信息库和人才需求信息发布平台"，随后出台的《上海市人才发展中长期规划（2010—2020年）》也明确提出要"建设统一的海外高层次人才信息库"，但在操作层面遇到了诸多障碍，难以落到实处。

对于猎头公司而言,同样缺乏建设海外人才数据库的动力。首先,尽管我国的人力资源服务业已经孕育发展了二十年,但迄今并无一家真正意义上的国际猎头,亦即以开展国际业务为主的中国本土猎头,而猎头公司的数据采集源于实际业务开展。正由于缺乏海外业务板块,相关工作也就无从谈起。近年来,少数本土猎头开始尝试开展海外业务,但在海外人才数据库建设方面面临着两个方面的问题:一是国际猎头过快地进驻中国,包括 Korn/Ferry、Fesco Adecco、Manpower 在内的国际知名猎头不仅抢占了中国本土的海外人才引进市场,从而垄断了大量的基础数据;二是本土猎头国际化本身面临着海外市场风险与商业成本高企、中国本土庞大而尚未饱和的国内市场对本土猎头的"深情挽留"等诸多问题,现有团队也使其很难进入国际人才市场进行搏击。由于基础数据采集工作不具有盈利性,猎头公司缺乏市场动力。即使获得了大量的基础数据,猎头公司往往会将其视为商业资源而不是公共资源。

因此,我国至今没有建立全覆盖的大型海外人才数据库,以至于很难从全球视角动态跟踪海外人才队伍的变化历程及规律,尤其难以进行科学、规范的量化分析,从而无法提供相应的决策咨询,也难以基于精准的国际动态进行新时期的顶层设计。

四、虚假信息时有出现,甄别的难度大、成本高

在我国实施海外人才引进战略的过程中,相关国家部委、各地方政府及一些重要的用人单位纷纷在海外设立人才招聘点、国外办事处等,就地采集海外人才信息,建立与海外人才群体之间的联系网络,很多部委甚至建立了部门性的海外人才资料库等。但是,由于这种工作思路将海外人才的数据采集与海外关系网络的构建结合在一起,从而形成了特定部门、单位自身的海外资源网。相关部门和单位理所当然地不愿意与其他部门进行信息共享,甚至刻意进行信息封

锁和数据保密,使海外人才信息采集工作具有了高度的行政化、部门化特征,以至于在海外人才引进工作中的信息共享缺乏起码的动力。

信息采集和数据库建设滞后导致的直接后果是海外科技人才引进中的信息不对称,基于信息对称的市场供需平衡也就遇到了"肠梗阻"。一方面,"能从国内现有渠道得到的人才供需信息还存在着不够清晰准确、缺乏指导性和可操作性的问题",[①]亦即招聘信息及公共政策信息供给均存在不足;另一方面,少数海外学子获得了伪造个人信息的机会与空间,蓄意夸大海外科研经历及履历的现象并不鲜见,并直接导致了海外高层次人才引进中的逆向选择风险。[②]　目前,仅有上海社会科学院(海外人才信息研究中心)在大型海外人才数据库建设方面做了一些努力,并于2015年11月21日举办了海外人才数据库开通仪式,新华网、解放网、人民网、东方卫视等均见证了开通仪式并予以了公开报道。在上述数据库群的基础上,该团队目前已初步建成了"海外人才大数据平台",涵盖了海外高层次科技人才的主要群体及其相关的学位论文、学术论文(SCI论文)、国际专利申请情况、国际学术交流情况等,并逐步形成了动态跟踪与运维系统。

第二节　海外实证调查与国别研究不多,动态信息掌握不够

海外科技人才研究必须紧跟海外人才动态和海外科技发展动态,形成包括信息采集(数据库建设)与实证调查并行不悖、互为补充的基础工作格局,从而使海外科技人才研究成为真正意义上的科学研究。但从总体上看,二手数据转引较为普遍,海外实证调查不多;

---

① 孔祥明:《海外华人专业人士的生存状况》,《侨务工作研究》2008年第6期。
② 程志波:《信息不对称下海外高层次科技人才选聘的逆向选择风险与规避》,《科技进步与对策》2011年第19期。

泛泛而谈的面上研究较为普遍，而基于国别的深入调研不够，从而极易出现哗众取宠的大标题、似是而非的伪命题、模棱两可的理论观点甚至误导公众的政策建议。随着大数据时代的到来以及中国的全面崛起，信息技术手段和信息获取途径大大增加，我国学界需要从基础工作做起，从源头抓起，深入调查、细心分析，夯实海外人才研究的基础，并彻底告别转引国外二手数据、粗浅介绍国际经验的研究阶段。

一、海外理工科留学生实证调查工作的缓慢进展

近年来，基于学术研究和决策咨询的初始目的，中国国内学者以及部分出国留学人员开始自行组织相关的海外实证调查，从而力图补齐中国海外人才研究长期面临的信息不对称的短板，但调查的途径、对象和目的存在很大差异，主要包括以下几类：

一是中国的研究生借助于出国访学、留学的机会，对海外留学生进行实证调查，比如，徐卡嘉（2002）以"中国留学生在英国大学留学的情况"作为研究生毕业论文题目，采访了144位留学生，系统、真实地反映了当代中国留学生在英国的状况，纠正了很多中国学生、家长对留学生的片面认识，以及媒体对留学的不完全报道。此外，陈冰（2006）利用在俄罗斯国立圣彼得堡大学的留学机会，对在俄留学的中国学生进行了问卷调查和理论分析，提出了有关部门要有针对性地对自费留学生开展工作、使其将来学有所用等建议。朱佳妮（2008）的学位论文专门调查研究了出国留学人员的教育适应情况，统计结果显示，攻读博士学位者占海外留学人员的14%，高达61%的海外博士认为学业和学术的"进步很大"或者"较有进步"。

二是海外相关社团进行的问卷调查，比如，加拿大中国留学生协会（2010）通过互联网及邮寄、访问等方式，共发放2万份纸质问卷，

对加拿大的中国留学生展开了大规模的生存状况调查,发现了这一群体在求学过程中所遇到的一些新的问题,包括如何适应海外学术环境及研究方法等;同年,美国研究生院理事会(CGS)也对赴美读研的中国学生进行了调查统计,并发现中国留学生在规模、专业分布、学校选择等方面的变化。

三是中国国内学者出于研究需要而进行的海外实证调查,比如,郑雪(2005)采用问卷调查的方式,调查了在澳大利亚的 144 名中国留学生的文化认同、社会取向及主观幸福感;高子平(2009—2010)针对海外华人科技人才进行了大规模的调查研究,分析了这一群体的基本结构、对中国科技发展等的认知与预期、回流意愿及主要影响因素等;湖南师范大学教育科学研究所(2010)对中国留学生在国外的学习、生活适应性和文化融入性进行了问卷调查,以便了解中国留学生的海外学习生活状况,并更好地引导这一群体正确选择适合自己的留学目的国;高子平(2012—2013)针对海外理工科博士生和博士后,开展了大规模的信息采集和问卷调查,并借助于视频等方式进行了远程访谈,系统深入地研究了这一群体与中国经济科技之间的学术相关性、学术交流与科研合作、科研成果的形成过程等,并初步构建了学术相关性(度)理论架构与分析模型。该项调查不涉及其他类型的海外科技人才。

上述调查不同程度地了解了中国海外留学生的学习及生活状况,但是,海外实证调查仍处于起步阶段,以一般情况调查偏多,专题性调查明显偏少,问卷调查与其他调查形式的结合程度不够,尤其是关于中国海外科技人才与中国国内经济科技发展之间的内在关联的调查研究工作至今空缺。

二、海外实证调查工作滞缓的主要根源

海外科技人才实证调查工作滞缓,迄今为止,规范、严谨的大规

模海外实证调查极少,使很多后续的理论研究与决策咨询研究工作难以真正开展,导致这种状况的原因主要包括:

一是国内学者从事海外调查需要借助于长期积累而成的海外学缘网络等,不仅成本过高,而且途径有限,即使是滚雪球式的问卷调查也难以得到海外群体的响应。鉴于信息安全、跨境网上交流遇到的困难等原因,网络调查几乎从未大规模开展过。本研究团队多次运用过变相的网络调查模式,遇到的主要问题是信息安全与信息信任。在信息安全方面,由于跨国调查涉及监管,时常遇到邮件遗失、迟到、乱码等现象;信息信任则是由于海外受访者对于接受调查的邀请存有疑虑或者厌倦情绪。此外,各种名目繁多的网上调查使很多受访者对跨国性质的调查更为警惕。

二是海外留学生总体上分布相对分散,一般无法也不便于借助国内传统上的组织化途径进行调查研究,以至于相关研究通常较为零散。从调查研究的具体操作来看,海外人才群体过于庞大且分布于180多个国家和地区,无法进行配额抽样;另一方面,海外人才群体的空间分布极度不均衡,近年来更是呈现出区域集聚的态势,甚至出现了很多大大小小的"唐人圈",滚雪球调查极易出现不均衡样本,一旦调查的可信度与效度不够,后续分析的科学性与代表性都会面临问题,甚至无法进行完整规范的数据分析。

三是海外人才引进工作主要从国内政策设计空间及发展需求的角度出发,对于引进对象本身的关注长期欠缺,始终未能实现引智工作的端口前移,对于海外留学生面上情况的掌握不够。基础资料不完整是海外实证调查方案设计缺乏依据、难以按图索骥的重要原因。尤其对一些非英语国家,中国留学生及当地华人人才的资料稀少而零散,专业技术社团也相对较少,在没有驻外使领馆等特殊渠道支持的情况下,学术界基于纯粹的学术研究目的而开展相关的海外实证调查工作极为困难。

第三节　沿袭 Brain Drain 研究范式，
远未构建中国话语体系

Brain Drain（人才流失）①研究范式形成于冷战对峙格局下的西

---

① 关于 Brian Drain 的汉语译法，中国大陆学术界存在一定程度的混用现象，通常包括四种：人才流失、人才外流、脑流失、智力外流。出现这种现象的主要原因不在于对于 brain 和 drain 两个词的理解，而在于如何将其作为一个概念与汉语对接。"外流"的汉语内涵不仅包括"流动"之意，而且包括"向外"（方向）之意，但"向外"流动者未必会"失"，亦即"人才外流"一词属于中性，并未表明是否属于"失"，不仅与"drain"的意境大相径庭，而且与当时代的真实现象有所背离，与迁出国的尴尬境地不符，因而未能完整表达 Brian Drain 的真实内涵。"脑流失"一词属于英文直译，译法较为机械，既不符合汉语的使用习惯，也与英文语义有所出入，无论从表达的内涵还是意境的角度来看，均有不妥之处。该词在中国学术界的使用频率不高，尤其 2000 年之后，随着国内学术界的相关研究增多，这一词汇基本上没有出现在国内学术论文的标题之中。

　　"智力流失"的译法主要集中在如何理解 Brian。从词源学的角度来看，Brian Drain 只是针对"才"的流动，而没有涉及"人"是否流动，似乎更宜使用"智力"，从而兼顾"人走才走"与"人不走才走"两种情况，这一思路与 20 世纪 90 年代中期以来提出的"柔性流动"思路具有逻辑关联性。但是，在准确理解 Brian Drain 的本意时，必须从该词汇产生的历史背景来看，而不能脱离当时的经济社会条件及人才流动的真实情况：一是大批专业技术人员本身离开英国、流入美国，而不是虚拟层面的跨国智力合作等，英国皇家学会在使用这一词汇时隐含创意与修辞，但不能据此否认事情的本原。二是很多发展中国家在冷战时期面临的困境就是大批人才一去不复返，永久性地离开故国，从而直接导致了财政投资政策的争论等。在当时，"人"与"才"尚未出现分离，信息化平台等远未形成，人不仅是智力的载体，而且必须随着智力的流动而迁移，甚或说，是"人"的流动导致了智力的流动，自然人的迁移行为本身具有决定性意义。三是冷战背景下的跨国公司力量有限，国际交流、交往的屏障较多，而真正意义上的智力流动只是全球化、信息化背景下的产物，作为全球化主要动力的跨国公司在很多发展中国家生根，从而萌生了大规模的"本土性流失"，国际交往便捷化也催生了"海鸥"式的小众群体（"飞人"），学术界才真正开始探讨"柔性流动"的可行性。四是与近代中国社会科学研究中的很多外来词汇不同。Brain Drain 的汉字表达并非传自日本，而是在 20 世纪 60 年代，由中国学者直接根据英文意境和内涵翻译而来，比较直观地反映了当时中国学者对这一问题的鲜明立场和价值取向。五是从主要英文词典的释义来看，基本上都围绕专业技术人员本身的跨国迁移行为方面，比如：*The Dictionary of Modern Economics*（D. W. Pearce, the Macmillan press, London, 1981）将其定义为：受过教育的专业技术人员从穷（转下页）

方传统工业社会,无论是概念、方法、思路以及逻辑体系,还是在解释现实问题中的功用性,都面临着越来越多的困境及学界质疑。中国学术界沿袭了 Brain Drain 研究范式,不仅直接导致了公共政策设计的自相矛盾与公众舆论的莫衷一是,而且导致了中国话语体系的缺失及构建中国话语体系工作的迟滞。

一、西方 Brain Drain 研究范式的逻辑困境

自 20 世纪 60 年代以来,在西方阵营经济快速发展与加速产业整合的宏观背景下,英国等西欧国家的一些专业技术人员纷纷流向美国,英国皇家科学院略带夸张地使用了 Brain Drain 一词,随后被越来越多地用于描述大批亚非拉发展中国家和地区的专业人才流向西方发达国家(尤其殖民体系瓦解前的宗主国)的现象。尽管在概念界定上存在诸多争议,甚至被赋予了很多新的内涵,但国际学术界用 Brain Drain 描述和分析上述现象的趋势日显,并逐步形成了一整套

（接上页）国向相对富裕国家的迁移。随后,它进一步解释:由于相对落后国家的教育成本低廉,而发达国家普遍面临着劳动力尤其技术劳动力的短缺现象。这些接受过教育、拥有一技之长的人才流向发达国家,获得了相较迁出国高得多的人力资本收益。相对于那些没有接受过教育、没有技术的移民而言,这些专业技术人才要受欢迎得多,因此,无论在法律层面,还是在具体的政策层面,发达国家都非常鼓励这一类的迁移行为。*A Dictionary of Economics*(John Black, Oxford NY, 1997)则将其定性为:对穷国人才到相对富裕国家寻找工作的一种贬损性描述,认为这种现象之所以会出现,一种情况是某项技术尽管在穷国和富国都需要,但后者能付出的报酬更多一些;另一种情况是相对落后国家的经济技术发展跟不上,从而无法为培养出来的人才提供施展才能的机会和空间。

相对而言,"人才流失"的译法最为精确,它深刻地表达了两层含义:第一,从理论层面来看,"只要流了,肯定失了",换言之,"流"与"失"一脉相承,这就为范式本身的合理性埋下了隐患,并成为知识经济时代进行范式重塑的重要依据;第二,"因为流了,所以失了",因果关系明晰。这就意味着解决问题的方案有两种:一是阻止这种流动,二是对流动过程进行疏导。这也是最基本的两种政策取向,或者是在两者之间摇摆不定,在冷战时代,在一定程度上可以采取"堵"的办法,但在全球化、信息化背景下,却只能改而采取"疏"的办法,并为真正意义上的柔性流动与集聚提供了条件。

关于冷战时期国际人才流动整体状况的研究范式：一是在研究假设上，认为国际人才流动主要是基于经济理性，亦即"人往高处走"，似乎所有具备条件的人都（可能）会迁移；[①]二是在研究心理上，认为西方发达国家理应获得发展中国家的人力资本成品或半成品，并能为后者带来"溢出效应"如侨汇、国际科技合作等，此类"盈余"足以补偿后者的教育支出等；三是在研究视域上，更多地从迁入地而不是迁出地的社会收益、个人收益（人力资本增值）等进行研究；四是在研究方法上，始终未能构建一整套涵盖不同层次（国家、社会、组织、家庭、个人）、不同方面（迁出地、迁入地）、不同角度（成本、收益、风险）的研究框架，从而出现了根据利益诉求或者主观倾向选择研究方法的普遍做法，亦即先入为主。

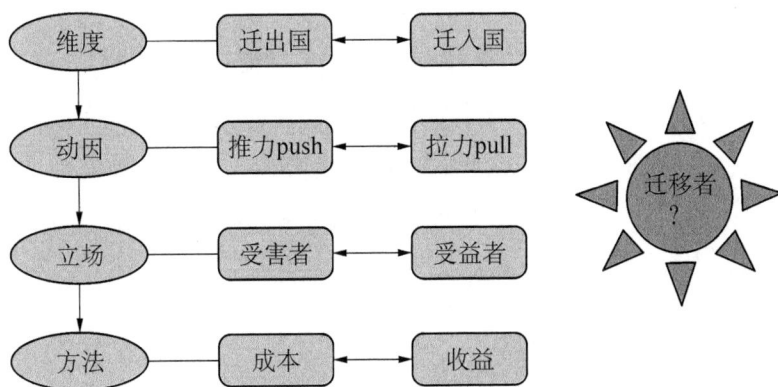

图 5 - 1 Brain Drain 的逻辑框架

在"推—拉"模型及相应的研究范式中，对外部动因（包括"推力"与"拉力"）的具体构成要素分析越来越全面、深刻，但始终忽略了个体性因素。与经济文化层面的分析不同，"推—拉"模型主要是基于人才成长和发展的外部条件，关注的是人才自身对原有社会文化交

---

① J. Arango, "Explaining Migration: A Critical View", *Internatonal Social Science Journal*, 2000, 165, pp. 283 - 96.

往和经济活动的好恶①。但问题在于：这一模型并未对同一地区（比如：西南非）甚至同一国家的人才外迁的规模和流向等进行有价值的诠释，也没有对同一来源地的人才外迁的个体决策差异进行说明。因此，有学者直接指出："推—拉"理论既无法解释为何迁出国往往集中在某一地区（比如：东亚、加勒比、非洲），也无法对迁移行为的微观（个体）决策进行贴切的描述。尽管其中的某些原因确实导致了人才流失，但在绝大多数情况下，单一的"推"或者"拉"的因素，甚至将两者结合起来，都无法说明人才流动的动因，也就无法对人才流失这一复杂过程进行深层次的科学阐释。归根到底，人才流失的动因归结为"推"的因素和"拉"的因素，都只是探讨了促使人才流失的外部因素。

事实上，人才在迁移决策中的自我性因素和自主性因素更为突出，上述分析框架忽视了个体层面的利益需求和价值取向，正如"推—拉"模型本身一样，沿袭了传统工业经济时代一般劳动力流动的分析框架，没有认识到人才自身的特质和人才流失现象的内在特性，比如：追求有助于形成学术地位的环境，追求个性的自由展示，以及个人经历的差异等。因此，El-Saati 在研究跨国人才流动问题时指出，很多流失现象都起源于与个人有关的一些因素，包括缺乏政治觉悟、大多数研究人员往往专注于自己的科学工作而置本人生存其间的社会、政治环境于不顾，甚至不把工作中的障碍视为经济发展水平不高的症状抑或难免会出现的社会问题，而是看成是社会对自己的人身攻击或歧视②。尽管这一分析更多的是对流失者的批评，但他已经敏锐地意识到了人才自身才是人才流失现象的真正主角，从而

---

① A. Hillman, L., A. Weiss, "A Theory of Permissible Illegal Immigration", *European Journal of Political Economy*, 1999,15, pp. 585 - 604.

② Samia El-Saati, "Egyptian Drain: It's Size, Dynamics and Dimensions", In M. Wahba, *Brain Drain: Proceedings from the Second Euro-Arab social Research Group Conference*, Ain Shams University Press, 1979.

也应该成为人才流失问题研究的最主要对象。

在冷战时代,发展中国家与发达国家的经济发展差距及高度紧张的东西方对峙格局使国际人才市场被严重扭曲,人才流向及动机时常被赋予了复杂的政治与意识形态因素,甚至成为了冷战的议题之一,而发展中国家在全球人才流动中的被动地位则呈现固化态势,牙买加、加纳、乌干达、肯尼亚、多米尼克等发展中小国甚至出现了大部分高校毕业生流向国外的现象,并成为了跨国人才流动研究中的典型样本,[①]印度、墨西哥、菲律宾、韩国、孟加拉等规模较大的发展中国家也面临外流人才规模庞大的局面。有些学者或国际组织更倾向于使用"outflow of highly trained personnel"一词,以减缓 Brain Drain 强烈的贬损之意,[②]但该词后来仍在国际组织和国际性会议中广泛使用,尤其是在讨论冷战时代发展中国家人才外流问题时,这一概念的使用频率远远超过了另外几个替代概念。无疑,由于 Brain Drain 被嵌入到南北差距与东西对峙的国际格局中进行解读,难免浸染苏东阵营的怂恿气息,以及新兴民族国家对西方发达国家,尤其是原宗主国的哀怨之义,集中体现在尼赫鲁总理与希思首相因非洲印度裔移民(曾经的帝国"二传手")被边缘化后应该皈依英国还是回迁印度而引发的无休止争执。对此,西方学者理所当然地强调了"Brain Drain"的必然性,发展中国家的学者则想当然地基于 Brain Drain 的研究范式苦求良方,以至于出现了征收"人才流失税"(brain-drain tax)[③]等天才但天真的方案。

印度的 B. N. Ghosh 和 Roma Ghosh 两位博士在《人才流动经济

---

① Frédéric Docquier, Maurice Schiff, "Measuring Skilled Migration Rates: The Case of Small States", Policy Research Working Paper 4827, the World Bank Development Research Group Trade Team, January 2009.

② Peter Vas-Zoltan, *the Brain Drain: An Anomaly of International Relations*, Akademiai Kiado, Budapest, Hungary, 1976.

③ J. N Bhagwati, *The Brain Drain and Taxation: Theory Empirical Analysis*, North Holland Publishing Company 1976.

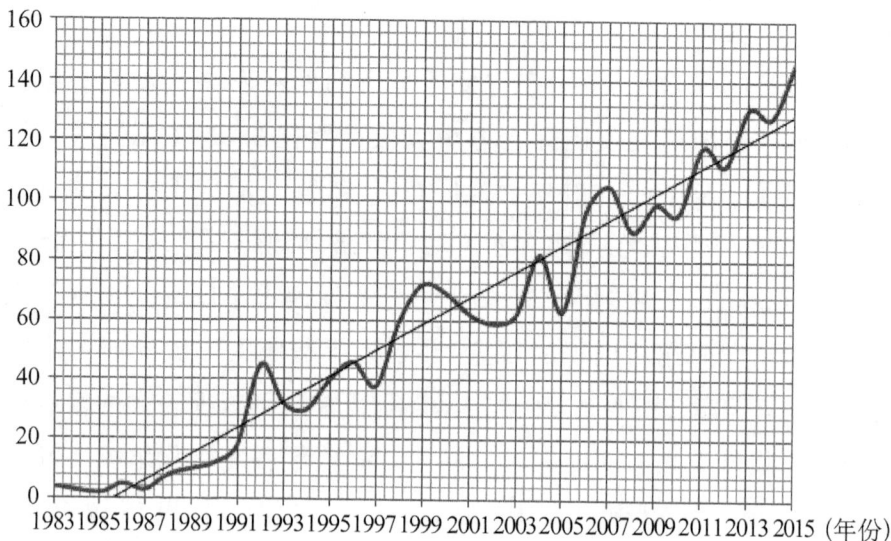

图 5 - 2　1983—2015 年间以 Brain Drain 为关键词的 SCI 学术论文

学》一书中,广泛使用了"人才隘流"这个概念,并将其与"人才流失"概念进行了较为透彻的比较分析,作为原有概念及相关理论的补充。他们认为,国际人才流动的类型主要包括:纯粹的"人才溢流";纯粹的"人才外流";抑或两者兼而有之。Ghosh 认为,在人才浪费的情况下,人才溢流有益于发展中国家的经济发展,而在人才短缺时,人才流失对其发展十分有害。这就使本已非常混乱的概念使用过程又多了一个似是而非的概念:人才溢流(Brain Overflow)。[1] 但这一概念在实践中用以考察发展中国家人才外流的现实缺乏较强的可操作性,因为它无法在现实中判断什么时候发展中国家的人才过剩因而需要外流,更无法解释其人才外流所诱发的各种矛盾和问题。

鉴于"人才流失"与"人才溢流"范畴显然难以描述全球范围内人力资本流动的真实图景,因此又有学者提出了一个弥补性的概念:人才循环,从而初次跨出了线性思维的窠臼,将人才流动问题置于多维的视角。问题在于:一是它依然无法弥补原有概念所无法涵盖的部

[1]　B. N. Ghosh, Roma Ghosh, *Economics of Brain Migration*, Deep & Deep, 1982.

分,比如美国科技人员赴外工作;二是它依然将整体格局分为三个层次,即发展中国家(也有学者沿袭沃勒斯坦的思路,称之为所谓的"外围国家")、中等发达国家、发达国家(如美国),实际上还是依附论的套路;三是"暂时性外流"是一种普遍现象,它绝非仅仅局限于某个或某类国家。关键在于这里对外贸术语的套用实际上隐含了将人才视为外生变量的传统假设,这就注定了这一概念修正最终南辕北辙的结果,进一步暴露了西方 Brain Drain 理论内在的逻辑困境。[①] 但在 20 世纪 80 年代,越来越多的发展中国家(社会主义国家)跨过东西方对峙的藩篱,打开国门,走向了对外开放、积极参与国际分工的发展道路,而不是恪守所谓的出口替代战略甚至闭关自守式的计划、半计划经济。

二、我国沿袭 Brain Drain 研究范式导致的政策困境

尤其自 1992 年以来,以中国为代表的很多发展中国家为市场化进程提速,全面致力于融入全球经济,积极参与国际分工,迎接产业转移的发展契机,并相应地深度参与到国际人才流动之中。中国的留学生政策出现了一幅独特的景象:

第一,出国留学政策进一步放宽,不再要求提供回国保证金、承诺回国服务年限等,从而迎来了出国留学的真正高潮,即公费与自费同时增多、国家委派与单位委派同时增加、留学生规模与留学目的地同时增长的景象。

第二,留学回国人数不多,滞留规模与回流规模形成了强烈的反差,经媒体炒作之后,引起了社会各界的持续关注,有海外华人学者甚至据此视为中国政策的失败。[②]

---

① 高子平:《从"人才流失"到专业化人力资本国际迁移》,《国际观察》2005 年第 6 期。

② Cao Cong, "China's Brain Drain at the High End: Why Government Policies Have Failed to Attract First-rate Academics to Return", *Asian Population Studies*, 2008, 4(3), pp. 331 – 345.

　　第三,上海、北京等地率先出台了出国留学人员引进政策,并逐步上升为国家层面的海外高层次人才引进战略。尤其在"百人计划"、"海智计划"及后来的"千人计划"的推动之下,全国大部分省市如今都出台了形形色色的海外人才引进计划,甚至出现了相互攀比资助金额、政策同质化①等过度引进的现象。

　　面对自相矛盾的发展态势和竞相并发的政策走势,Brain Drain研究范式的逻辑困境由此而生:一是发展中国家基于受害者心态处理"人才流失"问题,则需要采取保护主义而不是开放主义的政策,何以在外流规模不断扩大的同时,留学政策越来越宽松? 二是既然人才流失导致了财政损失,很多教育投资无法收回成本,那么,对回流人才施以政策优惠而不是征以重税,岂不是更进一步加重了国家财政负担? 三是越来越多的短期访问、学术交流活动不仅不能直接促成人才回流,而且几乎无法看到任何显性效果,是否有必要积极开展? 大规模人才流失有利于还是不利于中国经济科技发展,以及影响的程度究竟有多大?

　　面对这些问题,中国学术界并未作较为深入系统的探讨,而是出现了实用主义的倾向:在研究海外人才引进政策时,借助于梳理成功的国际经验(比如:美国面向全球延揽人才)及国内外历史经验(比如:战国时期的秦国招贤纳士,强国强军、一统天下),为有关部门的引智决策提供经验性而不是理论性支撑,这在经济社会转型期既是有效的,也是必要的;但在分析国际人才流动的态势时,受害者心态跃然纸上,Brian Drain研究范式的情绪化成分得到了充分体现,并借助于媒体炒作,时常抛出一些耸人听闻的断言,比如有媒体称:"2000—2003年度,在美国获得自然科学和工程博士学位的中国学生有10 089人,有留美意图的比例达92.5%。"②且不说抽样框问题,单

<hr/>

① 吴帅:《府际关系视野下的我国海外引才政策同质化研究》,《中国行政管理》2014年第9期。

② 周欣宇:《中国仍在扮演科技人才输出大国角色》,《中国青年报》2008年5月7日。

单 10 089 这一数字本身就与事实不符。事实上,很多媒体往往将所有赴外求学者全部计入"流失"部分,无疑夸大了中国的人才流失率,[1]并进而充分折射了中国社会在国际人才流动问题上的受害者心理。关键在于:国家公共财政资助学子赴外攻读博士学位或访学等,既然绝大多数有去无回,为何要公派,并将"支持留学"作为海外留学政策的第一要义? 进而言之,很多单位通过保证金、回国就业承诺等进行的约束政策,理应弱化还是强化?

> 《中国科学院公派留学管理办法》科发人教字(2012)151 号:第十七条　院公派留学人员派出前需交纳"保证金",金额为:留学期限 3 个月及以下者为 10 000 元人民币;留学期限 6 个月者为 15 000 元人民币;留学期限 12 个月者为 30 000 元人民币。人事教育局委托科教中心代为管理"保证金"。"保证金"将以活期存款形式存入银行,不得私自挪用。

无疑,不仅中国,而且印度等很多国家在市场化进程中,都遇到了类似的逻辑困境。但如果说在印度学术界和政界,时常"争论多于结论,武断多于判断",[2]那么,中国学术界、传媒和政界则表现出了另一种态度:理论上不深究,政策上不争论。正是国内学术界等的实用主义态度,导致了海外人才研究领域的调研报告偏多、学术论文偏少、媒体不时借题炒作的状态,很多调研报告不仅带有浓厚的应用色彩,而且带有显著的应急印记,是为了应对地方层面的决策咨询之需,从而缺少学理分析和形而上的深层次思考。

总体来看,西方的 Brain Drain 研究范式只能在一定程度上描述和解释国际人才流动中的某些不均衡、不正常、不稳定现象,却不能为国际人才市场的建设、为人才迁出国有效应对全球人才大争夺、为

---

[1] 田方萌:《中国媒体夸大了国内人才流失问题》,《南方都市报》2010 年 6 月 30 日。

[2] 高子平:《专业化人力资本国际迁移的理论建构与印度个案分析》,华东师范大学博士学位论文,2006 年。

信息化时代"人"、"才"分离趋势下的智力流动等提供理论支撑。在中国的海外人才引进战略不断推进、海外人才引进规划鳞次栉比、国际学术交流与科技合作日益增多的背景下,公共政策先行与学理研究滞后的根源在于:中国在国际人才流动中的长期出超态势和被动地位。以"为国服务"政策为例。早在 20 世纪 90 年代中期,时值"海归"炙手可热之际,国内学者便提出了这一概念,强调不能一味要求出国留学人员回国发展,而应该以更为长远的眼光、宽广的胸怀和灵活的方法,让不愿回国的出国留学人员就地为中国的发展服务。国家有关部门不仅在对外政策宣示中如是表述,国家教育部甚至专门出台了"春晖计划"以落实上述理念。但是,无论是当时的政策实施效果,还是理论表述本身的愿景色彩,都掩饰不了差强人意的现实,以至于 2000—2005 年期间,不仅在国外学术界出现了一批怀疑、否定中国引智政策的学术论文(以 Cao Cong 为代表),而且国内媒体掀起了关于所谓"海待"(海归待业)问题的炒作之风,从另一个侧面反映了中国国内对一度的"海归"金字招牌的情绪反弹与政策质疑。

自 2008 年以来,伴随着国际金融危机及中国经济的快速提升,这一局面开始得到扭转。在经过了持续多年的回流人数两位数增长之后,中国在国际人才流动中的主被动关系迅速扭转,亦即开始逐步获得国际人才市场上的"市场经济地位",成为跨国人才流动和国际人才竞争中的重要参与方。相应地,海外科技人才回流之后,成为科技海归。他们可以运用在西方顶尖学府习得的知识技术,对中国的生产部门进行技术升级,提高产品的科技含量。[①] 同时,无论是否回流,他们还扮演了中国科技与世界科技接轨的桥梁与代理人的角色,通过短期访问、学术交流、科研项目合作、参与中国企业"走出去"、参与创设海外研发基地等形式,实现从"人才流动"向"智力流动"的转

---

① Yang Mu & Tan Soon Heng, "HaiGui (Overseas Returnees) in China's Nation-Building and Modernization", 15 December 2006.

型升级,从而实现真正意义上的"回国服务"向"为国服务"的转变。针对这一"新常态",中国的出国留学工作和海外人才工作不能仅仅聚焦于海外人才引进,而是需要在国际人才市场层面激活存量、盘活资本,从更广泛的知识流动、学术交流、科技合作、海外投资的角度出发,紧紧围绕中国和平崛起与世界经济政治版图挪移的历史大趋势,放眼全球,重新布局。在中国和平崛起、跨国人才流动趋于总量平衡及规模扩大的宏观背景下,这就需要对 Brain Drain 研究范式进行反思与重塑。

第四节　专业研究亟待加强,专家队伍仍未形成

国际金融危机之后的发展态势无疑为中国学术界反思 Brian Drain 研究范式、构建国际人才流动领域的中国话语体系提供了难得的历史契机。但迄今为止,实际进展并不显著,专业研究有待加强,专家队伍建设步伐亟须加快。

一、海外人才理论研究不成系统,政策研究难以满足决策需要

(一)揣度、臆测发达国家的成功经验甚至照搬照抄国外做法的呼声时有出现

由于缺乏专业、深入、持久的研究投入,国内学术界对国外的很多成功经验概括不完整、提炼不到位、理解不客观。比如,对印度海外人才引进中所谓的"双重国籍"政策断章取义[①],夸大印度已于

[①] 笔者曾经专门撰文,对国内媒体和学术界误译、误报、误传印度所谓的"双重国籍"政策的问题进行了梳理,参见《印度海外人才引进中的国籍与公民权》,《南亚研究季刊》2013年第 1 期。

2016 年 6 月 30 日废止的"印裔卡"的功效并敦促国家有关部门参照执行,将美国的 STEM 法案等长期置之高阁的国会提案作为事实上已经实施的政策进行宣传等。总体来看,在国际金融危机之后的全球经济波动背景下,发达国家经济体普遍面临就业压力和产业结构调整压力,并未出台具有全球引领意义的重大政策举措,更谈不上新经验、新启示,而是在完善技术移民体系、提高制度设计的精准度和规范管理与服务方面可圈可点,与中国各地在海外人才引进中"重引进,轻使用"、"重管理,轻服务"、"重资质,轻评估"等顽疾形成了鲜明对比,但并未引起中国学术界和传媒的关注。

不仅如此,无论是发达国家,还是发展中国家,在吸引和集聚国际人才方面都有很多不成功的案例甚至惨痛教训,远如尼德兰联省共和国(1581—1795)时期、法国拿破仑帝国时期的决策失误,近如俄国在纳霍德卡(Нахóдка)经济特区、日本在筑波科学城事倍功半的努力,以及英国在第一次工业革命时期、苏联在"一五"计划时期、日本在平成初年"抄底人才"的功败垂成。从实际功效来看,国际教训比国际经验更值得国内警惕,以免重走雷区。但由于长期仰慕西方发达国家的成功经验,国内学术界呈现出羞于谈论国际教训的态势。尤其在撰写各类人才调查报告、提供决策咨询研究时,通常必须开辟专门一个部分介绍"国际经验",试图以此衬托研究的国际视野,增强立论的高度,提高政策建议的可信性与可行性,这在一定程度上反映了理论自信的缺失。

(二)对中国经验的提炼与国际宣传、介绍严重滞后

中国已经开始从简单的学习、模仿阶段走向赶超阶段,需要诸多具有本国创新意义的政策举动,需要在全球人才政策中逐步扮演一定程度上的引领角色。比如,作为典型的后发国家,在实施追赶式发展战略的过程中,借助于国家力量开展大型的人才专项工程如"千人计划"等,无疑属于李斯特贸易保护主义思想在当代的变通与升级,

但是,迄今几乎没有 1 篇 SCI 论文对中国改革开放以来吸引和集聚海外人才方面的成功经验进行提炼与学理分析。在信息严重不对称、国内学者几近失声的背景下,西方学者对中国"千人计划"等的研究即使基于善意并力求客观,但也通常因为国情、文化、语言等诸多原因而难以深入,或者无意间时有偏颇。[①] 导致的直接后果是部分欧美国家政府一度对中国各地的赴外引智活动产生了质疑与忧虑,以及西方媒体的冷嘲热讽。

"海外人才信息研究中心"通过"中国知网"对 1980—2015 年期间的文献进行分析后发现,以往 35 年间共有 1 938 篇以"人才学"或者"人才理论"为关键词的学术论文(剔除了会议论文、媒体文章等),发表年份曲线波动极大,且自 1996 年以来总体上呈现快速下降趋

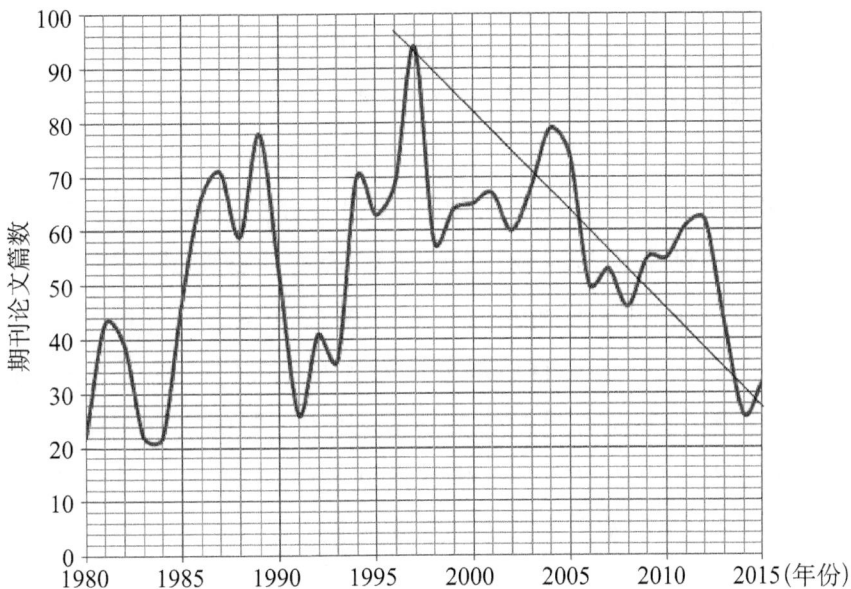

图 5 - 3　1980—2015 年间以"人才学"或"人才理论"为关键词的学术论文

① Fei Guo, *From "Sea Turtle" to "Seaweed"*: *Changing Images of Returned Overseas Students and Skilled Migrants to China*, Paper to be presented at the Annual Meeting of the Population Association of America, April 30th - May 2nd 2009, Detroit, MI.

势。自 2012 年以来,有上述相同关键词的博士、硕士学位论文更是出现了"断崖式下降"的趋势。换言之,人才工作的重要性日渐突出,人才理论研究成果日趋减少,反向发展趋势必然导致学术界无力对人才领域的新问题、新挑战、新机遇等提出高屋建瓴的学理剖析和前瞻性、战略性研究,这集中体现为近年来诸多似是而非的论调或者结论的问世,比如:新加坡向世界借人才是成功的,但本土人才培养也成功吗?印度在吸引海外人才回流过程中,实施了"双重国籍"政策吗?1943 年上海的外国人比例很高,能够作为评判如今上海市外籍人才比例很低的历史依据吗?诸如此类,等等。

(三)将政策宣传与政策研究混为一谈,缺乏严格、规范的政策研究技术路线和理论架构

鉴于特定历史时期的发展需要,中国在跨国人才流动方面有很多独特的举措,比如,"春晖计划"等短期回国讲学计划属于典型的阶段性流动举措,各地举办的"×××市百名海外博士考察团"等活动的决策初衷也理应肯定,但之所以没有得到社会各界的充分肯定,甚至时常伴有各种争议与质疑,归根到底,没有对政策效应进行规范、严谨的调查分析,或者说事后的一些相关报道与研究分析带有一定的选择性与倾向性,自说自话现象较为普遍,难以得到社会公众的充分理解与认可。笔者的调查结果显示,上述主题的实证调研几乎空白。尤其是对于一些地方性的引智活动,通常只是由相关牵头部门以类似于工作总结与效果宣传的形式见诸公众,不愿意将一些基础数据提供给学术界和智库进行规范性研究,甚至不愿进行深入的内部研究。在海外人才回流规模不断扩大、内外交流更趋常态化的背景下,上述工作的难度只会不断加大,公众认可度也会面临诸多问题。

（四）缺乏宏观、立体的理论架构和动态分析模型

改革开放以来，中国不断地追赶与赶超发达国家，在各个领域均能找到无数个可喜可贺，甚至可歌可泣的重要里程碑，但每一个里程碑又是进入下一个发展阶段、追赶下一个发展目标的起点，因此，无论是面临的问题，还是取得的成就，均具有阶段性特征，出国留学与引才引智工作亦然。但综观相关的研究成果，时常出现两个倾向：一是以终极目标作为否定阶段性成果的依据。比如，面对自 2008 年以来我国海外人才回流率两位数的增长态势，反对的声音来自另一个方面，逻辑结构是"虽然回流规模扩大了，但是大批顶尖级的华人科学家依然滞留海外"，殊不知数量与质量之间的对立统一关系，即只有回流规模足以形成某种"势"，才能最终从根本上提高回流的"质"，何况在回流规模不断扩大的过程中，已经包括了越来越多的高端甚至顶尖级人才。二是以阶段性成果作为终极目标，对于中国在国际人才流动中日趋主动的态势过于乐观，甚至引经据典地认为，美国自身都开始担心"人才流失"了，殊不知这只是美国在全球人才市场中过于强势地位的某种适度回归，尽管很多海外人才开始从发达国家回流到中国、印度等新兴经济体，但这只是漫长竞争过程中的一个阶段性事件，中国在国际人才市场上的主动与主导地位远未正式形成，而只是迎来了一个重要开端。

二、应急式研究风格导致很多成果缺乏全局性、战略性、前瞻性

国际人才流动属于跨国问题，海外人才研究带有鲜明的跨学科性质。综观中国国内学术界对于海外人才问题的研究历程，不难看出：20 世纪 90 年代中期之前，主要是梳理国外的引智举措及成功经验，从本质上讲，情况介绍的色彩较重，学术研究或决策咨询的成分不大；20 世纪 90 年代以来，海外人才问题研究开始积极应对现实问

题,决策咨询的成果增多,一些调研报告开始出现,建言献策成为了海外人才引进研究的重要目的。但是,由于种种复杂的历史和现实原因,尤其是研究者自身的专业背景与持续研究兴趣等缘故,导致了国内的海外人才研究带有明显的应急式,甚至是急功近利的色彩,集中体现在四个方面:

一是盲目照搬国外做法与国际经验,不加甄别地向国内传声,缺少独立思考和"中国话语",甚至在介绍国际经验时多次出现误译、误传、误导的现象,此类短平快的信息传递极易被新媒体,尤其留学中介等的自有网站转载与炒作,形成一个个耸人听闻的醒目标题,而掩盖了国外一线的真相。

二是在缺少研究积累、缺少实证调查的情况下,挖空心思想"对策",以至于很多政策建议停留在纸面上,得不到决策部门的重视;不少研究人员抱怨苦心研究的成果和提出的政策建议被束之高阁、无疾而终,另有极少数政策研究工作者专注于揣摩上级的意旨,顺势进行发挥、阐释并在同行间炫耀。两种类型的研究现象同时存在,风格完全相反,但都缺乏深入、持久、专业的实证调查研究,这是两者共同的致命伤。归根到底,应急式研究在一定程度上滋生了急于求成、急功近利的心理。

三是孤立研究"人才"问题,而不是将海外人才引进问题与全球经济形态转换与格局调整、中国和平崛起、产业结构升级、创新驱动发展战略、创新集群培育、全球科技资源重新配置与整合等有机结合。应急式研究迎合了"短平快"需求,导致"就人才讲人才"的场景频现。脱离时代背景进行孤立的对策研究无异于缘木求鱼,不仅在成果转化过程中面临"肠梗阻",而且时常陷入自说自话、各说各话的尴尬局面。

四是少数学者刻意迎合一部分海外人才及海归的局部利益诉求或者个人偏好,为提供优惠政策、倾斜政策、"绿色通道"、"双重国籍"等类似于超国民待遇的政策举措提供辩护,甚至要求专门为特定的海归群体制定权益保护法等,而无视国际国内两个人才市场有序衔接的客观需要,无视本土人才队伍建设的重大进展,无视中国司法制度的健全完善趋势,甚至无视国际移民法变化的国际趋势。充当一部分海外人才及海归的利益诉求的代言人,必然会导致立场的偏离与观点的偏颇。比如,少数海归一直呼吁教育资源公平配置,但事实上期望得到的并非子女的"受教育权",而是"择校权"。

三、海外人才领域缺少相对稳定的专业研究队伍和知名的领军人才

自改革开放以来,在中国人才学的复兴过程中,曾经出现了王通讯、沈荣华、叶宗海、桂绍明、吴江、赵永乐等一批人才学的领军人物,人才学领域的研究工作也呈现出立体式发展的良好态势,并对社会层面逐步形成人才意识、党政系统构建人才优先发展战略等起到了非常重要的推动作用。无疑,作为为数不多的源自中国本土的学科,人才学自20世纪80年代以来的复兴有其特定的历史背景与时代诉求,对于中国道路的形成具有不可忽视的功绩。正是在老一代人才学家的带领下,中国的人才学研究渐成体系,事实上已经形成了中国经济转型背景下的话语体系。

但如前所述,自20世纪90年代中期以来,人才问题更趋重要,人才学的理论研究却开始持续衰落。根源有两个:一是市场化初期研究工作的功利化倾向,过于强调应用研究却忽视了基础研究。统计结果如图5-4所示,自2002—2015年间,题名中含"人才"二字的博士学位论文共计221篇,其中,以"人才学"、"人才理论"为题名或者关键词的博士学位数量为0。换言之,在经济转轨、社会转型过程中,人才研究不断强调问题导向与现实需求,甚至某些博士学位论文带有浓浓的决策咨询报告的气息,未能适当兼顾基础研究及纯学理研究,这就预示了博士学位论文的增长与该领域领军人才的培养之

间的脱节。换言之,尽管在博士阶段专门从事相关研究,但博士毕业之后即使投入科研(教研)工作,也因理论功底不够、学理程度不高等,很难真正做出高质量的决策咨询研究,更难以推动这一领域的学科建设。

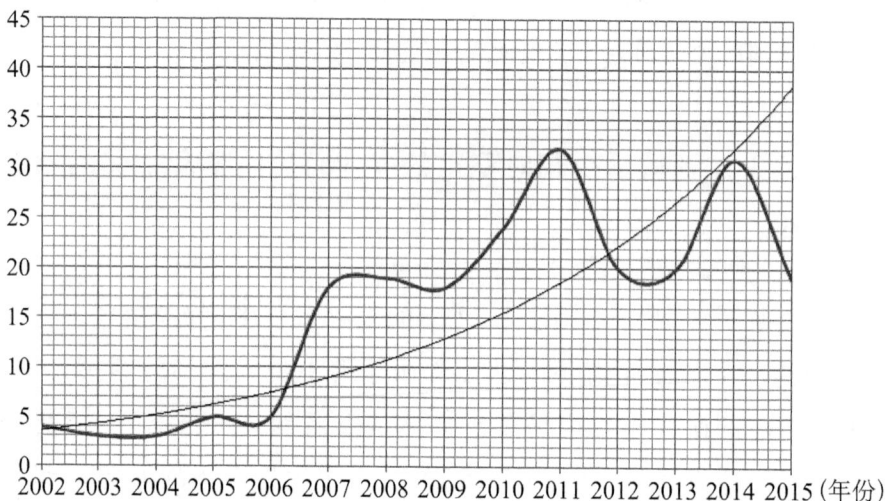

图 5 - 4　2002—2015 年间题名含"人才"的博士论文数量增长情况

具体到海外人才研究领域。海外人才研究由于跨国性、跨学科性等诸多原因而受到制约,形成的局面是宣传性、介绍性、普及性的文章(尤其是媒体文章)偏多,持续性、专业性、实证性的研究偏少。临时跨界研究随处可见,很多研究者属于"走过路过,顺便看过"的类型,全国范围内长期(持续 5 年以上)从事国际人才(海外人才)研究的正式科研人员不足 20 人。自 2005 年以来,以"海外人才"、"国际人才"、"国际化人才"、"人才国际化"、"技术移民"为篇名的博士学位论文共计 50 篇,总体呈现上升趋势,但进一步分析全部样本的论文摘要后发现,相对系统地进行理论建构、模型建构或者完整的理论阐述的博士学位论文仅约 8 篇,亦即上述过于强调问题导向和应用导向的倾向在这一领域同样存在,独立进行理论建构、试图构建国际人才流动研究领域的中国话语体系的博士学位论文仅有 1 篇。换言之,真正意义上的独立的理论探索与话语体系构建仍处于起步阶段。

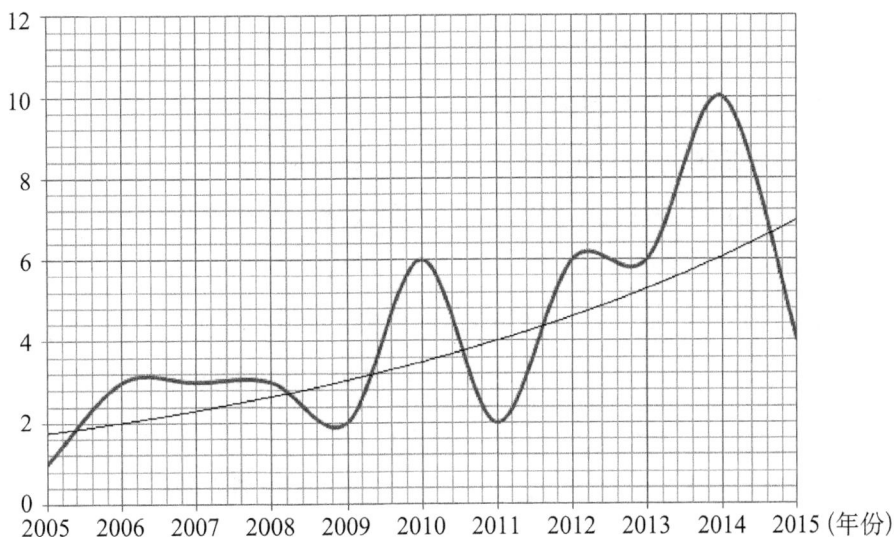

图 5 - 5　2002—2015 年间海外人才领域博士论文数量增长情况

导致这一局面的直接后果是始终难以形成一支能够在国际学术界及中国高层决策咨询扮演重要角色的海外人才问题高级专家。相应地,始终没有产生能构建"中国话语"并享誉国际学术界的领军人才。比如,迄今为止,国内学者没有 1 篇专门研究中国国际人才政策或者留学生政策的 SCI 学术论文。尤其近年来,人才学领域的人才队伍断层现象凸显,并与人才工作的重要地位形成了鲜明的反差,在海外人才研究领域格外醒目。

第五节　各类媒体及中介频繁炒作,
出现了一些似是而非的伪命题

改革开放之初,梳理介绍国外人才经验是我国海外人才研究领域的重要组成部分,但由于语言、专业水平、中外交往频度等方面的

原因,国内学术界一方面非常羡慕发达国家及周边发达地区的人才工作经验,另一方面,在搜集国外资料、分析国外经验的过程中,不仅时常存在点到为止、不求甚解的现象,而且存在先入为主、刻意描绘的现象,以至于很多所谓的"国外经验"与事实不尽相符,或者是用中国人的传统思维重新诠释"国外经验"(如美国的所谓"人才强国战略"),尤其经由媒体报道之后,甚至存在误译、误传、误导现象,比如,印度为了吸引印度裔的外籍人才,特意实施了"双重国籍"即为最典型的乌龙,有关学术研究已经进行了澄清。① 不仅如此,国内学术界还存在随意进行历史比较、国际比较的现象。比如,不少学者认为目前上海市的外籍人才比例不高,但为了证明这一点,往往参照的是1943年在沪外国人的数据,这就犯了严重的常识性错误。姑且不论1943年在沪外国人与"外籍人才"的统计口径是否一致,至少1943年的上海是外敌侵占的上海、国难当头的上海、日伪合流的上海,何以能比? 最近这些年,国内学术界介绍国外成功经验的研究成果大幅度减少,但仍存在一些明显干扰学理分析的似是而非的论调。且列五例:

一、夸大新加坡的"向世界借人才"策略,忽视了这一政策的买办性质

自1965年无奈独立以来,新加坡无疑取得了令人惊羡的经济社会发展成就,并且这些成就的取得与人才工作的思路、方法、模式有密切的关系。但是,在理解新加坡的人才经验的过程中,需要注意以下几点:

第一,新加坡是典型的城邦,国家治理模式不能简单进行搬抄。

根据新加坡统计局2016年12月31日的数据,新加坡的国土面

---

① 高子平:《印度海外人才引进中的国籍与公民权问题研究》,《南亚研究季刊》2013年第1期。

积为 719.2 平方公里,仅为美国黄石公园的 9％,国内任何两点之间直线连线均不足 30 公里。全国人口总数为 560.73 万,其中,新加坡公民约 337 万。从新加坡的东海岸(在此不能联想美国的东海岸)到西海岸,有一条高速公路(PIE),大约 42 公里(不是直线)。因为国家就是一座城市,所以,新加坡的电话没有城市区号,只有国家区号＋65。笔者依据在新加坡的生活经历体会到,只要您写对邮政编码和房间号即可,因为一个六位数的邮政编码直接对应着一座楼。正由于如此的"弹丸之地",造成了特殊的国家治理模式,即中央与地方之间的一体化,以及不同区域之间的同步化,公共政策执行的时滞与区域差异不仅可以忽略不计,而且避免了信息失真或者政策变通。以外国人才引进为例,外国人才在新就业基本上不存在所谓的"区域差异"问题,而这在中国恰恰是必须认真考虑的大问题。

第二,新加坡的国外人才引进政策带有"买办"性质,明显压制了本土人才的成长与发展空间。

从教育制度来看。新加坡是典型的精英教育模式。小学学制是六年。在这六年中,要进行两次分流考试。经过第二次分流考试后,成绩好的小学毕业生进入中学的"特别或快捷班",成绩较差的学生则进入"正常班"。"特别或快捷班"的学生读完后,参加剑桥普通教育文凭普通水准的考试(简称"O 水准")。通过"O 水准"考试的毕业生,进入初级学院读高中(两年),读完后参加剑桥普通教育文凭高等水准的考试(简称"A 水准")。通过"A 水准"考试的毕业生,其文凭获得欧美国家承认,可以直接升入英美两国的大学,也可进入本国大学就读。经过小学和中学的这样几次分流考试,最后能够升入大学深造的就是凤毛麟角的佼佼者了。尽管这被我国国内学者理解为"成功经验"[①],实际上这种精英教育模式不仅有悖于现代社会高等教育大众化的发展趋势,而且成为了新加坡人才政策"买办"属性的重要根源。

---

① 俞晓敏:《新加坡"人才立国"思想探析》,《中共南昌市委党校学报》2005 年第 6 期。

表 5 - 1　新加坡的外国人才规模及变化态势

年份	总人口	公民	永久居民	暂住者
2008	4 839 396	3 164 438	478 221	1 196 737
2009	4 987 573	3 200 693	533 183	1 253 697
2010(Census)	5 076 732	3 230 719	541 002	1 305 011
2011	5 183 688	3 257 228	532 023	1 394 437
2012	5 312 437	3 285 140	533 065	1 494 232
2013	5 399 162	3 313 507	531 244	1 554 411
2014	5 469 724	3 343 030	527 709	1 598 985
2015	5 535 002	3 375 000	527 728	1 632 312
2016	5 607 283	3 408 943	524 616	1 673 724

由上不难看出：一方面，在国家产业高端化发展、国家高度国际化的特殊国情背景下，本国国民难以通过高等教育成为国内国际精英；另一方面，持有就业准证和工作准证的外籍人才（口）等的占比则高达 39.21%（2016 年底数据），综观新加坡国内金融、科技（科研）等高端岗位，"鸠占鹊巢"现象极为普遍，表面上印证了新加坡的人才国际化程度，实际上挤占了本国公民的大量发展机会，导致大批本土人

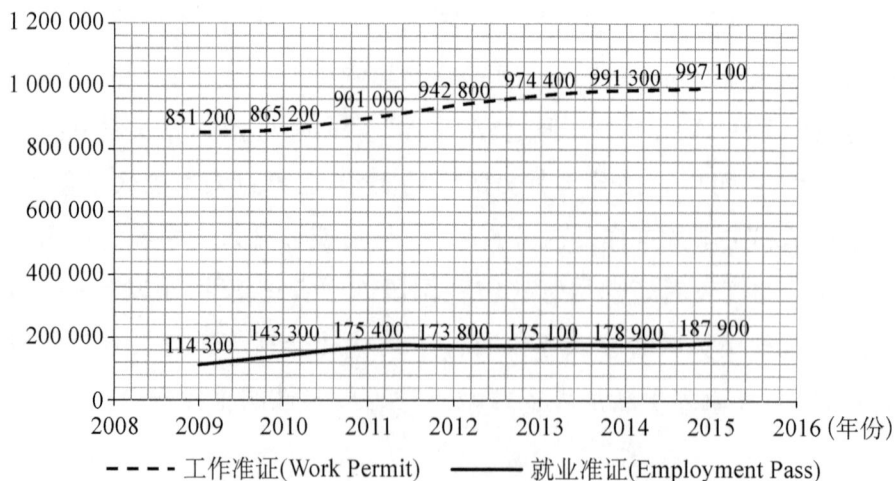

图 5 - 6　外籍人才从业签证的态势变化图

才(劳动力)只能依附于以外国人才为主的劳动力市场,从事中低端服务业。此类做法实非大国之举,也非长久之计。如果说在微型城邦新加坡可以暂时推行类似的就业政策,那么,任何一个拥有庞大劳动力市场并致力于发展国内生产-消费市场的大国经济体,都必须警惕而非效仿上述发展思路。进而言之,在培养与引进之间,中国必须以培养与使用本土人才为立国之本、强国之基。

第三,"人才立国"是中国学者对新加坡人才政策的事后奉承,也是新加坡经验的中国式话语表达,不符合历史唯物主义的基本原理。

笔者细查之后可以初步确认,新加坡国内精英阶层从未在正式场合提及"人才立国"一词或者类似辞藻,更无官方文件为证,这是中国学者根据国内语言习惯进行的不太妥帖的概括。一方面,新加坡的立国之本首先是据守马六甲而"雁过拔毛",量身定做国际贸易,可谓国本;另一方面,认为新加坡建国之初就从战略高度认识到人才的重要性不符合事实。从 20 世纪 70 年代起,新加坡政府迎来了建国之后的第一次产业转型,同样遇到过类似于当前中国遇到的就业结构转型问题,并且急需缓解长期紧张的劳动力市场供求态势,促进劳动密集型产业向资本、技术密集型产业升级,提升本国产品和服务业的国际竞争力,新加坡政府从此开始有意识地引进技术水平较高的专业人才,故此,李光耀将人才比喻为"第二支火箭",[1]而不是第一支,不是国之本。

二、曲解印度已经废止的 PIO 卡,虚构所谓的印度"双重国籍"政策

1999 年 3 月,在新上台的印度人民党的推动下,印度内务部开始颁发印裔卡(PIO),规定凡是根据 1935 年印度政府法令确认的本人

---

① 《李光耀 40 年政论选》,现代出版社 1994 年版,第 457 页。

及配偶或父母、祖父母、曾祖父母（即四代人）出生于印度或者是印度永久居民，以及印度公民的配偶，都可以申请印裔卡。每人需要交纳1 000美元，便能得到为期15年、可多次入境的签证，并能享受子女教育、购置房产等权利，其中，最重要的是持有印裔卡者，访问印度无需签证，如果在印度停留不超过180天，只需向外国人登记处登记即可。① 但这一政策的功利性显而易见，且就当时的币值而言，也可谓价格不菲。因此，海外移民少有问津。为此，印度政府在2000年9月正式成立了"印度海外移民高级委员会"（High Level Committee on Indian Diaspora），直接向印度总理负责，重点对海外印裔人士的特点、理念、期望等进行研究，并对政府提出新的海外移民政策框架。

2001年12月，该委员会提交了长达570页的研究报告，将印度国内对PIO卡的顾虑与争论概括为四个方面：一是担心在印度国内形成新的特权阶层，进一步激化社会分裂局面；二是担心与1920年的"入境印度法"（Entry Into India）中的护照条款、1947年的"外国人法"（Foreigners Act）及1967年的"护照法"（Passport Act）等出现法理冲突，需要进行一系列的条款变更；三是担心外籍人士借此进入印度的敏感机构、军队、立法机构等，埋下安全隐患；四是担心巴基斯坦、孟加拉国等国公民摇身一变为"印度公民"，再度削弱印度的国家及民族认同。② 该报告向印度政府提出的对策建议主要包括三个方面，其中，第一个就是要重新修订PIO卡的实施计划。

印度政府亟需在规避各种政治风险的基础上，吸引外籍印裔人才，而要求最迫切的就是欧美的印裔技术精英③，因此，2003年的国籍法修正案正式提出了"印度海外公民"（Overseas Citizenship of India，OCI）的概念，规定除巴基斯坦、孟加拉国两国公民之外，任何

① Chandrashekar Bhat, "India and the Indian Diaspora: A Policy Issues", pp. 5 - 6. http://www. uohyd. ernet. in/sss/cinddiaspora/occ4. html, 2003 - 07 - 18.

② *Report of the High Level Committee on the Indian Diaspora*, pp. 526 - 528.

③ S. K. Mandal, *Home Coming*, Chronicle, March 2003.

承认双重国籍的国家的公民均可申请印度国籍。2003 年 5 月 9 日，宪法修正案草案在印度人民院开始讨论，经过修改后顺利通过。2003 年 12 月，该修正案在印度上议院投票通过。2004 年 1 月 7 日，第二届"海外印度人节"开幕前夕，该修正案通过了总统的批准。至此，1955 年公民权宪法条款得到了修正。除巴基斯坦和孟加拉国两国之外的所有海外印度移民(Indian Diaspora)，只要他们或其四代以内的先人是 1950 年 1 月 26 日之后移民海外，并且其所在国允许某种形式的"双重国籍"，他们就可以申请此资格。①

印度政府随后便加以澄清，指出印度宪法不允许实行双重国籍，国会修改的只是 1955 年公民权法案，不可将实施"海外公民权"计划误解为实施"双重国籍"法，因为"印度海外公民证"持有者在印度没有选举权，也没有被选权，不能当选各级别议员，不得出任政府官员、最高法官、总统、副总统等职，"印度海外公民"也不能获得普通的印度护照，而是仅能得到一本与印度护照除颜色之外看起来一模一样的登记证书和一个象征着"印度海外公民"资格且永久有效的"U"型签证，只是这份签证页须附在该移民的外国护照上，并与"印度海外公民"登记证书同时使用，但终身可随时根据自己的需要多次进入印度，且无居住期限，无需向外国人入境居留机关登记，并可在经济和教育方面享受印度居民和侨民的一些权利，可从事多种职业，可以购买地产并在印度投资。从近几年的实施情况来看，"印度海外公民证"持有者可终身自由出入印度国境，在印度国内无论居住多长时间，均无需到警察局登记，这是"印度海外公民"普遍感受到的最大收益，进一步体现了其居留证性质。在"印度海外公民证"申请政策出台后仅 4 年时间，超过 50 万海外移民申请"印度海外公民证"(OCI卡)，以各类技术精英、文化人士为主，包括诺贝尔文学奖得主、英籍

---

① Anja Wiesbrock, *Returning Migration as a Tool for Economic Development in China and India*, IMDS Working Paper, No. 3, p. 37.

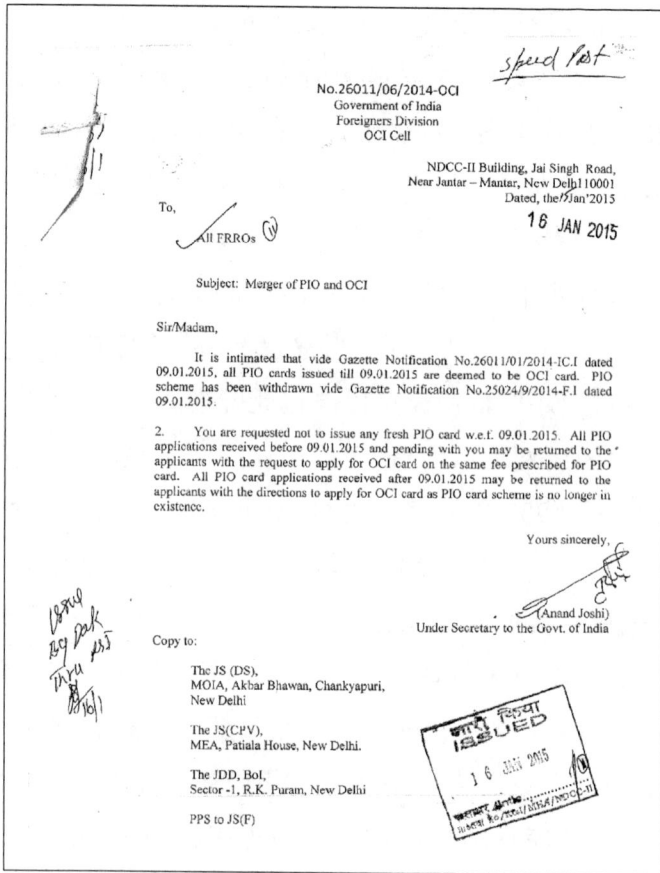

图 5-7 "海外印度公民证"样张

印裔作家奈保尔(V. S. Naipaul)。

2015 年 1 月 9 日,印度中央政府发布公告(公告号:F. NO,
26011/012014-IC. I.),宣布自当日起,凡 2002 年 8 月 19 日之后登
记办理的印裔卡(PIO 卡)全部转为 OCI 卡,亦即 PIO 卡的废止日期
是 2015 年 1 月 9 日,所有正在申请 PIO 卡者自动转为申请 OCI 卡,
PIO 卡持有者的换卡截止日期为 2016 年 3 月 31 日,后来延长至
2016 年 6 月 30 日。很多印度海外移民无法理解这一举措背后的政
治动机,对这一变更行为表示非常生气。不仅如此,PIO 卡涵盖四代
以内拥有印度血缘关系的所有海外印度裔,但 OCI 卡仅限于 1950 年
1 月 26 日以来皈依外国国籍的印度裔,换言之,"两卡合一"之后,

PIO 卡所涵盖的印度"老移民"（Old Migrants）群体将被排除在外。笔者跟踪研究发现，印度海外移民围绕这一问题的网络舆情以负面为主，多数表示难以理解，甚至认为印度政府有贪财抑或滥权之嫌。笔者主要通过 http://www.britishsouthindians.co.uk 关注了英国地区印度裔的反映，①网络留言几乎一边倒地谴责印度政府。

从 2015 年 9 月起，截至 2016 年 3 月 31 日间（后来延期至 6 月 30 日），按照 OCI 卡的申请标准审核正在申请 PIO 卡的海外移民，将 PIO 卡持有者并入 OCI 卡，实质上是采取了"老人老办法、新人新办法"的做法。"新人"的"新办法"是什么呢？就是必须符合 OCI 卡的标准，这就决定了四代以上的海外印度裔今后再也不能申请任何形式的"卡"了，或者说，相关政策与"老移民"（印度各界所谓的 Old Migrants）无关了，当初对 PIO 卡持有者的政策与法律承诺固然只能依法保留，但下不为例。目前，印度已经不存在所谓的 PIO 卡，而是全部并入了 OCI 卡。

由于不同的历史背景，我国国内存在误译问题。Nationality 没有准确的汉语对应词汇，在多数场合中被翻译为"国籍"。实际上，由于英殖民体系下的各国、各地之间的特殊关系，相关国家在使用和理解 Nationality 时，与中国的理解有很大差异。这恰恰是我国很多媒体误传印度实施了所谓的"双重国籍"的重要原因。对照印度于 1935 年（殖民时代）、1947 年和 1955 年出台的宪法和法律文本的原件即可辨明。PIO 卡应该如何翻译，这直接决定了国内学术界、媒体沿着什么思路理解，以及我国政府部门如何看待这一政策的参考价值。因此，这不是一个简单的翻译的事情。笔者认为，PIO 卡最原始的翻译是"印裔卡"。但是，OCI 虽然可以直译成"印度海外公民证"，但持卡

---

① http://www.britishsouthindians.co.uk/indian-government-proposes-to-scrap-oci-pio-cards-replace-with-new-overseas-indian-card-nris-unhappy/.

人不等于是印度的"公民"。印度官方及媒体也反复强调这一点，[1]这与其否认"双重国籍"政策一脉相承，中国国内某些媒体关于印度实施所谓"双重国籍"的炒作纯属子虚乌有。

这牵涉到中印文化差异问题。因为"印度"在历史上只是一个文化和地理概念，从未真正成为大一统的独立国家。在英印帝国时期，印度（包括现在的巴基斯坦、孟加拉、缅甸西部）充当了英帝国的"二传手"的角色，属于帝国臣民中地位较高的一个群体，在非洲、远东、东南亚地区时常作为英帝国"代理人"出现，比如上海英租界的巡捕、香港重要部门的保安、南非东非地区的政府职员和银行职员等。因此，印度独立之后，很多高种姓的印度人拒绝"回国"或者从本土外迁，其中，祖籍古吉拉特邦者约占1/3，这里恰恰是现任总理莫迪的发家之地，这一群体目前也恰恰是在英美地区高科技产业、商贸活动中最为活跃的群体。OCI的出台针对一批特定的国家，主要就是为了吸引这一群体。简单地说，OCI针对印度建国前后离开印度的人，是直接与作为独立主权国家的印度有利益关联的人，无涉分治之前祖籍巴基斯坦、孟加拉等地的人，而这些人主要就在发达的英语国家，包括英国、美国、澳大利亚、加拿大、新西兰、新加坡等，绝大多数属于英联邦国家。亦即印度的OCI所说的citizen存有一定的历史与文化关联的涵义，而不是国际法意义上的所谓"公民"[2]。

相反，PIO卡主要针对离开印度相对久远（溯及四代）的人，印度国内称之为"老移民"（Old Migrants）。1998年以来，人民党政府上台，为了通过强化印度教民族主义增加国族凝聚力，同时也是为了吸引海外投资等，公开宣称要改变独立以来国大党对海外移民不闻不问、不冷不热（与英国相互推卸对Indian Diaspora的道义责任）的传

---

① "PIO Cards not Valid for Travel to India after March 31", http://gulfnews.com/news/uae/society/pio-cards-not-valid-for-travel-to-india-after-march-31-1.1674899.

② 高子平：《印度海外人才引进中的国籍与公民权问题研究》，《南亚研究季刊》2013年第1期。

统,参照中国的国务院侨办、中国侨联等体系,加强与海外移民的联系。PIO卡的出台及实施过程一波三折,既涉及成本太高(当时要交1 000美元)、权益太少等问题,更遇到了印度国内对于"老移民"(Old Migrants)群体一以贯之的反对与质疑,遇到了左翼政党等对于可能的外交纠纷、就业机会争夺等的顾虑以及与右翼的人民党政府之间的政党恶斗,大批"老移民"代表更是对印度独立以来毫不关心这一群体,甚至面对非洲独立运动期间的屡屡排印浪潮保持沉默或与英国相互推诿的做法耿耿于怀,公然宣称对这一亲善举措不感兴趣。

中国和印度是海外族人规模最大的两个国家,分别约有6 000万人和2 500万人。归根到底,能否将这些海外族裔公开纳入祖(籍)国的国内公共政策范畴?这是一个非常严肃的战略问题,并引起了国际移民学界的激烈争论。[①] 人民党曾经的做法带有与国大党争夺海外竞选资金支持等因素(海外印度人多数支持人民党),但显然走过头了,因此,马来西亚、缅甸等很多相关国家曾经因此与印度发生过争执甚至纠纷。从政策文本原文、实施过程来看,现行的OCI也确实没有提供所谓的"公民身份",而只是在出入境便利等方面有所优惠而已。

三、过度宣传被束之高阁的STEM法案,臆想所谓的美国"人才强国战略"

美国STEM(Science,Technology,Engineering,Mathematics)法案是由得克萨斯州众议员、众议院司法委员会主席Lamar Smith提出,旨在撤销现行的"抽签绿卡"(DIVERSITY VISA LOTTERY),并

---

① 亚历山大·德拉诺等,《祖籍国与离散族裔的关系:比较与理论的视角》,《东南亚研究》2015年第4期。

将其每年 55 000 个绿卡名额转给在美国高等院校获得科学、技术、工程、数学专业的外籍博士及硕士毕业生。绿卡名额由符合条件的博士毕业生优先使用,如有剩余则转给硕士毕业生。

2012 年 9 月 20 日,该法案提交众议院表决。11 月 30 日,美国众议院以 245 票对 139 票多数通过了 2012STEM 就业法案。这标志着该项法案将会移交到参议院进行表决。但是,2012 年 11 月 29 日,白宫发布了一份行政政策声明,明确反对 2012STEM 就业法案。民主党在吸引高科技专业人才增强美国竞争优势方面和共和党并无分歧,但是他们主张进行更为"全面的"移民体制改革,吸引 STEM 人才应当作为这种"全面改革"的一部分。他们指责共和党的 2012STEM 法案是一种狭隘的举动,尤其是现在还有更广泛的问题亟待解决。

虽然在众议院得到通过,但是 STEM 法案未能得到参议院超过 2/3 的赞同票而遭到否决。共和党在此基础上增加了一项条款,允许美国永久居民的配偶及未成年子女在他们提出绿卡申请一年之后来到美国等待绿卡,但只有在他们真正获得绿卡之后才可以在美国工作和享受福利。2015 年 10 月 16 日,美国政府的联邦公报官网上刊出了美国国土安全部(DHS, The Department of Homeland Security)关于 STEM 学生的 OPT 延长提案。提案清晰表明国土安全部计划将 STEM 学生的 OPT 延长期定为 24 个月而不再是之前的 17 个月,相关申请要求基本不变。随后进入了大选期,相关审议工作被搁置。因此,除非两党愿意妥协,达成一致,否则,已经在众议院通过的 2012 STEM 就业法案不可能在参议院通过,最终也将无疾而终。如今,共和党同时控制了参议院和众议院,高呼"美国优先"的特朗普当选总统,这意味着美国社会的排外倾向进一步凸显,STEM 法案更加难以获得通过。

需要注意的是,自美国国会议员于 2012 年提出这一法案以来,无论在参众两院的讨论及投票结果如何,中国国内业界和学术界始终存有一股热烈宣传、讨论的氛围,出现这种情况的主要原因:一是这一政策能否正式实施,直接影响到赴美留学生毕业后移民美国的可能性问题,中国作为最大的赴美留学生的来源地,自然带动了庞大的留学中介产业链,国内中介对 STEM 法案的密切跟踪,尤其利用自有网站进行的中文版本的介绍甚至炒作带动了国内媒体;二是自 2008 年以来,发达国家身处国际金融危机、债务危机的漩涡深处,就业率频频下降并引发了对国外移民的排斥心理,美国作为唯一一个推出扩大外国人才引进政策的国家,并且作为吸收外国留学生最多的国家(占近两成),自然备受关注,同时也在一定程度上反映了学术界对于西方技术移民政策衰退的某种"不习惯"。美国参议院、众议院、国务院三方之间轮番踢转 STEM 法案的做法,充分反映了西方国家就业形势的严峻程度及政界精英对外国人才引进的复杂态度。

　　事实上,自 2008 年以来,在国际人才引进政策方面突飞猛进、新招频出的恰恰是以中国为代表的新兴经济体,而非发达国家抑或传统移民国家。此外,中国媒体,尤其是各路留学中介借助于新媒体或自有网站炒作发达国家延揽中国优秀人才话题时,通常忽略了一个基本的法律问题,即发达国家的移民法对于移民规模、包括技术移民的规模均有限制。比如,美国移民法规定,来自任何国家的移民数量,在一年内不得超过全部移民的 7‰,而非所谓的不问出身、多多益善云云,似乎只要是人才,美国都会慷慨接受,更有学者虚构了所谓的美国"人才强国战略"之类的话题,[1]产生了该主题的学位论文,[2]甚至断言"美国始终把吸引世界各国优秀人才作为一项国家战略"。[3]从现有文献来看,国内学者论证美国所谓的"人才强国战略"的依据主要有两个:一是人才战略是美国后来居上、在短短两百年之内成为世界最强国的秘笈;二是美国是当今世界上人才政策最成功、人才

---

[1] 秦剑军:《美国的人才强国之路及其启示》,《三峡大学学报》2014 年第 5 期。

[2] 王媞:《美国大学国际人才引进的国家战略研究》,吉林大学 2015 年度硕士学位论文。

[3] 张玉芬:《美国人才强国战略及其启示》,《求索》2006 年第 6 期。

吸引力最大的国家,成为其他国家学习借鉴的样板。① 似乎美国精英自独立之初便高度重视人才引进,似乎美国政府官员都是爱才如命的先知先觉,似乎美国的移民政策就是技术移民政策,实为外国事务的中国式诠释,这与近年来少数学者刻意渲染美国所谓的"人才流失"的论调同宗同源,均建立在主观偏好抑或偏见的基础之上,与美国人才流动的实际情形之间相形甚远,并引起了学界有关研究者的冷静回应②。

四、忽视人力资源统计技术漏洞,夸大出国留学人才的实际 规模

长期以来,国内媒体及学术界通常以出国留学人员与留学回国人员的比例关系作为佐证大批留学人员学成之后滞留海外的统计依据,以留学回国人员的规模和层次作为佐证中国"是人才流失的主要受害国"的统计依据。粗略对照统计结果,确实能印证中国在国际人才流动中的"出超"状态,但细究其中的数据对比关系不难发现,将不同年度、不同出入境周期、不同统计口径的数据擅自归并,直接造成了比例悬殊与轰动效应,各路媒体时常出现"人才流失全球第一"、"百万精英滞留海外"、"中国成全球人才流失第一大国"等耸人听闻的标题。事实上,关于出国留学人员未归规模的统计存有很大程度上的技术漏洞,简单意义上的规模比较已经不具备任何政策意义:

---

① 相关文献参见:程贤文:《美国崛起的国家人才战略》,《国际人才交流》2007 年第 3 期;白云萍:《美国人才战略对后发展地区的启示》,《人才资源开发》2010 年第 4 期;彭瑞栋:《美国国际人才战略及对中国的启示》,《现代商业》2015 年第 2 期;鲁向平:《美国人才战略与策略的借鉴》,《人才资源开发》2016 年第 1 期。

② 高子平:《在美华人科技人才回流意愿与我国海外人才引进政策转型》,《科技进步与对策》2012 年第 19 期;梁茂信:《"人才循环"与"美国人才流失"说:黑白颠倒的伪命题》,《世界历史》2013 年第 1 期;陈娜:《美国适应创新驱动的科技人才发展机制对中国的启示》,《科技与经济》2015 年第 6 期。

（一）信息传递过程中导致的信息失真现象频发，以至于有意无意地夸大所谓的"流失率"

2010 年 6 月 3 日，《南方周末》刊发了夹叙夹议夹抒情的文章《多少精英正在移民海外，他们寻求什么》，其中提到："中国社科院《全球政治与安全》报告显示，中国正在成为世界上最大移民输出国。"2010 年 7 月 15 日，《中国青年报》的报道《第三波移民潮凸显打造"宜居中国"的紧迫性》则煞有介事地断定："中国社会科学院 2007 年发布的《全球政治与安全》报告显示，中国已成为世界上最大的移民输出国。"转眼之间，"正在成为"就变成了"已成为"。2013 年 6 月 6 日，《人民日报》刊发了报道《我国流失顶尖人才数居世界首位》，作者盛若蔚从中央人才工作协调小组办公室负责人处了解到这一数字，但那位负责人同样没有给出数据来源。① 2015 年 7 月 14 日，《环球时报》的一篇《精英出国"蒸发"令单位无奈　人才流失对国家有损》更是抛出了一个来源不明的权威数据，指称"中国科学和工程领域人才出国滞留率平均达 87％"，立刻吸引了社会各界的关注，②凤凰网迅即将标题改成了"中国公派留学人才 87％不归、顶尖人才流失数量世界第一"以吸引眼球，但在转瞬之间已然将本已肆意夸大的基础数据进一步放大。

其后，更有让人咋舌者。2014 年 9 月 8 日，旅美专栏作家薛涌在《中国的海外大移民》（腾讯《大家》栏目）一文中勾勒了一一幅令人震惊的图景："《华尔街日报》最近在一篇关于中国移民的长篇报道中感叹……现在哪里是 1 000 万的问题，是一个亿！该文引用香港一位移民专家的话说，到 2020 年，离开中国的人累计将有两亿！"事实上，美

---

① 田方萌：《中国的"人才流失"到底有多严重》，腾讯网 2015 年 8 月 26 日。

② 类似报道和文章如：郭文婧《"顶尖人才流失居世界首位"之痛》，《中国青年报》2013 年 6 月 9 日；《87％：我国流失顶尖人才数居世界首位》，《领导决策信息》2013 年第 22 期。

国《华尔街日报》在 *The Great Chinese Exodus* 一文[①]中所提及的一个亿是指中国一年的出境人数,而非移民数量。如果指出境人数,则是从肯定甚至赞许的角度分析中国的进步及国际化程度的提高、国际交往的增多,但如果蓄意篡改成(或者无意之间混淆为)"移民数量",则不仅颠覆了常人的常识,个中心机与心态更值得玩味。事实上,公派留学人才的出国与回国人数统计是最为精确、最少争议的,绝大部分国家公派留学人员(这里不包括单位公派)按期回国是不争的事实。

鉴于教育部门难以准确掌握日渐居多的自费留学人数,公安部门难以准确掌握出国留学的实际过程及结果等诸多原因,我国有学者基于有限的出国留学人数的数据,利用 GM(1.1)模型建立了我国出国留学人数的预测模型,希望借此为国家有关部门掌握出国留学的趋势、制定有关政策提供了辅助决策依据,[②]相关努力无疑折射出我国学术界对于基础数据缺失的某种无奈,但此类技术层面的尝试不能作为决策依据,换言之,相关决策必须建立在出国留学人员规模的事实数据基础之上,而不是理论模型基础之上。

(二)留学规模变化带来了留学人员的结构性变化,如今已经不能笼统地将出国与回国人数按照统一的"人才标准"进行比较

从《中国统计年鉴》、《中国教育年鉴》等公开出版物上可以得到有关中国公民出国留学人员数据。该数据实际由教育部提供,其涵盖对象很不全面,且前后统计口径不一。1990 年以前,由于自费留学规模不大,因而统计数据中未包括这部分人员。1990 年以后,随着对外交往渠道的拓宽以及经济发展和居民经济实力的增强,自费出国

---

① Andrew Browne, "The Great Chinese Exodus", *Wall Street Journal*, August 16,2014.
② 柯普:《基于 GM(1.1)模型的出国留学人数预测研究》,《价值工程》2012 年第 31 期。

人数逐年增加,统计数据中仅部分地包括了这类人员。另外,公开统计数据中未能按国别、专业、年限等特征给出详细的分类指标。^① 根据 2010 年以来的统计数据,出国留学人员中的硕士和博士研究生规模基本稳定在 5 万人以内,其中,博士研究生约为 12 000—15 000 人之间。本团队自有的海外科技人才数据库的统计结果显示,自 2008 年以来,每年在美国获得理工科博士学位的中国毕业生基本维持在 4 500—5 000 人左右,并略呈缓慢下降趋势。尽管不能将学历作为唯一的衡量人才的标准,但在统计出国留学及留学回国人数时,这至少是第一标准。在中国自费留学比重持续保持在 92% 以上、留学生低龄化趋势日盛的大背景下,只有以赴外读研人数与回流人数的规模进行比较,才是当下最贴近实际的衡量"人才流失率"的可行办法。

　　留学低龄化是指大学本科以前出国,就读于国外的中小学、语言学校、公立高等教育机构的预科班或语言培训中心以及其他一些私立培训机构,年龄不满 18 周岁的留学生。根据我国教育部的规定,学生在完成九年制义务教育以前不可以出国留学,也就是说,"低龄留学生"理应专指出国上高中的青少年留学生。^② 但相关规定没有得到有效执行,赴外上小学已经远非个案。这些低龄留学生已经成为我国出国留学人员中增长速度极快、规模庞大的特殊群体。2012 年中国的低龄留学生接近 9.21 万人,按照 20% 的增长率估算,2017 年的低龄留学生将接近 23 万人。^③ 这就意味着在中国的出国留学人员中,低龄留学生占据了至少一半的份额。美国国土安全局的数据也显示,2005/2006 学年在美国私立高中读书的中国学生只有 65 人,而

---

① 张国初:《中国科技人才外流的规模及其影响》,《数量经济技术经济研究》2010 年第 1 期。

② 张东阳:《浅析"留学低龄化"现象》,《南方论刊》2013 年第 9 期。

③ 聂庆艳:《社会支持理论视域下的留学低龄化问题研究》,《未来与发展》2016 年第 7 期。

在 10/11 学年,这一数字暴涨 100 倍至 6 725 人。① 各种数据显示,2008 年是中国留学生低龄化的重要拐点,越来越多的家长过早地将子女送往国外接受中小学教育,为此甚至举家移民。无论按照何种标准,"低龄化留学潮"到来之后,大量的低龄留学生显然不能按照"人才标准"进行统计,更不能被视为传统意义上的"人才流失"。换言之,在出国留学大众化的今天,简单的进出人数比较已经无法反映人才流失与流得的规模及比例关系,更无法得出"出超"抑或"入超"的令人信服的科学结论。不仅如此,庞大的出国留学人员队伍中,还包括了中途退学、开除等现象。根据美国厚仁动态交互系统的统计数据,在美中国留学生的退学率约为 3% 左右,而且退学缘由不一而足。

更为严重的问题是,出国留学依据相应的学制进行,通常 3—5 年之后获得本科或者研究生学历及相应的学位,国外的博士研究生毕业周期更长,而出国留学人数与留学回国人数则是按照年度进行统计。即使国家层面的统计考虑到了学制因素,但也只能进行推导并赋予权重,因为国家统计部门无法获得身处外国的留学生的精确统计数据,外交部门只能根据回国证明、教育部门只能根据学历认证进行统计,这样的结果显然小于实际数据,而入出境管理部门的统计数据则显然会大于实际数据。归根结蒂,我国驻外使领馆尚未将所在国家(及相应的特定地区)的中国留学生基本信息进行全面系统的采集,而是要求出国留学人员自觉登记注册。据笔者赴外访学期间的实地观察,相当一部分出国留学人员是在需要办理回国证明时补登,换言之,如果滞留海外,则完全可能不登记。导致的直接结果是:目前中国各级机关、包括驻外使领馆在内,没有一个能够总体反映出国留学人数规模的基础数据。

---

① 《中国孩子"占领"美贵族高中　人数 5 年暴涨 100 倍》,中新社 2012 年 5 月 8 日报道。

五、混淆留学生与留学人才的差别，夸大顶尖级人才的流失数量

（一）将青年学子直接等同于海外学有所成的人才

出国留学人员以在校学生居多，即使出自清华、北大等名校，或者已经获得硕士学位、博士学位之后赴外深造，从社会角色定位来看，这些莘莘学子充其量可以称为"优秀学子"，亦即"准人力资本"、"准人才"，也有国内学者颇为形象地称之为"顶尖人才的毛坯"[①]。相应地，在海外深造之后如果回国，属于中国的人力资本增量，但如果滞外不归，在核算人力资本投入成本时，不能径自将其海外求学阶段的人力资本增加部分笼统地概括在内，似乎如果他们不出国留学，也能达到如此之高的学术造诣，也能取得如此显赫的科研成就。果真如此，何须背井离乡、远赴重洋？同时，这些学生赴外求学期间，国外也提供了相应额度的人力资本投资（包括基本教育投入、奖学金等），付出了一定的公共财政成本。印度国内之所以在海外人才政策方面长期处于争论多于结论、武断多于判断的状态，归根结底，就是由于对自身定位的认识不清，将海外留学人员在不同时段的成本—收益与权利—责任混为一谈，以至于一度沉醉于哀叹与抱怨欧美强势而不为。

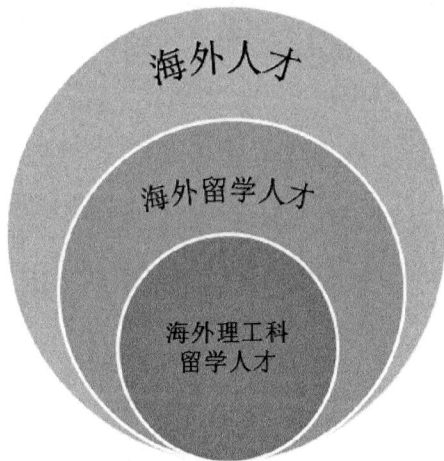

图 5 - 8　海外留学人才相关概念之间的从属关系

[①] 卢晓东：《流失的是顶尖人才还是顶尖人才毛坯》，《中国科学报》2013 年 6 月 27 日。

如前所述,无论是海外华人科学家还是海外理工科华人教授,双双呈现出后期教育(高端教育)以海外(所在国)为主的态势,这同冷战后俄国的科技人员大量流失西方国家,具有性质上的显著差异。① 毫无疑问,在苏东剧变、东西方对峙格局瓦解的背景下,前苏联地区的科学家迅速流向美国及西欧,属于典型的顶尖人才"成品"的流失。根据莫斯科大学副校长萨多伏尼奇(В. А. Садовничий)的评估,俄罗斯已经损失了80%的数学家、60%的理论物理学家。人才"外部流失"有时是整个科研团队,他们常常是流向那些发达国家。对1996年出国的科研人员进行的统计表明,42%的科学家到了美国,23%到了德国,21%到了以色列,14%到了其他国家。② 相对于中国的优秀学生赴外留学而言,前苏联地区的科学家流失有两个特点:第一,属于本国已经非常知名的顶尖人才,目的国犹如"收割机";第二,这些人普遍属于举家外迁,基本上不可能再回到祖(籍)国,对于流出地而言,这几乎是纯粹的"人才流失"③。这些离开俄罗斯的科学家正是处在科学的创造力最佳时期,俄罗斯的人才流失带来的后果不仅是资金的损失,也不仅是俄罗斯科学界的损失,而是俄罗斯未来的损失。④ 但与前苏联地区的惨淡情形不同,自改革开放以来,中国本土从未出现过大批科学家背身而去的场景,所谓的"顶尖级人才滞留不归"、"顶尖级人才大量流失"之类的惊呼多有哗众取宠抑或强词夺理之嫌,以至于少数学者的冷静分析⑤鲜受重视却备受讥讽。

(二) 国内统计口径不一,媒体报道"人才流失"规模时就高不就低

除了国家和留学生群体之大,中国没有一个统一的机构来收集留

---

① 田方萌:《海外移民≠"人才流失"》,《文化纵横》2012年第1期。

② Т. НАУМОВ, "Отток кадров из российской науки: выигрыш или проигрыш?", *Социологические исследования*(社会学研究),2008(9):93-101.

③ 高子平:《人力资本视角下的俄罗斯人才流失》,《俄罗斯研究》2005年第4期。

④ 惠兴杰:《俄罗斯科学人才流失简述》,《科技管理研究》2011年第13期。

⑤ 田方萌:《媒体夸大了中国人才流失问题》,《南方都市报》2010年6月30日。

学生的数据。留学生的年龄和留学期限也没有界定。教育部（及其前身国家教委）负责批准由大学教育以上的公派和自费留学，但1990年前不统计自费留学生，而一度又将高中生出国留学包括在统计中。教育部通过《中国统计年鉴》或不时自行公布留学生和"海归"的统计数字。人事部只收集在国营企事业工作的归国留学人员的资料，但现在越来越多的"海归"到三资企业工作或自己创业。公安部审查出国留学申请人的资格、颁发护照、追踪中国公民的出入境，但是许多留学生已经改变了他们的学生身份甚至国籍；但公安部的数据不公开。这就导致了不同部门公布的数据不一致。比如，根据《中国统计年鉴》，在1978—2006年间，有917 012人出国留学。而根据教育部的最新数据，1978年到2007年中国共有121.2万人出国留学，另有30万人以探亲、移民等方式出国并在国外接受高等教育。媒体报告不约而同地使用了后一组数据，通过刻意渲染问题的严重性从而博得公众的关注。

　　另外，中国有关留学生的统计数据也存在着其他国家同样的问题：留学生统计不是为研究"人才流失"而收集的；数据一般不跟踪公民在国外学习或工作后回归的情况，使得逆向移民难以定量化；数据不明确说明学生在哪里接受教育；数据一般来说只是"净流动"，[①]忽略了某些留学生连续地来来回回的可能性，如中途退学、辍学、转学等现象。事实上，早在2011年，国家教育部专门公布了一系列数据，表明中国留学人员学成后真正"流失"在海外的只有32.68万人，约占总留学人数的17%，比一般人想象的人才流失人数少很多，[②]但相关数据并未引起媒体及社会公众的关注。

[①]　曹聪：《中国的"人才流失"、"人才回归"和"人才循环"》，《科学文化评论》第6卷第1期。
[②]　《中国留学人才"流失"海外比率为17%》，《国际人才交流》2011年第5期。

第六章

"常态化流动周期"的战略选择

从中长期历史周期来看,近代以来的中国在国际人才交往中的境遇折射了多舛国运及国际地位,这无疑与五千年辉煌文明不相称,与大国雄心(民族复兴大业)不相称,因此,可以将这种出超抑或外流状态统称为"非常态流动周期"。相应地,一旦中国在国际社会交往中获得了相对平等的实质性大国地位,在国际人才流动中形成了至少数量层面的总量平衡格局,便可以称为"常态化流动周期"。2008年以来,上述假设开始兑现为现实,但国内学术界和传媒的欢呼雀跃略显仓促,"人才抄底"的论调便是过激反应的具体体现。历经论证与验证之后,我国亟须直面大数据时代国际人才的特质与流动态势,因应中国和平崛起的特点与历史趋势,遵循国际人才市场交易规律、海外人才成长规律和科研(研发)发展规律,立足全球(而不仅仅是面向国际)重新进行战略选择与顶层设计,构建"常态化流动周期"的中国国际人才集聚战略。

第一节　走出"人才抄底"迷思,审慎
迎接"常态化流动周期"

自近代以来,我国在国际人才流动中总体处于"出超"状态,只有

新中国成立初期出现过短暂的回国高峰（"建国海归"时期）①及随后的一度对外隔绝时期。国内各界或多或少地形成了某种"受害者心理"，却又只能通过更为优惠的政策举措甚至是超国民待遇吸引海外人才。但随着人才流入、流出规模与层级的结构性变化，国内学术界、传媒及公众对这一群体的态度也在发生悄然变化，并以纳斯达克泡沫破裂之后令人窘迫的"海待"一词的出现为标志。②尽管当时只是影响到了本土企业对于海归的态度，但这预示着公共政策必将作出调整。国际金融危机爆发之后，井喷式的回流与来华态势使政策讨论迅速升温。无疑，中国在国际人才流动中的处境发生了逆转，国内公共政策设计的思路也迎来了重要转折，相关争论不过是战略研判的角度及层次差异的产物而已。

真正意义上的"常态化流动周期"的到来可以设定两个主要的衡量指标：一是中国的出国留学人数与留学回国人数的总量抵平（在华外籍人才、在华外国留学生等可以作为进一步充实后一项数据的支撑，消除规模与层级两个层面可能引发的媒体炒作或社会质疑），无论两项数据的精细化程度如何，这是调整国民心态、扭转公众舆论的最重要指标。从 1978 年到 2016 年底，各类出国留学人员累计达458.66 万人。其中，136.25 万人正在国外进行相关阶段的学习和研究，322.41 万人已完成学业，265.11 万人在完成学业后选择回国发展，占已完成学业群体的 82.23%。二是中国在全球留学市场中的份额上升至世界前三位，或曰基本达到全球份额的一成，这是反映中国高等教育的国际化水准的重要依据，也是反映中国在全球留学市场上的地位与角色的主要指标。2016 年度来华外国留学生规模已经

---

① 1948—1955 年间，美国国会拨款 1 000 万美元向 3 641 名中国留学生（几乎是当时全部在美留学生）提供奖学金。后来，他们中的多数留在了美国（Bullock 1987，pp. 23 - 42；Pan 1990，pp. 276 - 277），但克服各种阻挠回到中国者，后来多数成为了新中国科技发展中的中坚力量，故称为"建国海归"。

② 温俊萍：《海外学者视野下的中国海归待业与就业服务问题研究》，《上海商学院学报》2015 年第 1 期。

突破 44 万,在全球最吸引外国留学生的国家排名中稳居前三位。据此研判,"常态化流动周期"到来的窗口期是 2015—2018 年间。追根溯源,如果说纳斯达克泡沫破裂只是为中国的海外人才回流带来了局部性的利好,那么,2008 年开始的金融危机及深远的经济政治影响则成为了中国迎来"常态化流动周期"的主要引线,这与 1988—1992 年间中国台湾地区、韩国以及新加坡在海外人才引进中的外部处境颇为相似。

一、国际金融危机:中国正式迎来了国际人才的"常态化流动周期"

2008 年 9 月 15 日,雷曼兄弟控股公司申请破产保护。这标志着由美国房地产行业的次贷危机引起的金融危机进一步加剧,并迅速在全球蔓延。从发达国家到发展中国家和新兴经济体,从金融领域到实体经济领域,对世界各国经济的发展带来了巨大的冲击,造成了严重的影响。这场金融危机波及范围之广、影响程度之深、冲击力度之强,实为自 20 世纪 30 年代那场巨大的经济危机以来历史所罕见。在全球经济一体化的今天,世界各国都处于不同程度的金融开放之中,各国的金融机构盘根错节地联系在一起,美国的金融危机很快产生连锁效应,并迅速向全球金融体系蔓延,很快形成了国际金融危机。自 2011 年以来,金融危机引发的全球经济波动开始全面向社会层面和国际政治领域渗透,不仅造成了中东政治版图的裂变,而且使反全球化、逆全球化成为几近失控的恶浪,最近的事件则是英国懵懵懂懂地脱了欧,特朗普鬼使神差地上了台,以及意大利人民莫名其妙地拒绝了修宪的善意。

在海外问卷调查过程中,本研究团队始终将金融危机的后续影响作为跟踪研究海外科技人才的重要维度,这本身就隐含了对金融危机的认知与研判。具体而言,关于金融危机对海外科技人才的影响,本项研究主要调查三个方面,即工作及收入、心理压力、就业或创业形势预期、未来几年的职业规划。

(一) 金融危机对工作/收入的影响:一半认为有影响

调查数据显示,认为金融危机对收入/工作"负面影响非常明显"的海外科技人才占 7.83%,认为"有一定的负面影响"占 34.72%,认为"没有负面影响"的占 45.47%,而认为"带来新的机会"占 11.98%(见图 6-1)。这一方面说明,不同于传统形式的 2008 年金融危机对科技领域的影响非常复杂,与 2000 年 NSDQ 泡沫破裂及以往实体经济危机、外围国家金融危机(如巴西、阿根廷、泰国、俄罗斯等在冷战后发生的金融危机)均有本质性区别,此轮金危机的诡异情势及复杂的后续影响,直接对海外华人科技人才的职业发展造成了很大的干扰。其中,首当其冲的就是对金融危机的工作/收入影响的直观感受。从数据结果来看,接近一半的受访者认为金融危机对工作/收入产生了影响,这说明已经影响到了华人科技工作者的基本面,并且是直接的、显性的影响,因此,必然会对其造成至少同等程度的心理影响。

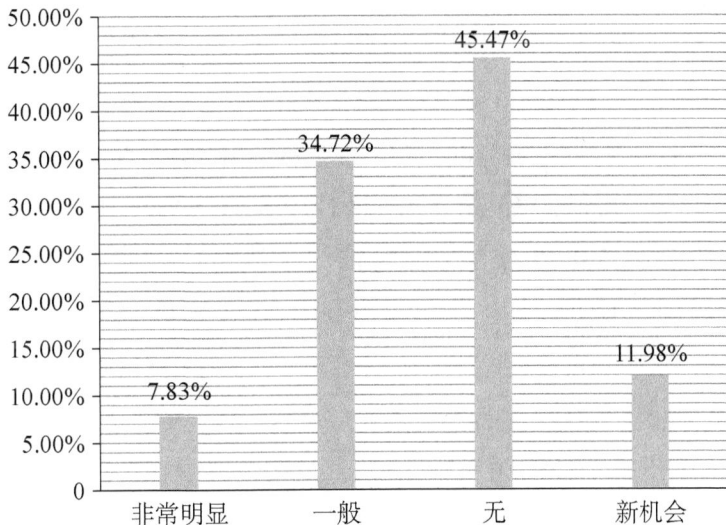

图 6-1 金融危机对工作/收入的影响

金融危机对工作/收入带来的影响的交互分析结果见表 6-1。由此结果可以发现,不同性别、年龄段的海外科技人才在金融危机对工作/收入影响的认识上群体之间没有形成显著性差异,尽管高年龄段群体中认为没有负面影响的比例要高于低年龄段群体。这是金融危机影响的分散性、差异性、间接性所导致的,并反映了低年龄群体在职场上的相对弱势地位。从专业分类来看,金融危机对从事电子/电器/计算机/通信类和制造/汽车/机械类工作的海外科技人才影响最大,这两类科技人才当中认为金融危机带来负面影响的分别达到了 56.5% 和 46.5%。环保、农业类和生物、医药、卫生类这两类科技人才认为金融危机带来的影响最小,都有超过一半的被调查者认为金融危机没有对其工作/收入造成负面影响。该组数据说明两点:第一,金融危机对发达国家实体经济的影响是实实在在的,但影响面非常不均匀;第二,在物质资本含量较低、人力资本密集型的产业领域,金融危机的影响要小得多。由此而得出的结论是:需要加大对发达国家实体经济领域科技人才的吸引力度,比如,德国装备制造、日本海洋工程装备、美国五大湖区汽车的制造业和南加州地带软件与半导体产业等。

从年龄上看,年龄越小,金融危机对其影响最大。41—50 岁及 51 岁以上两个年龄组中,均有一半的海外科技人才认为金融危机没有对其工作/收入带来什么负面影响。这一结果与历次经济危机基本相似;从留学时间上看,留学时间越短,金融危机对其影响最大;从学历上看,金融危机对具有博士学位的海外科技人才影响最小。无疑,留学时间越长、学历越高的科技人才,越集中在高等院校和科研院所,工作相对比较稳定,与企业和市场的距离相对较远,加之职业层次较高,受影响的程度偏低;从未成年子女的数量来看,拥有 1 个或 2 个未成年子女的海外科技人才认为,金融危机带来的影响较小。从婚姻状况看,已婚的海外科技人才认为金融危机带来的负面影响更小。

表 6 - 1 金融危机对海外科技人才工作/收入影响的群体差异

主要指标		负面影响非常明显	有一定负面影响	没有负面影响	带来新的机会	卡方检验
性别	男	7.5	34.9	45.5	12	p＝0.921
	女	8.4	34	46.4	11.1	
年龄	30 岁以下	8	37.6	40.9	13.5	
	31—40 岁	8.7	36.5	43.1	11.7	p＝0.166
	41—50 岁	6.5	29.1	51.8	12.6	
	51 岁以上	6.4	33.6	52.7	7.3	
未成年子女状况	没有	11.7	37.2	39.5	11.7	
	1 个	3.5	34.2	50.6	11.6	p＜0.001
	2 个	7.8	30.2	53.5	8.5	
	3 个以上	0	42.9	28.6	28.6	
专业类别	类 1	12,2	44.3	29.4	14	
	类 2	7	39.5	44,2	9.3	
	类 3	2,2	34.8	55.4	7.6	
	类 4	7.1	32.7	52.6	7.6	p＝0.001
	类 5	8	31.8	47.7	12.5	
	类 6	7.9	30.5	47.8	13.8	
	类 7	6.7	31.8	46.7	14.9	
学位	学士	8.1	41.9	36	14	
	硕士	10.4	35.3	37.4	16.9	p＜0.001
	博士	7.3	31.3	52.4	9	
留学时间	1 年以内	12.6	38.9	40	8.4	
	1—2 年	7.1	42.9	38.1	11.9	p＝0.002
	3—4 年	11,2	29.9	45.9	13.1	
	5 年以上	4.6	30.9	52.2	12.3	

（续表）

主要指标		负面影响非常明显	有一定负面影响	没有负面影响	带来新的机会	卡方检验
婚姻	已婚	5	32.7	52.1	10.2	
	未婚	11	39.7	34.2	15.1	

注：类1＝"电子/电器/计算机/通信类"，类2＝"制造、汽车、机械类"，类3＝"环保、农业"，类4＝"生物、医药、卫生类"，类5＝"建筑、土木、工程类"，类6＝"自然科学及其他相关专业"，类7＝"跨学科交叉学科相关专业、人文社会科学"。

（二）心理压力认知：超过四成认为对其造成心理压力

在市场经济条件下，民众的心理状态对市场预期至关重要，并往往在一定程度上决定了市场复苏的步伐和方式。本项问卷调查结果显示，对金融危机造成的心理影响，认为"心理压力非常大"的海外科技人才占4.2％，认为"有一定的心理压力"者占38.4％，认为"没有心理压力"者占48.3％，认为"很难说"者占9.1％（见图6-2）。总体来看，尽管金融领域与科技领域的相关度低于实业领域，但对海外科技人才的影响面接近一半，已经影响到了基本面。即使这种影响只

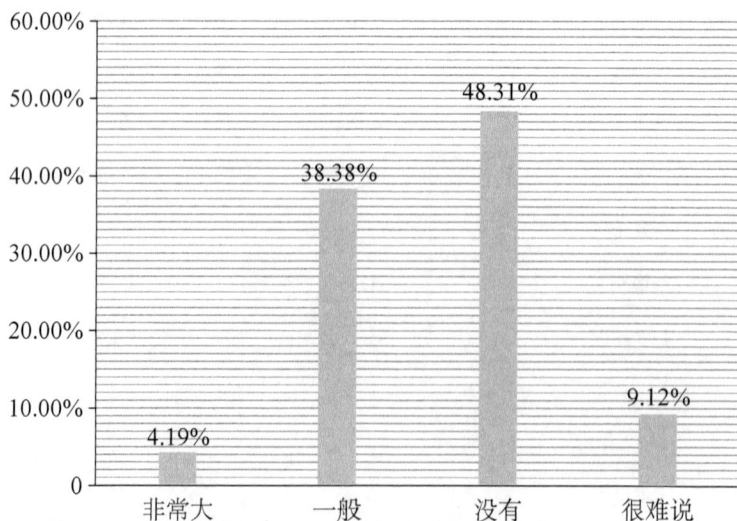

图6-2 海外科技人才的心理压力

是一定程度上的,但由于这一危机源于最发达国家美国,并且主要席卷的是西方发达国家,而不是外围国家,很多新兴经济体甚至能够适度得意。因此,上述数据的间接后果可以预见。

进一步分析发现,金融危机对海外科技人才造成心理影响的群体特征,交互分析结果见表6-2。从表中可以看出,不同性别、年龄、学位、留学时间、婚姻状况、未成年子女数量的海外科技人才在金融危机带来的心理影响认知上均有显著差异。这充分反映了本次金融危机的特殊性。

表6-2 金融危机心理压力认知的群体差异分析

		非常大	有一定压力	没有压力	很难说	卡方检验
性别	男	3.9	35.7	51.5	9	p=0.026
	女	4.5	44.1	41.8	9.6	
年龄	30岁以下	5	42.3	42.3	10.3	
	31—40岁	4.7	40.6	47.5	7.1	p=0.031
	41—50岁	3.8	32.5	52.4	11.2	
	51岁以上	1.7	30.4	60	7.8	
学位	学士	10.5	36	40.7	12.8	
	硕士	4.2	44.3	42	9.6	p=0.003
	博士	4.4	33.3	52.7	9.7	
留学时间	1年以内	6.1	44.4	41.4	8.1	
	1—2年	2.6	41.8	47.4	8.2	
	3—4年	7.2	40.6	43.5	8.7	p=0.018
	5年以上	2.4	33.3	53.7	10.6	
婚姻	已婚	2.1	36.5	52.9	8.5	p<0.001
	未婚	6.3	42.3	41	10.3	
未成年子女状况	无	6.3	41	43.3	9.4	p=0.017
	1个	2.4	39.1	50	8.5	

（续表）

	非常大	有一定压力	没有压力	很难说	卡方检验
2个	3.8	29.5	59.8	6.8	
3个以上	0	37.5	62.5	0	

从性别上看,在金融危机影响下,男性的压力要小于女性。男性当中认为金融危机未对其造成心理压力的占到了一半以上(51.5%),比女性多出一成左右。这与一般心理学中的经验分析一致,女性在外在压力影响下,心理可能更容易受挫。从年龄结构看,随着年龄的增大,认为金融危机带来的心理影响越小。特别是51岁以上的海外科技人才中,60%的认为金融危机没有带来心理压力的影响。从留学时间上看,留学时间越短的海外科技人才,金融危机对其心理影响越大。从学历上看,学历越高,金融危机对其心理影响越小。博士学位获得者中,认为金融危机没有对其造成心理影响的占到了52.7%,这比仅有学士学位或硕士学位的海外科技人才高出10个百分点。这主要是由于高学历者在科技研发相关领域更有竞争力。透过金融危机对工作/生活的影响分析也可以发现,博士学位的海外科技人才表示受到的影响较小;已婚科技工作者认为,金融危机造成的心理影响不大,明显低于未婚科技工作者;从未成年子女的多少来看,拥有2个或3个以上的科技工作者认为金融危机带来的心理影响最小。这与这类群体主要是年龄相对较大的科技工作者群体有关。

（三）就业或创业形势预判：1/3的海外科技工作者认为形势不佳

海外科技人才对金融危机后几年内的就业/创业形势判断如图6-3所示,认为"形势非常严峻"占10.45%,"形势不太好"占33.43%,"没有太大的变化"占30.48%,"带来新的机会"占

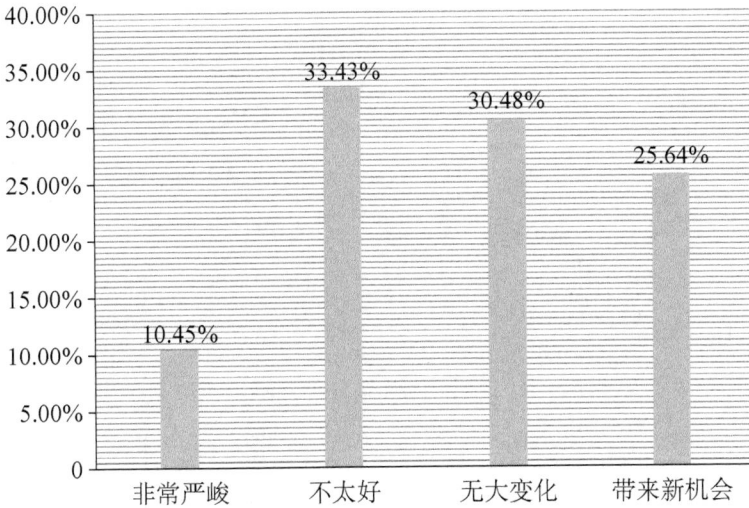

图 6-3 就业或创业形势预判

25.64%。调查结果显示,有近半数的海外科技人才意识到金融危机后的就业/创业形势严峻。

对就业或创业形势的判断的群体差异分析结果见表 6-3。交互分析发现,除年龄特征外,不同性别、不同学科专业、不同学历的海外科技人才对今后几年所在国的就业或创业形势的认知均有显著性差异。

表 6-3 就业或创业形势判断的群体特征差异分析

		非常严峻	不大好	没有太大变化	带来新机会	卡方检验
性别	男	11.4	34.3	32	22.3	p=0.006
	女	8.6	32.4	26.8	32.1	
年龄	30 岁以下	11.4	36.7	23.5	28.5	p=0.135
	31—40 岁	9.9	33.1	30.4	26.5	
	41—50 岁	10.3	31.9	35.2	22.7	
	51 岁以上	9.6	32.7	38.5	19.2	

（续表）

		非常严峻	不大好	没有太大变化	带来新机会	卡方检验
所学专业	类1	13.9	26	28.7	31.4	
	类2	7.5	50	27.5	15	
	类3	5.6	42.7	27	24.7	
	类4	11.6	40	34	14.4	p<0.001
	类5	4.7	27.1	43.5	24.7	
	类6	12.4	35.6	27.8	24.2	
	类7	9	28	28	35	
学历	学士	14.8	35.8	27.2	22.2	
	硕士	10.2	30.2	26.8	32.8	p=0.010
	博士	11.4	33.4	33.9	21.3	

注：类1＝"电子/电器/计算机/通信类"，类2＝"制造、汽车、机械类"，类3＝"环保、农业"，类4＝"生物、医药、卫生类"，类5＝"建筑、土木、工程类"，类6＝"自然科学及其他相关专业"，类7＝"跨学科交叉学科相关专业、人文社会科学"。

从性别看，女性认为金融危机为其带来新机会的比例达到了32.1%，比男性高出10个百分点左右。跨学科交叉学科相关专业、电子/电器/计算机/通信类的海外科技人才对金融危机后出现新就业创业机会最乐观，制造/汽车/机械类及生物/医药/卫生类海外科技人才最悲观。从学历看，博士学位中最大比例群体认为形势变化不大，这一比例为33.9%。本科学历中认为形势不大好或非常严峻的比例最大，占到了该群体的50.6%。

基于上述实证分析可见，国际金融危机是深度改变海外科技人才迁移意愿的最重要引线。随着全球经济波动的持续化，并与根深层次的技术革新、产业变革相互作用，海外科技人才在发达国家的职业前景正在发生历史性的变化，而中国的快速崛起为迎合这种迁移意愿变化提供了新的发展平台和新的职业选择空间，中国无疑迎来了难得的历史契机。

二、基于"谨防炒作、谨慎抄底"原则的几点反思

(一) 关于"人才抄底"的问题

回望20世纪的经济发展史,1929年开始的欧美资本主义大萧条,不啻给了刚开始实施"一五"计划的斯大林政权一份大礼;纳粹德国的惨败,使美国如法炮制,将3 000多名德国科技精英运到了美国本土,甚至抹去了其中一部分人身上的斑斑血迹与劣迹;适逢欧美"滞涨"时期,日本大肆抄底美国,甚至包括并购美国本土的某些大学和科研院所。这些抄底行为的功过成败自由历史评说,但经济危机造成的人才抄底机遇,却有着难以抑制的诱惑力,以至于次贷危机以来,我国很多学者和社会贤达未经深思,便发出了"到华尔街抄底人才"的呼声,上海、宁波、深圳等地纷纷远赴欧美,重金延揽各路精英。姑且不论这种招摇过市的抄底行为在国外引起的负面报道,即使在中国国内,事实上也没有得到公众的认可。

> 苏联的"一五计划"适逢西方的"大萧条"。在大量引进西方先进设备和技术的同时,苏联还西方技术人员和专家当作引进重点。由于西方在经济危机中出现了大量的失业技术人员,因此,他们纷纷接受苏联的聘请。1929年,在苏联工作的外国专家达1 919人,技术人员10 655人,分别是1928年的5倍多和20多倍。1932年,在重工业部门工作的各种外国专家达到了6 800人。在全球最大的移民国家美国,居然先后有10万名技术工人和工程师申请移居苏联。在引进的同时,苏联还通过"技术援助协定"等渠道,广泛派出干部和技术人员出国考察,学习外国先进技术或搜集技术情报。仅在1929年1月至1930年6月的18个月中,就有1 000多名苏联公民进入尚无正式外交关系的美国学习。

> 为了获得宝贵的技术,苏联建立了全苏科学技术情报研究所和它的
> 海外分支机构,以及大量专业研究所,使情报工作系统化。由于苏联的情
> 报机构获取了比较准确的情报,并对西方的技术和工艺过程进行了高度
> 细致的比较分析,因此,能较好地消化西方技术。这也恰恰是苏联以及现
> 在的俄罗斯长期低调报道此事的重要原因。无疑,前苏联当时的谨慎态
> 度非常值得当代中国学习借鉴。

无论是公共决策本身,还是学术界的呼声,都需要回答两个最基本的问题:金融危机发生后,那些海外人才打算回国发展吗?以及,哪些打算回国?事实上,自次贷危机以来,社会各界的相关呼声与争议之所以难以汇成共识,最根本的一个原因就在于缺少足够的证据,往往是以缺乏说服力的数据描述和笼统的就业形势分析,想当然地作出判断,一个基本假设是:西方发达国家的就业形势不佳,海外人才打算回流。这种主观判断显然缺乏足够的依据。更为重要的是,后金融危机时期的国际经济形势依然风云迭起,甚至连国际金融危机是否真正结束、世界经济是否会再度探底等基本问题,都远未明朗,也无法通过几次大型的国际会议立即解决,因此,作为最大的新兴经济体的中国,能否及如何借金融危机之后提供的历史契机,争取国际人才竞争中的更大主动权,加大海外人才,特别是海外华人科技人才的整合与引进力度,依然是非常重要的政策性命题,从而更需要对这一群体的心理变化、职业生涯规划等进行微观层面的调查分析。

(二) 关于如何应对大规模回流的问题

综观世界近代史上的技术移民历程,海外科技人才的规模化有两种情况:一是作为迁出地,后发国家和地区长期贫困、落后甚至混乱,迫使大批科技人才出国谋生,并在国外永久定居;二是作为迁出地,后发国家和地区加快经济转轨和社会转型,实行积极开放的出国留学政策和开明的跨国科技交流与合作政策。如果说 1949 年前的

中国属于前一种情形,那么,1967 年后的我国台湾地区和 1979 年后的大陆就属于后一种情形。正由于中国大陆、中国台湾、韩国、新加坡等发展中国家和地区先后采取了类似的政策,在开放过程中,将很多优秀的理工科学子送到发达国家深造,因此,在自身经济社会发展到一定程度之后,都出现了如何促使海外科技人才回流的问题。

综观我国台湾、新加坡、韩国等地的科技人才外流与回流历程,不难看出,当迁出地人均 GDP 达到 3 000 美元时,市场规模初步形成,经济社会发展的机会大幅度增多,科技(研发)活动具备了一定的经济条件和市场背景,海外科技人才便会加快回流进程。以韩国为例,在 20 世纪 60 年代,治愈了朝鲜战争之伤的韩国,在调整土地制度之后,加快了出口导向型的市场化改革,导致大批解决了温饱问题的优秀学生远赴欧美求学,但基本上属于单向度流出,一直延续到"五五"计划结束即 80 年代中期。1987 年,"六五"计划伊始,韩国人均 GDP 达到了 3 000 美元,海外科技人才逐步扩大了回流规模,并在1991 年迎来了重要拐点。

表 6 - 4 韩国经济增长率与人才回流

时期	经济增长率	人才回流
"一五"(1962—1966)	7.8%	
"二五"(1967—1971)	10.05%	单向度流出,极少数学成后回国
"三五"(1972—1976)	11.2%	
"四五"(1977—1981)	5.7%	90%左右的出国留学人才不归
"五五"(1982—1986)	10.01%	小规模的人才回流
"六五"(1987—1991)	10.0%	人才回流规模不大,1991 年迎来拐点
"七五"(1992—1996)	7.5%	出国留学人才开始大批回流

付出高额的迁移成本回到国内之后,留学回国科技人才对国内科技创新体制和科研环境的期望值极高,这主要是基于以下几点:

一是高额的迁移成本需要以更高额的发展收益作补偿;二是与本土科技人才相比,留学回国科技人才在社会适应能力、社会资本等方面处于弱势,更加期待公平、公正、合理的科技创新体制和创新环境;三是留学回国科技人才的国际化程度较高,比较熟悉发达国家的科研环境,比本土人才更加期待中国加快科技创新体制改革步伐,形成制度优势。换言之,由于两者之间的协调程度不高,海外科技人才的层次越高,回流成本与风险就越大,也就直接影响到了这一群体自身的回流决策。伊兰伯格在《劳动经济学》中,建立了流动现收益模型。其中,将自愿流动当作一种投资看待,即劳动者为了在未来一个时间段内获得收益,而在流动时承担这种投资的成本。若与流动相联系的预期收益现值超过了与之相联系的预期成本与心理成本之和,便会发生流动。决定净收益(流动收益减去流动成本)的现值就是对劳动者的流动起最终决定作用的因素。

流动现收益模型可用公式来描述:

$$S = \sum_{t=1}^{t} \frac{B_{jt} - B_{\alpha}}{(1+r)} - C$$

其中,B_{jt}为t年时从新工作j中所获得的效用,B_{α}为在t年时从原工作中所获得的效用,t为在工作了上的预期工作工作时间(用年限表示),r为贴现率,C为在活动过程中所产生的效用损失,S为从第一年到第t年这一时期内每一年净收益贴现值的总和。劳动者流动的动机是与流动净收益现值S成正比的。S越大,流动的意愿越强;S越小,流动的意愿就越弱。

如果将这个模型用于分析科技人才的流动意愿问题,不难发现,科技人才的流动性与其自身的知识水平、年龄成正比。知识水平越高,年龄越轻,则流动性越强;反之,知识水平越低,年龄越大,则流动性越弱。这是因为,科技人才的知识水平越高,从工作中所获得的效用就越大,相应地,$B_{jt} - B_{\alpha}$也就越大;年龄越轻,则流动后的工作时

间 t 也就越长,反之亦然。但是,分析海外科技人才的回流意愿问题,"流动净收益"除了上述因素之外,还出现了两个新的变量:一是国际金融危机及后续的全球经济波动对海外科人才的经济收入／从业机会冲击与心理冲击,二是中国本土经济科技实力增强导致的从业门槛提高。两者的实际影响已经在本研究团队的问卷填答过程中得到了充分体现,导致的结果恰恰是顶尖级、高层次的海外科技工作者的回流意愿降低,而不是提高,尤其是获得海外博士学位、50岁以上、拥有2个以上未成年子女三种类型的海外科技人才的回流意愿不高。本项调查数据显示,海外科技人才的职业生涯规划受年龄(G＝0.16)、学历(G＝0.23)等因素影响显著①。如果不能从回流对象个体决策的影响因素层面进行调查分析,就无法形成科学合理的吸引海外科技工作者回流的公共决策。这是当前中国在政策设计过程中必须重点考虑的问题,而不能片面强调国内经济科技发展需求。

如今,我国的社会主义市场经济体系建设已经基本完成了初级市场扩张和市场主体的培育阶段,开始进入建立健全制度体系、规范市场行为的制度化发展阶段,政府在海外科技人才引进中的角色定位也开始发生实质性的变化,一般不能继续直接为留学回国科技人才提供发展机会或政策优惠,而只能努力营造良好的发展环境;但另一方面,海外科技人才的大规模回流要求国内能够抓住难得的历史契机,为之提供足够的发展机会,以确保回流进程的持续,壮大我国科技创新型人才队伍。目前,国内学术界和传媒争论较多的是如何在这两者之间形成某种平衡,既能为海外科技人才回流及科技海归提供必要的帮助,又不影响市场化配置和国民待遇的标准,不能构成对本土人才的变相歧视。事实上,从各地的引智政策摇摆可以看出,如何在抓住历史契机与发挥市场的决定性作用之间,无论是学界、政界还是舆论界,均处于争论与探索阶段。归根到底,是由于对国际人

---

① 皮尔逊相关,P＜0.001,双尾检验。

才市场的基本格局及海外人才回流的总体趋势缺乏清晰的把握。

三、中国的海外人才开始进入"常态化流动周期"

（一）常态化流动周期的经济科技条件初步形成

常态化流动周期是一个相对性概念，相对于我国长期以来在国际人才流动中的"外流"态势而言。从中长周期来看，可以定为自清末民初以来；从中短周期来看，可以定为改革开放以来。鉴于新中国成立初期迅速回流的"建国海归"是在两极紧张对峙、中西方关系切割式调整的背景下发生的，因此，可以视为意料之中的特例。换言之，自清末以来，中国在国际人才流动中始终处于"出超"局面（新中国成立初期及"文革"时期除外）。但对于中国历史发展和民族复兴的历史使命而言，这是一种"非常态"，是在中国与外部世界极不平衡、极不平等状态下的特殊现象。常态化流动周期是指中国在国际人才流动中居于主动和主导地位、进出规模与层次总体均衡的发展周期。这是中国全面实现民族复兴的历史周期，常态化流动将伴随着最终实现民族复兴的全过程。这一周期的开启基于以下几点现实条件：

第一，经济科技基本条件已经达到中等发达国家水准。在经济规模方面，中国已经进入了"奔一"阶段，并将在可以预期的时间内登顶，人均 GDP 已经处于 8 000 美元的重要拐点。尤其在研发投入方面的增长幅度较大。2015 年 11 月 10 日，联合国教科文组织发布的《联合国教科文组织科学报告：面向 2030 年》报告显示，中国研发支出占全球研发支出总额的 20%，这一比例超过了欧盟和日本，升至全球第二，仅次于美国的 28%。根据国家统计局的年终数据，2015 年度的研发经费总额高达 1.4 万亿元，研发经费投入强度（研发经费与GDP 之比）为 2.10%。无论是人均 GDP，还是研发经费投入强度，中国均已达到了中等发达国家的水平。无疑,总体经济规模、人均收入水平和研发支出是最重要的三大保障。国际移民组织的 2014 年度报告显示,在未来 20 年中,发达经济体的高技术人才供需缺口约为 1 600万—1 800 万,而中国的高技术人才缺口高达 2 300 万。报告显示,[①]中国在 1990—2000 年间的国际移民流动率约为 3%,而 2000—2013 年间的国际移民流动率升至 3.9%。尽管中国依然是技术移民的来源国,但已经开始成为重要的技术移民目的地了。"国家富裕了就会有更多的研究人员拥入。但仅靠国内生产总值和工资水平还不足以构成诱惑。财富并非一切,强有力的、灵活的和有竞争力的资助和发展体系也很关键。"[②]中国在科研管理和研发机制改革方面的诸多举措影响深远,不仅致力于与国际接轨、向国际看齐,而且开始形成具有自身特色与创新特质的某些机制,尤其是"千人计划"等重大人才专项甚至迫使一些西方发达国家竭力效仿。

第二,科研(研发)开始从"追赶"阶段向"赶超"阶段过渡。在经济科技条件出现根本性改观的背景下,中国的科研条件也大大改善,开始出现诸如全球最大射电望远镜(贵州)、量子通信实验卫星总控中心(合肥)等世界级的科研设施和研发基地,在量子反常霍尔效应、铁基高温超导、外尔费米子、暗物质粒子探测卫星、热休克蛋白 90α、CIPS 干细胞等研究领域取得重大突破;屠呦呦研究员获得诺贝尔生理学或医学奖,王贻芳研究员获得基础物理学突破奖,潘建伟团队的多自由度量子隐形传态研究位列 2015 年度国际物理学十大突破榜首。2016 年 6 月 20 日,德国法兰克福国际超算大会(ISC)公布了新一期全球超级计算机(简称"超算")TOP500 榜单,由中国国家并行计算机工程技术研究中心研制的"神威·太湖之光",以超过第二名

---

① International Organization for Migration, "Global Migration Trends: an Overview", December 2014. www. IOM. INT.

② Richard Van Noorden, "Global mobility: Science on the move", *Nature*, 2012,43(10): 1716 – 1721.

近 3 倍的运算速度夺得第一。最值得关注的是,"神威·太湖之光"系统实现了包括处理器在内的所有核心部件全国产化。同时,中国超算上榜总数有史以来首次超过美国,名列全球第一。

2016 年 10 月 31 日,中国科学院发布了《2016 研究前沿》报告,从近 6 年文献共被引聚类分析形成的 12 188 个研究前沿中,遴选出自然科学和社会科学 10 个大学科领域排名最前的 100 个热点前沿,并遴选出近两年发展迅速的 80 个新兴前沿,分析其国家和机构布局,进而展示当前全球的科研前沿态势,并评估了美、英、德、法、日和中国等国家在 180 个前沿的贡献和潜在发展水平。《报告》指出,中国表现卓越的研究前沿有 30 个,占 1/6,在世界各国中位列第二,美国则以 106 个居首位。

从学科建设来看,中国的排名也在稳步提升。2016 年 3 月 22 日,囊括 42 项学科的全球最大学科排名《QS 世界大学学科排名》发布,中国有 98 所大学的学科达到世界一流学科入选标准,58 所大学的学科进入全球 400 强,24 所大学的学科入选全球百强,并在 5 项学科中位列全球前 10 强。58 所大学的 402 个学科进入全球前 400,比上年的 359 个增长了 12%,入选名次平均增长 4.4%。单项指标中,中国大学在过去 5 年的"篇均引用"项上得分最高,均分 75.41,高被引指数居其次,均分 71.93,雇主声誉 66.03,都比前一年度有所提高。与此同时,中国以 57 所大学进入 2015—2016 年度 U. S. News 排行榜,仅次于美国,荣获亚军宝座。综合考察西方主导的世界四大权威排行榜(泰晤士高等教育世界大学排名、世界大学学术排名、US news 世界大学排名、QS 世界大学排名),尽管面临英语院校偏好等不利因素,但中国高校近年来的上榜率和排名依然呈现稳步提升态势。

上述进步从中国内部印证了"趋势性逆转"的趋势性特质,也折射了常态化流动周期开始的内部条件。2016 年 5 月 30 日,习近平总书记在科技三会上发表讲话时明确指出:"一些重要领域方向跻身世界先进行列,某些前沿方向开始进入并行、领跑阶段,正处于从量的积累向质的飞跃、点的突破向系统能力提升的重要时期。"①但如前所述,纳斯达克泡沫破裂后,中国迎来了 IT 领域人才回流的小高峰,却不足以从根本上扭转中国在国际人才流动中累积已久的"赤字"态势,也不足以赢取国际舆论和海外学术界的肯定性论述。2008 年以来的回流态势伴随着数量与质量层面的全面改观。尽管近两年的回流增速略有放缓,但总体趋势未变,以至于年年迎来"史上海归最多年"。这是一种阶段性的现象,还是全新历史走势的开端?国外学术界看法不一,国内学术界则因研究不深而难以提出较为系统、权威的学理剖析,而是时常自说自话、各说各话。归根到底,对于内部条件和外部环境的认识不全面,对于中国崛起的理论自信不够,对于回归中华本位重构话语体系的思想准备不足。

(二) 周边国家和地区的类似历史经验

事实上,在国际人才流动中的位势逆转通常既是内部条件成熟的必然结果,也是国际经济形势变迁的结果。作为力图扭转"人才流失"局面的国家或者地区,通常是在内部经济科技快速发展、人才生态逐步优化的大背景下,借助于国际上的重大经济政治事件等,迅速加快回流进程。以我国台湾地区为例。1950—1988 年间,台湾地区的海外留学生回台率仅为 17%。但自 1988 年以来的几年中,回台服务的留学生人数以每年 20% 的速度激增,1989 年为 2 464 人,1990 年为 2 863 人(同比增幅为 16.19%),1991 年为 3 264 人(同比增幅为 14.00%),1992 年猛增至 5 157 人(同比增幅为 57.99%)。1993 年自海外返台的硕士及博士总数更达到创纪录的 6 000 人之多(同比增幅为 16.35%),从而一举结束了海外人才滞留不归的 39 年的长周

---

① 习近平:《为建设世界科技强国而奋斗——在全国科技创新大会、两院院士大会、中国科协第九次全国代表大会上的讲话》,2016 年 5 月 30 日。

期。一方面,这是岛内产业升级、政治气候变化的结果,但同时也是美国在冷战终结之际陷入经济衰退的直接结果。西方在欢呼苏东阵营瓦解的同时,却迎来了长达数年的经济衰退,甚至连 IBM、GE 等都大幅度裁员,[①]致使大批台湾学子在美国无法获得理想的就业机会。新加坡则是借助于中国 1989 年政治风波及香港《基本法》签署等特殊机会,赴外抢夺中国的海外留学生,并针对香港专才量身定做了"港人永久居留计划"。

1989 年,在我国香港《基本法》正式颁布之际,由于部分港英居民选择了移居国外,出现了小规模的移民潮,曾为英国殖民地的新加坡深谙其中的商机,即时实施了"港人永久居留计划",提供 2.5 万个永久居留(Permanent Residence)签证名额,专门用于引进香港的专业人士和技术工人。1991 年获取永久居住资格的香港人人数为 3.1 万人,1992 年为 3.3 万人。但由于当时香港社会经济发展水平和机会不亚于新加坡,真正居住在新加坡的香港人并不多。

鉴于种种历史和现实原因,韩国、新加坡、中国台湾地区等的历史经验也未能引起学界真正深入的思考和分析。历史规律表明,当新科技革命推进产业出现重大变革之时,不仅会催生一批新的重大产业,而且会使产业结构出现质的转变,产业的生产模式和竞争模式都会激变。自 2008 年国际金融危机以来,伴随着全球经济格局的深度调整,新一轮科技革命和产业变革正在孕育兴起。大力促进产业升级与人才开发的无缝对接,使高层次人才成为推动经济社会全面发展的一支重要力量,更成为实现产业结构转型升级的一个重要推手。与此同时,我国正在经历从商品国际化、产业国际化逐步进入人才国际化的阶段。随着经济发展方式转变,进入由主要依靠资金和

---

① 传瑛:《台湾人才回流热潮透视》,《中国人才》1994 年第 8 期。

物质要素投入转向主要依靠科技进步和人力资本投入的阶段,将经济增长的模式从资源消耗型转入科技进步型轨道,不断提高科学技术进步对经济增长的贡献份额。正是在这一关键性发展阶段,中国迎来了国际人才流动的常态化周期,为其布局全球人才资源、网联各国优秀人才提供了历史契机。

第二节 实现端口前移,改进理工科留学人才培养工作

海外科技人才的结构复杂,来源地多元,迁移意愿及职业规划各异,但中国的理工科留学生无疑是这一庞大群体中最主要、最稳定的组成部分,也是中国出国留学主管部门、高等院校(母校)、社会公众、各类传媒、学界、智库以及留学与猎聘中介等高度关注的群体。长期以来,不同主管部门之间、高校(国内母校)与国内用人单位(需要经过海外深造的留学生)之间既面临着信息不对称的问题,也面临着协调性、联动性不足的问题,归根到底,国内对高层次科技海归的需求量不大或者海外高层次科技人才的回流并未常态化,以至于上述局面得以维系。如今,随着常态化流动周期的到来,中国与留学目的地(国)之间、中国人才市场与国际人才市场之间、国内用人单位与海外高校(理工科留学生所在院校)之间的市场关系更趋顺畅,这不仅为消除信息不对称顽疾提供了基本条件和可持续的市场动力,更为精准掌握海外留学动态信息、实现真正意义上的留学端口前移(外移)、立足国际人才市场整合海外科技人才资源创造了基本条件,而这恰恰是顺应国际人才市场新格局及中国所面临的新位势、切实提高引才引智效率与质量的工作源头。

一、进一步加强理工科公派学生的专业语言训练

留学目的地的多元化催生了非英语国家的专业语言问题。受访者 46 认为："海外留学最重要的是本地国的语言学习，不仅对学术有帮助，更重要的是对自己日常生活有所助，可以方便地与外国同行进行交流。"笔者在海外访学及实地调研过程中，屡屡听到类似的呼声，要求基于海外留学目的地的日益分散、非英语国家中有很多国家的理工科非常发达的现实，针对专业外语水平提供更高层次的教育培训，并提高遴选时的语言标准。

（1）对于以英语国家为目的地的理工科博士生申请者，不能仅限于通用式的语言考试，而必须能够使用英语进行本专业领域的学术演讲和严谨规范的专业交流。受访者 73 表示："出国之前，学好英语，关键是要学会用英文的思维思考和表达事物。"《2016 年国家建设高水平大学公派研究生项目攻读博士学位研究生选派办法》要求雅思（学术类）达到 6.5 分，托福 95 分，比往年有所提高，但对于国家公派的博士学位申请者，这一标准显然不够，建议在遴选过程中增加两个方面的内容：一是英语文本的本专业学术论文撰写，二是举行一次正式的英语言专业演讲。

（2）对于以非英语国家为目的地的理工科博士申请者，必须保证学术研究工作的顺利开展以及日常生活中的顺畅交流。《2016 年国家建设高水平大学公派研究生项目攻读博士学位研究生选派办法》外语专业本科（含）以上毕业者的"专业语种应与留学目的国使用语种一致"，并要求德、法、意、西语达到欧洲统一语言参考框架（CECRL）的 B2 级，日语达到二级（N2），韩语达到 TOPIK4 级。对于攻读博士学位的理工科留学生而言，这一标准更多地重视了通用语言能力，而且上述几个语种之间的标准存在一定的层次差异。受访者 25 结合个人经历指出："本人是在法国留学，赴非英语国家求学

的同学很有必要掌握所在国的语言,这样可以更好地融入当地实验环境,并且和外国同学交流日常生活及学术问题,学习外国同行(同学)在科研方面的一些方法,而不是仅仅注重和中国同学的讨论交流"。为此,今后的非英语类遴选应重点关注两项指标:一是目的地主流语种的专业交流能力;二是目的地主流语种的学术论文撰写及宣讲能力。

(3)在现有的出国留学前外语培训基础上,进一步细化语言能力训练的具体环节,并适当创新培训方式方法,具体建议:一是将行前外语培训与专业外语交流能力培训相结合,作为培训结果考核的重要甚至是主要指标;二是兼顾语言培训与专业领域的文字训练能力,提高目的地主流语种的学术论文撰写能力;三是针对一部分特殊语种,在现有培训难以覆盖或者规模过小的情况下,以专项资助的方式,任由候选者自行寻找培训机构或培训机会,并在获得相应资质或者接受统一考核通过后进行一定额度的经费补贴。

随着海外留学目的地的更趋分散,针对很多重要的非英语国家,留学生的外语问题至关重要。作为高层次的理工科人才,他们的专业外语能力不仅关系到能否顺利完成海外学业,而且关系到能否与当地同事、同行建立融洽的人际关系,关系到回国之后能否继续成为留学目的地与中国有关单位之间交流合作的桥梁。因此,在中外科技交流与科研合作的全新背景下,需要相应地提高理工科留学生的专业外语要求,强化训练,提高留学的质量和效率。

二、将科研选题作为吸引海外高层次人才回流的重要抓手

科学没有国界,即使在科研选题方面没有充分考虑中国经济科技发展的实际需要,同样可以回国发展。但是,如果高度重视了这一问题,无疑可以提高回国发展的心理预期,并做足前期准备工作。因此,在讨论这一问题之前,基于中国经济科技发展的特定历史背景和

阶段性需求,必须在理想主义价值取向与现实主义发展需求之间有所兼顾。尤其是作为理工科博士生和博士后层面的高层次人才群体,无论是在公派之前的选拔工作,还是针对自费留学群体的奖学金设立,均需兼顾前沿性(全球)与需求程度(中国)。

(一)将公派留学生的科研选题作为国家资助的重要条件进行遴选与考核

总体来看,我国对于国家公派留学生的遴选主要是针对申请者的学术水平,只是在原则上对研究领域进行了某些引导,很多高等院校并未真正落到实处,而是根据自身需要进行遴选,并且是按照国家留学基金委的统一标准逐条审查,并按照要求进行外语培训等,但多数对于公派博士生赴外科研工作本身并不关注:一是科研选题的前沿性如何,二是科研选题对于中国今后经济科技发展的作用和意义何在,甚至很多单位根本没有将科研选题作为重要因素进行审核。国家层面需要在科技预测和技术预见基础上,提出更为详尽的导向性的研究方向;单位层面需要将申请者的科研选题作为基础性的审核条件,并与其专业外语水平合并考核。国家留学基金委近年来开始进行一些尝试,今后需要进一步在面上推开,从而大幅度提高外派工作的精准性。

(二)将国内需求程度作为评审"国家优秀自费留学生奖学金"的重要考量

为了体现国家对自费留学生的关怀,奖励优秀自费留学人员在学业上取得的优异成绩,鼓励他们回国工作或以多种形式为国服务,经教育部批准,国家留学基金管理委员会于 2003 年设立了"国家优秀自费留学生奖学金"项目。截至 2016 年底共有 5 414 名在外优秀留学人员获奖。从目前的评审过程来看,主要关注的是申请人的学术层次和资历等,今后,针对应用性强的研究选题,需要将"对于中国经济科技发展的重要程度"单列,并由同行专家进行评级打分。同时,需要将相关要求补充于现有的"实施细则"之中,从而增强细则的导向性,让更多的自费留学生意识到科研选题的方向性及对中国经济科技发展的现实意义。

(三) 将海外科研选题的延续性作为重要遴选标准

由于理工科的科研积淀具有长期性、稳定性,学科之间的跳跃性远低于人文学科和社会科学,因此,海外科研选题是否与出国之前的研究方向或者工作内容保持延续性,是衡量海外理工科留学生的海外科研活动与国内的学术相关性的重要维度。统计结果显示,科研选题与原先在国内的研究方向或者工作内容"完全不一样,没有延续性"者仅占 7.6%,绝大多数受访者的海外科研选题是在原先研究领域内的深化或者拓展。受访者 81 指出,"保持研究方向的相对延续性"是取得学术成就的重要条件之一。相应地,国内有关方面在遴选公派留学生时,鉴于国家人力资本投资的特殊性质,理当高度关注申请者的科研选题,并且将选题的延续性作为重要的审查维度。

三、帮助海外理工科留学人才提高科技安全意识

随着我国出国留学人员规模的不断扩大、分布越来越广、自费比例越来越高,涉外部门在外事纪律培训等方面面临着新挑战,很难采用改革开放初期的一些传统手段为留学生提供安全保障。但在出国准备阶段,我国有关涉外部门需要针对出国留学人员的科技安全与防范意识教育问题,重点在以下几方面采取措施:

(一) 努力树立和培养留学生的信息安全意识

出国留学人员队伍庞大、来源多样化、层次不一,但都面临同样的问题,即进入其他国家和地区接受教育,因此,必须强化行前外事

纪律教育和安全防范知识教育,使其逐步意识到海外行为的安全风险,提高个人的信息安全素养。比如"国外很多高校有规定,很多交流计划要上报,而且对教师和科研人员的工作量有规定,大量的超额工作在很多高校是不被允许的。人为阻拦的情况要实时沟通。一般情况下,如果能给出合理的理由,这种阻力很小"(受访者77)。另外,受访者39也建议留学生要"提高自身积极性,主动融入课题组环境中,多与同事交流信息和心得体验"。但如果出国留学人员起初缺乏相关的意识,注意不到相关问题,很可能会小事变大,引起不必要的戒备与排斥。目前,很多地方几乎没有专门针对出国留学人员的相关教育培训活动,简单地将相关问题视为学生(者)个人的注意事项,工作思路需要调整。

(二)帮助留学生依法应对可能出现的猜疑与顾忌

当前,中国经济科技处于历史发展的转折期,在国际社会难免会遇到一些猜疑与顾忌。海外理工科留学人才直接涉足所在国的科技前沿领域,更容易成为所在国安全部门、相关教育及科研机构关注的重点。关键在于留学生群体需要妥善处理各方面的问题,及时消除误解。"有时候未必是因为戒备或者歧视,而是因为文化差异造成的沟通问题。如果存在问题,应该主动跟导师沟通"(受访者78)。同时,需要严格按照所在国的规章制度使用科学仪器、查阅科技文献、参加科技交流等。关于知识产权、著作权等等相关问题,国外每个高校都有自己的一套规定,也会有相关的培训课程。初到国外最好参加一下该类课程,学习一下相关的规定。特别是关于软件和书籍,一定要使用有授权的和正版的(受访者77)。无疑,驻当地使领馆等负有直接责任。有受访者呼吁驻外使领馆改进作风、端正态度(受访者2),改善留学生的生活氛围,使其有更加安定温馨的学习环境(受访者17)。

(三) 探索制定实施出国留学人员科技安全规章制度的可行性

2007年,中纪委、中组部、外交部、公安部等四部委联合发布了《关于加强因公出国(境)团组境外纪律的通知》,对出国出境期间的安全保密措施等作了一系列的规定。但我国出国留学人员规模持续扩大,教育主管部门等始终未能适时推出出国留学人员科技安全防范等方面的规章制度,从而使相关的外事纪律教育找不到详尽的依据。比如,海外理工科博士生在处理涉华课题研究时,能否以及在多大范围内可以使用中国内部共享的科技文献、调研报告、统计数据等? 驻地使领馆教育文化工作人员需要具体承担哪些教育、培训、宣传职能? 如果不能尽快在政策法规层面有所创设,正如受访者67所言:"这个可能在今后会有很大的问题。"

第三节 立足国际人才市场新格局,
整合海外科技人才资源

作为世界第二大经济体并且正在快速"奔一"的中国,已经开始进入国际人才流动的"常态化流动周期",初步具备了在全球范围内整合人才资源的内外部条件和机遇。这就不能继续基于"追赶"角色而致力于单向度的"引进",而是需要在梳理海外高层次科技人才的分布与流动态势的基础上,立足国际人才市场的新格局,按照国际人才市场的交易规则,科学合理地整合与配置海外科技人才资源。

一、推进信息采集与动态跟踪,实现信息对称基础上的供需均衡与市场化配置

中共十八届三中全会突出强调了发挥市场在资源配置中的决定

性作用,信息对称是市场供需均衡的必要条件。事实上,信息不对称长期制约了中国国内用人单位与海外高层次人才之间的交流与合作,提高了市场交易成本和交易风险,很多单位甚至舍远求近,进行次优选择,这是大批海外高层次人才滞留海外的重要内因。① 这种对相关信息占有的不对称状况导致在交易完成前后分别产生逆向选择和道德风险问题,它们严重降低市场运行效率,在极端情况下甚至会造成市场交易的停顿。② 可见,当人才市场上所有的信息没有被交易双方充分了解时,人力资本配置不一定最有效,交易双方所作出的选择也不一定最优,并可能导致市场失灵,造成市场效率不高或机制发挥不充分等问题。在主权区隔之下,国际人才市场交易行为更面临着国际政治与国家战略安全等诸多屏蔽,进一步加剧了信息不对称。

海外科技人才回流中的信息不对称问题以往并未引起太多关注。但近年来,刘维宁身份造假事件、陈晓宁"基因皇后"事件、陈进"汉芯"造假事件、唐骏学历造假事件等都已表明了信息不对称现象的实际存在及危害。因此,程志波(2011)专门对信息不对称状态下海外高层次科技人才选聘的逆向选择风险与规避问题进行了调查研究,认为高层次科技人才特性和国内外人才市场差异等因素导致了信息不对称,随着海外高层次科技人才引进在更大范围、更广领域和更高层次上的展开,应聘者的情况会更加复杂,信息不对称和逆向选择风险势必提高,作者详细分析了海外高层次科技人才选聘中逆向

---

① 信息不对称理论由 1996 年度诺贝尔经济学奖的共同得主、英国剑桥大学教授 James A. Mirrlees 和美国哥伦比亚大学教授 WilliamVickrey 在信息经济学中提出,主要用来说明相关信息在交易双方的不对称分布对于市场交易行为和市场运行效率所产生的一系列重要影响。Michael Spence 等经济学家将这一理论引入了劳动力市场的研究领域。信息不对称是劳动力市场的基本特性,基本内容可以概括为三点:一是交易双方中的任何一方都未获得完全清楚的信息;二是有关交易的信息在交易双方之间的分布不对称,即一方比另一方占有较多的相关信息;三是交易双方对于各自在信息占有方面的相对地位都清楚。

② 江世银:《论信息不对称条件下的消费信贷市场》,《经济研究》2000 年第 6 期。

选择产生的原因和机理,并以信息传递理论、信息甄别理论等为基础,提出了规避和降低逆向选择风险的若干对策。[①] 高子平(2012)进一步提出要形成有效的信息共享机制:一方面,需要整合海外科技人才引进部门之间的信息库,尤其是组织人事系统、科技系统、外事及侨务系统之间的信息库,尽快形成现有海外科技人才数据库之间的信息共享机制;另一方面,需要通过政务网络平台,定期针对海外专业技术社团等,推送国内相关产业(领域)人才需求信息及相关动态,形成与海外专业社团之间更为紧密的信息交流与互动,消除信息不对称可能带来的科技人才错置。此外,在海外学历认证与科研成果评价等方面,还需要强化对海外科技人才基本信息的甄别及评估结果的共享,消除道德风险。[②] 但从近年来的实际进展来看,普遍存在动力不足、动机不单一等诸多障碍,同时也面临缺乏顶层设计、重视程度不够的问题,以至于很多复杂工作长时间停留于口头与纸面,以至于迄今没有一个全覆盖的大型海外人才数据库,各部门之间难以实现信息共享,这就需要由国家有关部门直接牵头或授权,面向全球的全部海外人才群体,进行海外人才数据库的建设、维护与管理工作。

从外部经验来看,无论是我国台湾的新竹,还是周边国家如新加坡、印度(班加罗尔)、韩国(大德)、日本(筑波)等均通过各种途径进行大规模的海外人才信息采集。其中,印度早在 20 世纪 50 年代便建立了"科学人才库",尤其在软件业发展过程中,班加罗尔等地区面向主要发达国家建立了子数据库,从而有效掌握海外人才的分布状况等,根据信息产业发展需要开展引进工作。20 世纪 90 年代,韩国也建立了海外人才数据库,集信息储存、沟通联络和信息发布为一

① 程志波:《信息不对称下海外高层次科技人才选聘的逆向选择风险与规避》,《科技进步与对策》2011 年第 19 期。

② 高子平:《海外科技人才回流与信息不对称问题研究》,《当代青年研究》2012 年第 10 期。

体,通过国际会议等途径,及时跟踪和了解高层次人才的动向、回国意愿及面临的困难等,为相关部门吸引人才提供信息。新加坡建立了最重要的海外人才招揽及服务机构—"联系新加坡",在海外 8 个联络处分别建立了海外人才信息库。中国台湾地区自 1975 年起,便专门建立了旅外人才专长档案,提供给岛内各用人机构参考咨询。至 1988 年蒋经国去世之际,台湾当局已经按照文、理、法、商、工、农、医及教育八类专业完成了旅外人才 11 725 人的专长档案工作,其中包括理科 2 932 人,工科 7 656 人,[1]均属顶尖级的海外精英,大部分后来已经陆续回台。

事实上,国内早有学者公开呼吁:"目前,我国还没有真正全面的海外高端人才数据库,政府有必要建立一个集信息储存、沟通联络和信息发布为一体的海外人才数据库,通过社团、年会、联谊会、国际会议等途径,及时跟踪和了解这些高层次人才的动向、回国意愿以及面临的困难,为将来引进海外人才奠定基础"。[2] 海外人才的基本信息共享是防止国内相关单位和部门"上当受骗"的主要途径,也是大幅度降低海外人才引进成本的有效手段。印度的"海外科学家数据库"、新加坡的"联系新加坡"数据库,以及我国台湾地区、韩国、以色列、日本等的成功经验均值得借鉴。

目前,上海社会科学院(海外人才信息研究中心)积极开展了"海外人才数据库"及"海外人才大数据平台"的建设工作,并取得了显著的进展,已经获得了关于海外人才群体的大量基础性的动态数据,这也是迄今国内唯一真正建成的大型数据平台。今后,随着进出规模不断扩大,"我国应该建立一个集信息储存、沟通联络、信息发布为一体并与网络相结合的海外高层次人才数据库,并在此基础上建立专门的高层次留学人才以及全球顶尖科技人才信息和联络库,掌握留

---

① 虞晓波:《台湾的人才外流众对策》,《中国人才》1993 年第 12 期。

② 张永凯:《人才跨国流动剖析》,《中国科技资源导刊》2012 年第 3 期。

学人才在国外的科研、工作情况,回国意愿以及困难,尤其是要关注那些属于我国急需的关键技术领域的人才,一旦急需,可以立刻锁定目标,开展引进工作"①。在实际操作层面,可以通过政府有关部门支持引导、专业技术部门或者相关研究机构牵头、社会多方力量共同参与的模式进行建设。

当然,海外人才信息采集工作成本高、耗时长,对工作人员知识结构的要求高,在信息采集与更新基础上开展的专题性研究和技术分析需要一定的理论功底与应用研究能力。这就需要通过海外人才相关部门的协调,以及与相关研究机构的合作,主要通过海外校友会等海外专业技术社团、发达国家主要高校的入学名册及学位获得者名单、国际专利申请者名单、国际学术期刊、国外硕士博士学位论文库、国际学术会议与会者名单等途径,进行海外人才的数据资料的采集、清洗与数据挖掘工作,最终建立一个较为完整的、覆盖全面的大型海外人才数据库,集聚全球智力,为我国经济科技的全面转型升级、迎接并顺应大数据时代的新一轮科技革命与产业变革提供有力支持。

二、补齐国际人才市场服务短板,培育具有中国特色和全球抱负的国家猎头

关于国家(政府)在跨国人才流动中的角色扮演问题,国内外长期多有争执。但是,发展中国家(后发国家)和西方发达国家的立场在逐渐趋同:在冷战背景下,以印度为代表的一些国家主张自由主义的应对方式,拉吉夫·甘地总理甚至将 Brain Drain 视为所谓的"Brain Bank",这与当时西方主要国家的主流观念基本一致,但印度

① 田瑞强:《基于履历数据的海外华人高层次科技人才流动研究:社会网络分析视角》,《图书情报工作》2014 年第 19 期。

等无疑一度沦为了西方的"奶牛",持相反态度的中国等后来则采取了更加务实、开放但时而矛盾的政策,甚至迄今要求部分出国留学人员缴纳保证金;冷战结束之后,不仅中国、印度、俄罗斯三个最大的传统"东方国家"开启或加快了市场化进程,而且在跨国人才流动中的态度甚至比西方更为积极,以至于诸如荷兰①这样的传统发达国家不得不深入探讨如何充分发挥政府的作用,以求在全球人才大争夺中分得一杯羹。换言之,在全球化背景下,无论是传统发达国家,还是新兴经济体,政府都无法置身于全球人才大争夺之外,而必须有所作为,最直接的体现就是设立国家猎头,亦即政府直接赤膊上阵。

　　"国家猎头"是由国家主导并主动出击,借鉴猎头机制和路径,动用军事、政治、外交等资源和手段,在全球范围内搜寻、网罗、聚集、吸纳高级人才,直接体现国家战略利益和维护国家人才安全的进攻型人才竞争战略。"国家猎头"是国家为从全球范围内引进人才、吸纳人才、挖掘人才、争夺人才而展开的积极的人才竞争战略,是国家人才战略的子战略。② 现代国家猎头的雏形是美国在"二战"前夕成立的"阿尔索斯"突击队(Alsos),该组织将绑架和俘虏德国著名原子物理科学家作为主要任务,这也是"国家猎头"的起源。"二战"前后,美国从欧洲吸收了包括著名物理学家爱因斯坦、航天工业专家冯·卡门、原子能专家奥托·哈恩、核物理学家费米、火箭专家冯·希劳恩在内的数千名科学家,这直接促成了"曼哈顿工程"和"阿波罗"载人登月计划的成功。

　　目前,政府设立猎头部门已成为一种趋势,虽然有时会以基金会、研究机构等形式出现。新西兰政府成立了特别工作小组,专门在欧美、印度以及我国搜索自身需要的高层次科技人才,并发出考察邀请,一旦这些人同意移民,新西兰移民部门将迅速为这些人办妥工作

---

① Metka Hercog, "The Role of the State in Attracting Highly-Skilled Migrants: The Case of the Netherlands", EIPASCOPE2008/3.

② 程贤文:《"国家猎头"在行动》,《人力资源》2011 年 9 月刊

和定居手续。英国政府每年出资 400 万英镑作为启动资金,通过与沃尔夫森基金会、皇家学会合作,共同发起一个由研究机构直接聘请世界顶尖级科研人才的计划,以帮助英国在世界人才市场上争夺最优秀的科技人才。[①] 新加坡、以色列、韩国等更是运作国家猎头的典范。新加坡的政治精英深刻认识到,"全球人才战对新加坡至关重要,它是一个必须由国家积极参与的战争"。[②] 不能因为就业压力而降低人才政策的开放度,不能将如何消除外国人才集聚可能带来的负面影响作为干扰政策制定执行的因素。这不仅成为了新加坡政治精英群体的共识,而且转化为了坚实的行动。新加坡政府先后在海外设立了 8 个 Contact Singapore 联络处,专门负责新加坡在海外招揽高端人才;新西兰也成立了特别工作小组,专门在欧洲、美国和印度以及中国搜索高层次人才并发出考察邀请,一旦这些人同意移民,其移民部门将迅速办妥工作和定居手续。

　　新加坡人力部统一对国外人才引进进行协调和管理,负责每年制定和更新"关键技能列表",优先从速引进急需的通信、电子及其他领域的高技术人才和金融领域的专业人才,并专设了"国际人才局"(现改名为国际人力局),负责具体的全球人才招聘工作。新加坡人力资源部和经济发展局还联合成立了联盟组织"联络新加坡"(Contact Singapore),组织了"人力之家"活动。如今,"联系新加坡"在澳大利亚、中国(北京、上海)、欧洲、印度和北美等地共设立了 9 个办事处,致力于吸引全球人才来新加坡工作、投资和居住,吸引海外新加坡人回国就业。

　　"引进海外高层次人才需要做大量细致的交流工作,需要懂高级人才的运作规律和国际惯例,在客观上要有一个专业的猎头机构来

---

① 王辉耀:《遵循国际人才流动规律引进人才》,《中国组织人事报》2014 年 6 月 4 日。

② Pak Tee Ng, "Singapore's Response to Global War for Talent: Politics and Education", *International Journal of Education Development*, 2010, Vol. 31, No. 5, p. 263.

负责完成。我国有必要成立专门的国家猎头机构,了解海外人才跨国流动的态势,在全球搜索、关注和挖取人才,为我国引进海外高端人才发挥积极作用。"①根据《国际高级人才顾问协会》的统计,全球70％的高级人才流动都是由猎头公司协助完成的。目前,虽然国家猎头有时以基金会和研究机构等形式出现,但政府设立人才猎头机构已经成为一种普遍趋势。我国也已经出现了类似的地方性举措。2005年3月,为了深度开拓国际人才市场,提升上海人才国际化的水平,拓宽海外人才集聚的渠道,上海市人事局分别在法国巴黎、美国旧金山、德国汉诺威、日本大阪、英国伦敦、澳大利亚悉尼、中国香港、美国华盛顿和加拿大多伦多设立了上海国际人才交流协会驻外联络处。上海国际人才交流协会驻海外联络处承担中国海外留学人员来上海工作、创业及外国专业人士来上海工作的人员选择、沟通联络等有关事务;开展对海外人才的信息传播和政策宣传,包括国内或上海最新人才政策和人才需求信息;联系我国驻当地使领馆的教育部门,了解当地的中国留学人员信息;建立以中国留学人员为主的海外人才信息库;根据要求提供上海急需的海外人才信息资料,物色并推荐合适的中国海外留学人才、港澳台专才和外国专家来上海工作。近年来,设立海外联络处的做法在很多国家部委和地方引智部门得到推广。尽管设立海外联络处的方式和途径不尽相同,并且迄今并无实施效果的专题性研究,但这一做法本身已经蕴含了设立国家猎头的初衷。

> 台湾当局自1969年起对岛内各机关、院校及公私营企业的需才状况进行了调查,根据调查结果编印了"各机关院校需要专门人才报告"寄发岛外,历年所印报告均列明所需人才专业、工作地点、单位、职称、待遇等

---

① 张永凯:《人才跨国流动剖析》,《中国科技资源导刊》2012年第3期。

> 各项详细资料。以使海外学人明了岛内需才情形。此外,台湾当局还向海外学人编印发行心海外中心简讯,报道台湾当局的有关规定、学人动态、学术活动及求才信息,供海外学人参考。①

自 2008 年以来,我国已经形成了以"千人计划"为代表的国家引智专项,并在国际上产生了深远影响。"千人计划"在一定程度上已经成为了中国面向全球高端人才进行资源整合(而不仅仅是引进)的重要平台,并逐步形成了全国范围的工作体系。但从现有的海外联络处的设置与运作来看,我国依然处于摸索阶段。今后,建议由国家级的引智机构直接牵头,由社会组织或者事业单位作为具体的承担者,设立与"千人计划"等国家级引智计划相匹配、功能齐全、职责集中的国家猎头,以全球性大国的身份和中国式的规范操作,在世界范围内进行人才资源的整合。其中,"专业人士社团与专业人士联系紧密,常常掌握高端专业技术人才的信息,可以为地方政府提供人才信息等服务,充当海外人力资源库和海外人才联络站的角色"②。政府部门可以考虑在重点领域有基础的专业人士社团中,重点扶助一批海外专业社团,使之成为政府在海外的人才联络站,分步建设人才资源库。同时,有关部门需要积极引导有条件的本土猎头逐步进入国际人才市场,尝试开展国际猎聘业务,扭转我国猎头服务行业长达 20 年的只进口、不出口的尴尬局面。

三、设定分类评价标准,提高海外人才引进的透明度与规范性

海外人才引进工作是我国人才战略部署的重要内容,而海外科技人才引进占据了主体地位,但作为具体需求方的国内用人单位不

---

① 虞晓波:《台湾的人才外流众对策》,《中国人才》1993 年第 12 期。
② 郑巧英:《民间组织与中加人才交流》,《第一资源》2013 年第 5 期。

一而足,远未形成统一规范的引智流程和公认公允的评价标准,从而使引智工作时常面临不规范、不透明等质疑,甚至引起纠纷抑或导致科技海归的"二次流动"。我们在问卷调查、远程访谈、非参与式观察过程中多次发现,在引进海外科技人才时,今后需要妥善处理好以下几个方面的问题:

(一)促进国内人才需求单位需要进一步细化海外人才招聘的具体要求,提供更为透明、详细的招聘信息及正式承诺

很多高校和科研机构在人才招聘时,让应聘者直接与有关的办公室文员、人事处普通工作人员等进行联系,以至于在联系之初就遇到了信息需求与信息供给(敷衍、不熟悉、不热心)之间的落差。一位受访者 46 本人以求职经历为例,讲述了以下两点感受:"一是感觉国内许多学校、研究所的招聘信息不明晰,有的甚至少得可怜或者很过期,关于待遇等没有白纸黑字的承诺,时常需要自己揣测;二是若国内没有联络人,求职时会很处于下风。"受访者 79 也表示:"我认识很多回去的人,有好有坏,总体还是在改善,但大多数海归反映用人单位经常胡乱答应条件,引进之后不能完整兑现。"在规范用人单位的招聘信息的同时,可以直接建议相关招聘单位针对海外科技人才的专业技术特征,在由人事部门具体工作人员或者相关院所办公室工作人员负责联络工作的同时,指派直接与招聘单位的正职或副职领导联系,从而解决双方交往时与专业相关的一些问题。

(二)加快设立海外科技人才引进的评价指标体系,构建海外科技人才引进的测评体系

海外科技人才引进的规模将会持续加大。目前,国内已经局部性地出现了海归拥堵、海归与本土人才负面竞争等现象。今后,需要加快设立全面衡量海外科技人才的科研能力、水平、潜力的一整套流程,并对其科研层次、团队协作精神等进行综合性的测评,建立一套专家评审机制。受访者 1 建议："根据单位发展的自身需要,采取同行评议的方式,进一步评估引进人才的真才实学,为其所用。"北京生命科学研究所完全采用国际同行"背靠背"的评价方式,形成了一整套完整规范公正的引进流程,为我国今后真正引进和使用顶尖级的海外科精英提供了模板。基于海外科技人才引进的目标,通常可以从两个维度进行测评:一是前沿性(全球),即所从事的海外研究工作是否属于该领域的世界前沿层次,今后将有多大的学术提升空间;二是需求程度(对华),即所从事的研究工作是否属于当前中国经济科技发展的重点领域,对于中国的科技发展及学术进步等有多大的促进作用等。

(三) 加快探索海外工科人才引进的评价指标体系,提高工科人才引进质量

海外科技人才队伍主要由理科与工科组成,在引进标准的确立方面,我国通常采取了统一对待的立场。但事实上,理科与工科留学生的知识结构有很大程度上的差异,在成果形式上也有所不同。近年来,海外工程类研究生的比例不断增加,尤其在加拿大、中北欧、日韩地区留学的中国理工科学生以工科居多。在我国大力实施创新驱动发展战略的全新历史阶段,高层次工科人才的重要性更趋凸显,加大海外高层次工科人才引进是不可缺少的重要环节。总体来看,目前的引进标准虽然兼顾了工科留学生的实际情况,但依然过于偏向理科。受访者 75 认为:"太看重文章数量,缺乏一种全面衡量人才的准则或者机制。"这就需要在原有思路的基础上适度拓展,探索一套更加适合工科类研究生引进的标准。

在为本研究团队提出具体建议时,受访者 4 认为,工科人才引进的标准应该主要包括科研能力、团队精神及沟通能力三个方面;受访者 76 主要列举了面试、推荐信、发表文章及成果的质量、工作经验等四个方面的内容;受访者 82 认为必须包括对基础知识的掌握程度、

其在本领域内发表论文的质量(非数量)、对本领域工业方向(有别于科研方向)发展的了解。总体来看,由于工科的操作性强、应用性强、时效性强等特征,在为海外工科人才设置评价标准时,可以重点从以下几个维度进行探索:一是基础理论水平,二是学术成果,三是实践操作能力,四是市场需求度,五是一线工作经历(经验)。

四、密切联系海外专业技术社团,拓宽与理工科留学生的交流渠道

(一) 建立和完善海外专业技术社团数据库

网络是现代化的有效通信工具,而信息就是资源,海外理工科留学生拥有许多对国内经济科技发展十分重要的信息,是非常重要的信息源。同时,海外留学生的情况也在不断发生变化。因此,需要不断完善并定期更新赴外留学人员的信息网络,构建相关部门与海外留学生之间准确、高效的联系网络,搭建快速便捷的全方位联络沟通平台。要通过多渠道搜集信息,做好基础信息的查漏、补缺、勘误工作。

海外专业技术社团数据库的建立与完善,是构建海外理工科留学生交流平台的基础性工作。可以从以下几个方面着手开展工作,以逐步建立起组织构架:一是广泛收集海外专业社团信息,通过各地理工科留学生中的代表性人士或者驻外机构,逐步摸查海外专业技术社团的基本状况;二是及时更新变动的数据,对收集到的信息要全面核实,认真做好记录处理工作;对变动的数据要及时更新,确保数据的真实可靠性。只有做好这一点,不断维护并更新数据库,才能确保掌握海外理工科留学人才的第一手资料,进而形成动态跟踪机制。

(二) 海外专业技术社团中的代表性人士队伍建设

数据统计结果显示,海外专业社团中的发起人、主要负责人、联络人等通常是相对活跃、国内外联系较多的代表性人士,在召集、发动当地留学生等方面,有相对显著的优势。因此,在"海外人才信息研究中心"的调查过程中,多位高校统战部门负责人明确提出,要重点关注和挖掘海外专业技术社团中的代表性人士,加强联系,充分发挥其在海外留学生工作中的领军人物的作用。笔者在参加某些地方的海外代表性人士夏令营等类似活动时多次发现,有些地方部门将海外专业技术社团的联络人、日常维护人员与社团的主要负责人混淆,无意之间偏离了代表性人士队伍建设的初衷。事实上,海外专业社团的相关联络人多数并非高层次的科技人才,很多恰恰是工作较为轻松、空闲时间比较充裕的兼职人员甚至是义工,在专业技术领域享有一定地位的海外科技精英一般不会参加走马观花式的、团拜式的夏令营活动。这也是主办方与社会公众围绕活动效果自说自话、各说各话的重要缘由。

(三) 强化海外专业技术社团的联络机制建设

海外专业社团的联络机制建设是拓展海外留学生工作平台的前提。鉴于目前海外专业社团的组织化程度差异极大、总体上相对松散、活动频率不一、工作水平参差不齐的情况,需要探索建立一整套的联络机制,推动建立主要国家和地区的中国留学生专业技术社团联合组织。同时,推动国内主要高校进一步整合相关国家和地区的中国理工科留学生,并以适当方式对其工作进行必要的柔性指导和推进。受访者 38 建议:"个人觉得在实施上比较便利的一种方式,是留学生原先所在大学,和留学生之间保持一定的联系,这个工作应该由中国各个大学来完成。以大学为中介,让老一代留学生和新留学生之间取得联系,这种以老辅幼的方式,个人觉得是比较有用的,也容易长期开展下去。"

五、搭建开放共享的网络平台,促进科技人才的跨国交流与知识共享

科学家有国籍,但科学没有国别。全球化本身就包含了全球科学共同体的形成。尤其在大数据时代背景下,通过网络途径进行跨国、跨界的同行间专业交流及研讨,已经成为国际通行的做法,并由此衍生了以美国的 Academia、德国的 Research Gate 为代表的可供开放存取的大型网络平台。中国国内也曾经尝试过建立理工科领域的专业交流平台,以天玑学术网最为典型。天玑学术网是由中科院计算机研究所开发的为科学家们提供分享研究成果、学术著作的交流平台,类似于科学家的 Facebook 或 Research Gate。同时,科学家们还可以参加一些线上的科研论坛或兴趣小组。但从总体运行状况来看,迄今远未真正成为国内科技界普遍认可的大型互动平台。

Academia

Academia 由牛津大学哲学博士 Richard Price 创立于 2008 年,它是一个专门供科研人员使用的学术型社交网站,有学术界的 Facebook 之称,吸引了全球绝大部分大学和研究机构的科研人员。专业学者可以在 Academia 上上传自己的论文以供其他专业人士编辑阅读查看。目前,Academia 还推出了论文评分功能 Paper Rank,这是一种帮助专业学者快速确定某一篇论文的质量高低以及是否正确有效的方式。在以前,作为一种同行之间的评审,专家就已经可以对某一篇论文进行推荐或者评论,但现在这些推荐都会自动反馈到一种算法当中以便对论文进行评级。Price 说:"在以前那种日报的模式下,编辑都是报纸主办方花钱请来的。编辑只会简单地找几个人,发邮件询问对方可否以同行的身份对某篇文

章进行评论,这仅仅是一个短时间的抽样测试,如果对方同意,那就免费对文章进行评论与推荐。在网络时代,我们想看看同行评审的结果到底如何,这就是我们想要做的。"

可以看出,Academia 是一个专门供科研人员使用的学术性社交网站,作为一个非常专业性的社交网站,Academia 能够帮助科研人员加强彼此间的沟通联系,分享各自最新的学术研究论文,使研究成果惠及更多的人。目前,Academia 有接近 3 000 万用户,已经成为美国最大的学术论文分享平台。之前,如果科研人员想参考网站上的其他学术论文,经常会出现需要付费阅读的情况,很多甚至查看不了。有了 Academia,科研人员可以在网站上相互间免费分享和查看各自最新的科研论文,使学术交流变得更为畅通。

Academia 每天上传近 2 500 份学术研究论文,网站的月独立访客数达 300 万之多,其中很多访客都是通过谷歌搜索进入这个网站页面的。此外,Academia 还会利用自己特有的分析工具帮助研究人员查看阅读了自己研究论文的人数。Academia 的新版个人档案能够让学者们呈现自己最好的工作成就,并跟踪分析论文阅读者与关注自己的人。学者们现在可以按领域将自己的研究分成不同的部分,如发表过的论文、草稿、书评、会议报告等。个人档案顶部还新增个人简历栏,用于显示他们的关键职业成就。此外,还提供了一块区域供他们链接到 LinkedIn 和 Twitter 等其他网站上的个人档案。

鉴于网络安全及语言等诸多因素,我国的科技工作者在通过网络平台与国外同行,尤其海外科技人才进行交流时面临一些不便。早在 2014 年,便有专家呼吁有关部门适当放宽限制,甚至有业内专家提醒有关部门"当下科学发展快,全球化趋势明显,但我国的网络监管水平相对滞后,这在一定程度上拖了科学进步的后腿。"[1]2016年 5 月的科技三会期间,更有院士明言:"严格的网络监管,对我们搞

---

[1]《科研网络监管能否"网开一面"》,《中国科学报》2014 年 11 月 19 日。

科研的人来讲,损失是非常大的。其实通过国外的一些网站,我们可以了解很多科技先进国家正在做什么,以及他们把科研成果转化到了什么地步"。① 可见,相关问题已经提上了议程。

无疑,在全球科技竞争背景下,尤其随着中国科技的快速发展,不仅引起了某些国家的疑虑并授意媒体刻意抹黑中国,而且通过网络途径监视中国科技发展动态甚至窃取中国的研发成果等,我国的科研工作确实会面临无意涉密等安全问题,在公安部门无法确认内容信息是否会危害国家安全时,采取备案等监管手段可以有效地排除潜在风险。但是,监管方式和思维方式亟须转变,需要进行分类管理:一是在不涉及意识形态等敏感问题、不涉及核心技术等重要成果的基础上,可以在特定空间放开;二是对诸如 Academia、Research Gate 等专业性交流平台,不仅需要放宽监管,而且需要促进国内科技工作者与国外尤其海外高层次科技人才的网络交流互动,由此获得国内科技发展所需的动态信息及先进理念等。

六、遵循国际人才市场交易规则,重新设计高层次人才薪酬体系

随着国内经济的快速发展,很多地方部门以"开高价"的形式吸引海外高层次人才,甚至出现了区域之间竞相报价的负面竞争局面,国外媒体的消极报道也引起了海外高层次人才群体及高端科技海归的关注。② 其中,将个人补贴与科研启动经费一并统计以显示所谓的引才"诚意"或者炫耀区域经济实力无疑是直接原因之一。国内学术界在批评恶性竞争、刻意高价"收购"海外人才的简单化做法时,却又陷入了另一个误区,认为高层次人才主要关注的是事业发展空间、人

---

① 《院士热议:科研网络监管能否"网开一面"》,《中国科学报》2016 年 1 月 1 日。

② "High-Priced Recruiting of Talent Abroad Raises Hackles", *Science*, 18 February 2011, p. 834 - 835, http://www.sciencemag.org/content/331/6019/834.full.

才创新创业生态、科研发展规划等,从而将"高层次"概念神圣化甚至虚化,以至于单纯的"事业留人"成为了学界与媒体共同炒作的热词。[①] 殊不知,层次越高,流动成本和风险越高,迁移的心理预期,包括对经济收益的预期也越高。本研究团队于 2009—2010 年度针对海外科技人才的实证调查数据显示,北京、上海等沿海特大型城市是这一群体回流的首选,且"经费支持"(52.3%)是其回流的第一期许,所期望的年收入也远高于同年度的国内科研人员平均年度收入水平。[②] 同时,作为海外高层次科技人才,主要从事科研、研发工作,在通过非常规手段引进之后,必须有相应的科研条件和研发(实验)设施保障等。

从新加坡、韩国及中国台湾地区的历史经验来看,顶尖人才需要的是顶尖的薪酬。新加坡时任内阁资政李光耀曾强调:"吸引人才要有国际眼光,只有用最高的工资吸引顶尖人才,才能让全球人才带来全球观念。"新加坡人力资源部规定,在本地申请就业准证的外国人员,月工资不得少于 2 500 新元,后来提升至 3 000 新元,最近再度提升至 3 500 新元。不同层次人才拉开很大档次,受雇于跨国公司的高级管理人员年薪过百万的大有人在。为了鼓励企业招纳国外优秀人才,新加坡政府规定,招聘、培训外国人才方面的支出以及为外国人才提供高薪和住房等福利待遇的支出可享受减免税,并通过调低个人所得税、出资为在新加坡工作的外国人员提供培训机会等手段,提高对人才的吸引力。

根据这一思路,很多单位都专门针对外国人才构建了国际化的薪酬体系。比如,笔者在新加坡国立大学(National University of Singapore)访学期间通过深入调查发现,该校对海外专家实行"双层

① 石红梅:《用事业留人 靠感情留心》,《中国组织人事报》2014 年 5 月 23 日;李铎:《事业留人远胜高薪挖脚》,《北京商报》2012 年 10 月 10 日。
② 中国科协 2009 年度社会调查类公开招标课题:海外华人科技人才状况调查(编号:DCJY200912),第一负责人:高子平。

工资制",每位海外学者的年薪包括基本工资 20 万新元和 5 万—20 万新元不等的市场价值,市场价值取决于学者的市场竞争力,下属的研究所所长一般有 5 万新元的岗位补贴。富有竞争力的薪酬福利是新加坡银行吸引人才的首选方式。部分工资与业绩挂钩,调动起职员对工作最大程度的热情。新加坡华侨银行集团("华侨银行")人力资源部副总裁郑美玲介绍说,华侨银行在 2004 年 6 月首次启动了员工股份回购计划,包括来自马来西亚和其他国家的职员可以很方便地通过工资扣除来购买华侨银行的股份。这不仅能激发团队合作意识,使职员对银行形成更强的认同感,也有助于留住人才,实现更好的长期业绩。

从中国的科技精英薪酬状况来看,面临的主要问题是大批海外高层次科技人才回流之后主要进入体制内的科研(研发)单位,现有的体制内薪酬体系带有一定的计划色彩,不仅与其他的中等发达国家有较大差距,而且与中国国内的体制外单位的差距明显,难以形成真正意义上的人才吸引力,这也直接决定了大型国有企业、体制内高校或科研机构要么通过科研项目资助或者人才专项补助形式适当缩小收入差距,要么通过授予一定的职权和骨干岗位使其获得非经济报酬,形成了独特的政治激励模式。上述两种形式基本上属于曲线式的处理思路,从局部来看是有效的,但随着用人方式的逐步市场化,上述做法仅限于体制内或者是顶尖级人才层面,难以在面上(市场层面)推开,因此,从中长期发展的角度来看,相关用人单位必须真正理解市场配置人才资源的深刻内涵:高层次科技人才的薪酬必须向国际看齐、与市场接轨、跟收益挂钩。

第四节　顺应大数据时代发展趋势,
柔性集聚海外科技人才

大数据时代的中国迎来了海外人才的"常态化流动周期",理应积极探索、先行先试,引领国际人才资源整合与集聚的新格局、新模式、新规则,并基于以下三点进行系统的顶层设计:一是这一群体的创新特质,尤以新秀海外网信人才为代表,绝非单一的薪酬福利抑或政策优惠所能打动;二是这一群体的高层次性,决定了流动的成本和风险极高,对人才生态的敏感度极高;三是在大数据时代和中国快速崛起的国际背景下,需要借助于现代信息技术手段网联全球人才资源,并立足全球(而不仅仅是面向国际)整合人才资源,而非传统意义上单个、单一、单向度的"集聚与引进"。其中,亟须顺应大数据时代的发展趋势,探索柔性集聚海外科技人才资源,彰显"人"、"才"分离的历史趋势,在优化完善传统引智模式的同时,实现真正意义上的"回国服务"向"为国服务"的跃升,形成立足全球整合并就地使用海外科技人才资源的新格局。

一、探索顶尖科学家的团队式(整建制)引进模式及家庭式引进方式

长期以来,国内各界一直热议如何引进顶尖级科学家的问题。事实上,尽管海外高层次科技人才的队伍庞大,层次不断提升,越来越多的华人科学家进入了世界科技的最前沿,但中国在面向顶尖级科学家问题上显然没有形成成熟的应对策略。进而言之,迄今为止的国内科研环境和科研创新管理体制还不能真正吸引顶尖级的科学家自然回流。究其根源,需要重点从以下两个方面转变思路:一是不能沿袭个体式的引智方式。受到招商引资工作思路的影响,很多部门在引智过程中只关注个体,热衷于引进规模和人数,不关注团队,[1]对于以顶尖级科学家为核心进行团队引进,不仅没有形成一整套行之有效的政策措施,甚至还存在某些顾忌与争议。一些地方采

---

① 高子平:《海外科技人才的团队式引进》,《东方早报》2013 年 4 月 2 日。

取了建立合作团队的折衷办法,但实践证明,通过国际合作项目引进海外专家团队,有知识产权转移慢、难以完全掌握核心技术、受到国外合作方的严格控制等诸多缺陷。为此,在依托国际合作项目引进的基础上,通过引进方式方法的创新,多种形式地引进海外研发团队,一方面可以充分利用现有的海外科技人才群体的海外关系和专业知识,尽快形成高层次的海外研发团队;另一方面,通过团队引进,可以充分发挥同一专业、领域内的人才集聚效应,降低人才配置成本,提高科研(研发)机制的运作效率。

在尚未形成共识或者通行做法的前提下,广东省率先推出了"引进创新科研团队专项计划"。2008 年 9 月 17 日,广东省委、省政府发布《关于加快吸引培养高层次人才的意见》,这是广东省吸引培养高层次人才的纲领性文件,也是广东省开展引进创新科研团队工作的重要依据与指导政策,将引进创新科研团队工作放在了全省人才工作的首位予以极大的省财政支持力度,充分显示了创新科研团队工作的重要性。在这一政策的引导之下,广东省相关部门紧锣密鼓地出台一系列团队人才政策:《关于贯彻落实〈关于加快吸引培养高层次人才的意见〉的实施方案》、《广东省引进创新科研团队评审暂行办法》、《广东省引进创新科研团队专项资金管理暂行办法》、《关于实施〈广东省引进创新科研团队专项资金管理暂行办法〉的补充通知》、《广东省引进高层次人才"一站式"服务实施方案》等。该计划以政策扶持力度大、高含金量而闻名海内外,受到全球尤其是美国硅谷的华裔科学家的青睐。

在广东省引进的创新科研团队中,不乏深圳光启高等理工研究院团队、医学超声影像世界级工业创新团队、创新药物研发与产业化团队等世界知名团队成员放弃国外优厚的待遇毅然回国创新创业的华人科学家。深圳光启高等理工研究院团队带头人刘若鹏为美国普林斯顿大学电子工程系博士后,该团队研发和制造了世界首个宽频带隐身衣,其研究成果刊登于国际顶尖期刊《科学》杂志而轰动世界。刘若鹏现已归国并带领包括美国哈佛大学博士后季春霖、英国牛津大学/伦敦大学博士后张洋洋、美国杜克大学博士后栾琳和博士赵治亚等科学家在内的整个研究团队全职来到深圳创业。

但在实施过程中,广东省主要是借助于国家有关部委的支持,聘请中科院、中国工程院等的国内顶尖级科学家进行评估,这种做法的有效性毋庸置疑,却难以在面上推广。从中短期来看,首先,需要对顶尖级科学家团队引进工作设定权限,以国家级、省部级为宜。鉴于引进工作的层次性、专业性等因素,不宜在地级市及以下层级开展类似工作。其次,需要形成一整套与国际接轨、国内通行的评价体系,防止区域差异或者人力资本定价过程中的国别差异引致的负面效应;再次,需要采取"一事一议"的操作方式。目前,国家"千人计划"中的"顶尖人才及团队引进项目"已具雏形,可以作为在全国推广并进一步完善的蓝本。

2012年4月28日,首位中央"千人计划"顶尖人才领衔新建的科研机构中国科学院上海植物逆境生物学研究中心在上海成立,研究中心由中科院与上海市联合通过中央"千人计划"顶尖人才及其团体引进项目引进美国科学院院士朱健康及其团队建设。中科院上海植物逆境生物学研究中心聚焦植物科学前沿领域与生物技术重大战略性科学问题,集聚一流研究团队,以知识创新为基础、以解决国家重大战略科技问题为目标,成为植物科学前沿领域与生物技术原始创新的源头、高水平创新人才培养的基地、新型科研体制机制探索的试验田。经过5—10年的不懈努力,研究中心将建设成为植物科学前沿与生物技术领域国际一流的科学研究、学术交流、人才培养与产业促进中心。据悉,研究中心首批60人的研究团队已陆续到位开展工作,其中有5人是首席科学家、资深研究员和研究员等学术带头人。研究中心短期内计划先启动植物抗旱、抗盐、抗冷、抗热的分子机理及生物技术等若干核心研究方向,具体包括植物抗逆的遗传和表观遗传学机制、植物逆境信号传导、逆境下的代谢调控、生物胁迫与植物抗逆的关系、植物逆境反应对生长发育的影响等。今后,将逐步发展扩大到植物科学与相关生物技术的各个重点前沿领域,开拓与农业高新技术有关的知识产权,并培养一批高水平的新一代科学家。

顶尖级科学家及团队引进之后,如何进行科研组织是必须深入考虑的另一个问题。上述科研团队建设模式得到了国内科研机构的认可与效仿,也是在目前可以落地的最现实方案。但在平台设立之后,如何超越传统计划体制的管理模式,形成一套与国际接轨、符合科研发展规律的运作模式,则是亟待处理的另一个高度相关的问题,包括经费管理与使用、人员招聘与录用、薪酬标准设定与调整、知识产权保护与转让(化)等诸多问题。2014 年 10 月,中科院院士、清华大学机械系主任雒建斌公开呼吁:"持续增加国家级科技研究中心或实验室的财政、法规等支持力度,建设国际一流的科研基地。"[1]但从近两年来的发展趋势来看,类似平台同样面临着经费管理和使用等诸多约束,经费报销等某些做法有悖于科研规律,值得引起相关部门的高度重视。以上海为例。张江综合性国家科学中心是上海建设全球科创中心的重要战略部署,如何以张江科学城为载体,进行相关政策的突破与制度创新,尤其是如何重新审视西方成功有效的 PI 制度并予以改造利用,这是我国在顶尖级科学家团队引进过程中必须认真考虑的重大问题。中国科协在 2017 年度的重大项目招标中将这一问题进行单列,充分反映了该问题的重要性及国家层面关注度的加大。

---

① 雒建斌:《国际人才流动规律须遵循》,《光明日报》2014 年 10 月 18 日。

二、实施海外理工科博士生储备计划,推出中国特色的 STEM 方案

包括本研究团队在内的多项实证调查显示,海外高层次人才流动的最佳年龄是在 40 岁之前,通常亦即成家之前。对于已有家业的海外高层次人才而言,子女教育等家庭因素往往是影响其迁移决策的最主要因素。"全球科学"的调查结果也显示,一个国家的博士后与本国的教授相比,出去当外国人的可能性要大很多。例如,在美国有 61% 的博士后是外来的,而只有 35% 的助理教授、副教授和全职教授是在海外出生长大的。[①] 当《自然》杂志向读者调查其对移民的态度及历史时,也发现了类似情况。那些刚刚获得博士学位的人与更资深的科学家相比,更有可能离开生他养他的国家到外面闯荡,他们也更加开放,在国际上流动,主要原因是他们的职业道路尚未确定下来,不可能被社会关系网络和家庭拴住。可见,科学家流动无国界,青年科学家流动意愿最强烈。[②] 另一方面,科技人才的创新高峰通常出现在 28—35 周岁之间,或者说博士毕业之后的 5—8 年之内。这就要求将海外高层次科技人才的关注重心适当置于潜在的顶尖科学家群体,而不能过分强调已经取得重大科研成就亦即已过科研高峰期的资深科技精英。国家青年千人计划的出台彰显了相关政策设想,但从规模与范围角度来看,远未成为全国范围内的大规模海外高层次科技人才储备工程。

---

① 侯国清译:《全球科学人才流动潜在趋势分析》,《中国人才》2013 年第 1 期。
② Richard Van Noorden, "Global mobility: Science on the move", *Nature*, 2012, 43(10): 1716 – 1721.

"雏鹰归巢"计划：为了对海外高层次人才加强跟踪和培育，上海从2008年开始实施"雏鹰归巢计划"，聚焦哈佛、斯坦福、牛津、剑桥等世界排名前100位的著名大学，选择学习成绩优秀的我国在外留学人员，以及在国外跨国公司中担任中高级职位的海外优秀高层次人才，通过掌握信息、建立联系、加强合作、提供服务等多种形式，不断跟踪，加强培育，积极引进。力争每年跟踪100名海外留学人员，为"千人计划"等各类海外高层次人才引进计划提供扎实的人才储备。①

当前，中国刚刚进入国际人才的常态化流动周期，需要以更为积极、更富远见的重大举措，营造海外高层次人才回流的稳定态势，并为重大研发领域和关键科研环节储备人才。2014年10月，中科院院士、清华大学机械系主任雒建斌公开刊文呼吁："应该允许博士后在同领域较长时间地继续从事研究工作。另外，建议国家在基金委或科技部设立博士后专项基金，用于补贴博士后个人生活费用，资助优秀博士继续从事科研工作。"②事实上，在中关村园区、张江科学城等地，已经具备了实施相关计划的科研条件和基础设施条件。为此，本研究团队基于海外理工科博士生的实证调查及非参与式观察等前期研究，建议在中关村和上海张江科学城率先试点实施国家级的"雏鹰归巢计划"，即海外理工科博士生（后）储备计划，主要针对全球前100强知名高校的理工科博士毕业生，采取无条件的专项引进及经费补贴计划，提供1—2年期的国内求职或者合作研究机会，为其顺利回流提供国内"缓冲期"，有效降低其回流风险和成本。

---

① 陈琼珂：《引才引智上海成为国际人才高地》，《解放日报》2014年9月25日。
② 雒建斌：《国际人才流动规律须遵循》，《光明日报》2014年10月18日。

三、创设海外研发基地，就地引进和使用海外科技人才

2012 年，《自然》杂志向研究人员（主要得到美国和欧洲地区的响应）调查，到 2020 年哪个国家将在其领域产生最好的科学。生物学和物理学领域的受访者中约 60％选择了中国，但是只有 8％表示他们愿意迁往中国。他们表示，尽管对中国未来的研究质量有很高期望，但是中国缺少吸引外国研究人员的政治和文化环境，如果欧美研究人员不在中国呆很长时间，他们将难以了解如何在那里开展研究。[1] 自 2008 年以来，随着中国企业"走出去"，尤其进入西方发达国家市场步伐的加快，舍远求近、就地使用海外高层次科技人才的条件日渐具备，一些拥有实力的中国企业已经开始远赴海外开拓并建立研发基地，如华为在英国、法国、加拿大等多国设立研发中心，美国硅谷更是吸引了长虹、苏宁、百度、商飞等多家中国企业的海外研发中心落户。

中国企业"走出去"创设海外研发基地

美国拥有一流的民用航空制造企业和众多民机配套企业，是世界航空工业创新发展的重要区域，也是世界重要的民用航空市场，同时拥有全球最多顶尖的技术人才以及吸引人才的先进体系。2013 年，商飞美国公司在洛杉矶地区的奥兰治县新港市揭牌。

2014 年 2 月 25 日，伊利联手荷兰的瓦赫宁根大学，在欧洲的"食品硅谷"创设了第一个中国研发中心。

华为在英国伊普斯威奇、剑桥和布里斯托尔均设立了研发中心，截至

---

[1] Richard Van Noorden, "Global mobility：Science on the move", *Nature*, 2012, 43(10)：1716 - 1721.

目前,在英国共有研发人员 156 名,预计到 2017 年增长到 300 人。华为创始人兼 CEO 任正非曾说:"英国有着全球顶级高科技专业人才,他们的创新能力是我们在研发领域付诸努力的最大财产,帮助我们推出最先进、最具竞争力的电信和宽带服务。"2014 年底,华为与英国萨里大学共同启动了全球首个 5G 通信技术测试床。华为在设立海外研发中心时会根据当地的人才和知识结构来选择最佳的投资方向,而调研显示法国拥有雄厚的数学人才储备,最近几届菲尔兹奖获奖者中都有法国数学家。华为在法国建立的数学研究所也是看中了这里的数学人才资源。华为法国数学研究所目前共有 50 多名数学研究人员,全部拥有博士学历,90% 以上来自法国本地。

2015 年 1 月,长虹将北美研发中心落户硅谷。在新的合作模式下,长虹在硅谷建立北美研发中心,可以第一时间接触到最新技术和创新,直接跟创业者打交道,尽快把最新思想理念、技术创新带回总部,供总部决策参考。

中国企业赴外设立研发中心的首要动机就是就地吸引人才与智力资源。具体而言,海外研发基地可以发挥以下功能:一是窗口功能。接触硅谷等地的最新技术、最新创新、最新理念、最新商务模式,了解哪些新技术、新理念有助于中国本土企业现在和将来发展,并将其输送到国内。二是研发功能。选择性地关注有关键契合点的关键技术,并选择性地建立团队,发展这些技术,有选择性地发展一些知识产权。三是投资功能。投资入股是硅谷常见的一种合作模式。比如,长虹正在建立一个投资基金。长虹北美研发中心在美国物色处于创业初期、有发展前景和一定风险承受能力的初创公司,为其提供种子阶段的投资。四是孵化功能。华为在印度等地的做法最为成功。长虹在硅谷圣克拉拉市租下约 176 平方米的办公场地,邀请合作伙伴或与长虹有战略契合的初创公司在这里办公,为其提供场地、资源、设备等。苏宁在硅谷设立的研发中心有战略实验室、互联网金融实验室、搜索实验室和云实验室四个部分,并进行跨境电商的研究和业务。① 此外,中国企业在海外设立研发基地,还为当地企业接触中国市场搭建了一座桥梁。苏宁的硅谷研发中心是美国公司进入中国市场的一个管道,很多美国公司来寻求合作,这些公司的新产品将来的生产基地在中国,目标市场在中国,所以它们很希望有中国企业能够一起孵化。正是实现了跨国产业链的延伸,从而促进了国际人才资源在全球范围内的市场化配置,中国由此成为了这种全球化配置的重要节点和目的地。

东风首个海外研发基地落户瑞典

2012年10月,东风汽车公司与T Engineering AB(T工程技术公司,以下简称"T公司")在瑞典签署协议,收购T公司70%的股权。此举意味着东风公司首个海外研发基地正式落户瑞典,T公司作为东风公司在海外的第一个研发团队,将进一步充实东风的研发资源,为东风大自主乘用车事业和商用车事业提供电子控制方面的技术支持和服务,加快推动东风的国际化进程。

收购T公司,是东风公司寻求国际化的需要和做大做强自主事业的战略选择,也是有效、快速提升东风自主开发能力的重要举措。在汽车研发中,车身电子和电控单元占据着非常重要的地位,同时又是各自主品牌厂家难以突破的技术瓶颈。通过成功收购T公司,东风拥有了一支国际一流的完整的电子控制团队,填补了东风在整车及动力总成电子控制商品化开发领域的空白,并使东风得以在此领域跻身国际先进水平行列。未来,东风将在T公司基础上,进一步拓展海外研发事业,从电子控制领域扩大为传动系及车型平台的开发,建设一个能广泛吸纳欧洲汽车技术人才的海外研发中心。

---

① 潘剑韬:《海外研发基地应发挥多种功能》,《经济日报》2015年6月23日。

显然，一些跨国企业并购不只是为了获得企业的技术，更重要的是那些创造技术专利的人才。许多国家也常常扶持本土企业成立海外研发中心，吸引本国在海外的留学人才。韩国三星就雇佣了200多名在美国获得博士学位的韩裔科学家。[①] 在借鉴日本、韩国（三星）等的成功经验的基础上，我国面向海外高层次科技人才设立海外研发基地的步伐理应加速，并主要通过以下几种形式开展：一是重点针对欧洲地区加速并购；加快设立联合研究基地，并就地聘用海外科技人才。前者需要关注所在国投资政策调整的风险，尤其以国家安全为由进行的各种所谓"背景调查"，后者则需要妥善处理知识产权的保护与技术转让（化）问题。

如今，中国已经成为全球第一贸易大国，中国企业"走出去"的步伐不断加快，海外投资规模持续扩大，为加快设立海外研发中心、大力吸引海外科技人才（主要是理工科留学人才）就地为国服务提供了有利条件。从国际上看，韩国早在三五计划时期（1972—1976）便主动在国外设立研究机构，集聚韩裔人才。今后，我国需要进一步鼓励有实力的各类企事业单位，尤其是民营企业在"走出去"的同时，加快设立海外研发中心，就地整合科技人才，尤其是集聚一批不便于或者不愿意回国发展的海外科技人才就地为国服务。就当前而言，本着"谨慎抄底、谨防炒作"的原则，主要可以采取两种模式：一是参照东风汽车在瑞典收购研发公司股权的模式，通过企业参股、控股、并购等保留原有的品牌、人才队伍及研究积淀；二是参照伊利集团与荷兰著名高校联合建立研发中心的模式，通过项目制打造海外智库。

四、规范阶段性流动，为各种形式的短期交流提供便利

在全球化、信息化背景下，尤其是随着中国科技与世界科技前沿

---

① 王辉耀：《遵循国际人才流动规律引进人才》，《中国组织人事报》2014 年 6 月 4 日。

的差距不断缩小,国内外科技人才之间的交流与合作迅速增多,海外科技人才参与国内科研项目、学术交流活动的现象大幅度增加。"春晖计划"从国家层面进行了政策设计,很多省市、重点高校均出台了短期交流项目等,以此推动与海外人才的交流合作。"随着互联网的发展,与远距离的国际合作者共事变得更加容易,为期一周或者一个月的多次访问其效果可以与半年期限的访问相媲美,甚至产出更多。研究人员长期离开国家到另一个地方的旧观念现在已经很过时了,对人们来说,在一个国家生活但在两三个国家工作的现象将会变得越来越普遍。"①上海财经大学的海外院长实聘制与海归教师的"非常任轨制度"在国内最具代表性。

上海财经大学通过创新型实施海外院长实聘制等一系列措施,成为培养和集聚具有国际视野、熟悉国际规则、具有国际学术影响力的高层次人才的高校。该校坚持以用为本,在国内高校率先推出体制内非全时实聘海外院长制度,先后聘任9名海外知名华裔学者担任校内优势学科所在学院院长。在海外院长的影响和带动下,上海财经大学初步形成了海外人才引进的"滚雪球"效应。一是扩大海外院长。通过率先引进田国强教授的示范作用以及他在海外华人学术界的影响力,先后成功引进了7位海外院长。二是引进海外名校博士。由海外院长牵头组成招聘小组,利用海外成熟的人才市场渠道,参照国际通行的录用程序标准,成规模地引进海外名校的博士毕业生到上海财经大学任教。截至目前,上海财经大学已从哈佛大学、牛津大学、普林斯顿大学、加州大学伯克利分校等世界名校先后引进近65位优秀博士。三是吸引了20余位海外著名学者担任学校特聘教授。目前,引进的海外院长基本上都是海外知名大学的终身教授,有广泛的学术网络和丰富的人脉资源,有助于提升学校学术国际影响力和竞争力。其中,田国强、艾春荣相继入选中组部"千人计划",田

① Richard Van Noorden,"Global mobility:Science on the move",*Nature*,2012,43(10):1716-1721.

国强、艾春荣、谭国富、黄明先后入选教育部"长江学者"计划。

"最重要的是,我们缺乏国际上最强的领域性研究中心或机构,虽然我国的国家重点实验室正逐步向国际一流靠拢,但离吸引大批国际一流学者自发前来长期工作尚有不小的距离。"①因此,这在常态化流动周期的起始阶段非常有必要。实际上,韩国、中国台湾等均有类似的成功经验。其中,台湾地区专门设立了高级研究职位,资助海外科技人才回台开展部分(短期)学术研究。以海外人才回流的拐点(1989)为例。当年共有203名海外科技人才回台湾,其中应聘"特约讲座"者有9人,应聘"客座研究正副教授"者有131人,应聘"客座专家"者有63人。② 综观国内的各种争议,主要集中在评估环节,即需要为什么样的海外人才提供此类便利,以及相关政策的实际效果如何。在实际操作层面,由于主要是借助学缘网络推动,多数海外科技人才都是本校的海外校友等,因此,部分高校落实政策的随意性强,从而引起了很多同行及学术界的争议。

无疑,我国传统的出入境管理政策、薪酬管理政策等不利于、不便于进行频繁的短期人才流动。为此,国家公安部借助于"部市合作机制",在上海率先推行的高层次外籍人才入出境管理便利试点,并于2016年12月推出了"新10条",在方便国外人才的入出境及居留方面进一步放宽了条件、规范了流程,取得了显著效果,得到了社会各界及政策受体的积极评价,这标志着我国开始系统构思基于全球人才流动的入出境管理政策,并将预示着更多便利政策在更广空间内的制定落实,也预示着我国的相关管理政策更趋顺应中国崛起的历史大势和全球化时代的发展方向。

---

① 雒建斌:《国际人才流动规律须遵循》,《光明日报》2014年10月18日。
② 费常:《早期台湾科技人才培养历程》,《海峡科技与产业》2015年第9期。

当前,在新一轮信息技术革命和产业革命的推动下,各国之间的联系更趋紧密,以经济为基础、以科技为先导的综合国力竞争日益激烈,人才资源日益成为经济发展的核心生产要素,越来越多的国家认识到人才发展对于国家经济、科技发展和社会进步的重要性,科技实力和创新能力越来越决定着各国在全球政治、经济舞台上的地位和角色。人才资源易于转移、扩散和辐射的特性,使人才开发的动态化和国际化程度不断提升,只有在国际人才流动中取得主动权甚至主导权,才能在全球化的竞争中居于领跑地位。中国在国际人才市场上的地位与角色正在发生历史性的变化,需要跨越单一、单个、单向度的"引才引智"阶段,立足全球网联并整合人才资源,营建中国特色的海外人才工作体系,并构建海外人才领域的中国话语体系,在海外人才,尤其海外科技人才领域真正树立政策自信和理论自信,逐步形成具有国际竞争力的人才制度优势,全面迎接中国在国际人才市场上的常态化流动周期,最终形成引领全球人才流动的中国范式。

主要参考文献

（一）中文参考文献

白艳莉.海外人才引进：构建人力资源强国的重要路径——国际经验与启示[J].生产力研究,2009(12).

本刊编辑部,肖丹.科技创新的人才驱动[J].中国科技奖励,2011(8).

薄建柱,曹杰.试述科学人才观视域下的高层次人才集聚[J].河北联合大学学报,2016(1).

常振杰.浅谈大数据下的人力资源管理[J].人力资源管理,2015(12).

陈果.大数据时代的人才管理[J].IT经理世界,2014(5).

陈俊.海外高科技人才的引进机制[J].经济导刊,2011(8).

崔伟.各国吸引海外科技人才的物质激励政策研究[J].科技与法律.97(3),2012.

董洁林."天生全球化"创业模式探讨：基于"千人计划"海归高科技创业的多案例研究[J].中国软科学,2013(4).

杜红亮,任昱仰.NSFC海外科技人才政策及其效果评估[J].科技管理研究,2013(16).

杜红亮,任昱仰.新中国成立以来中国海外科技人才政策演变历史探析[J].中国科技论坛,2012(3).

杜红亮,赵志耘.中国海外高层次科技人才政策研究[M].北京：中国人民大学出版社,2015.

杜红亮.中国海外科技人才概念体系构建之探讨[J].全球科技经济瞭望,2013(7).

冯梅.海外科技人才引进与中国高技术产业发展政策转型研究[J].上海商学院学报,2013(4).

高峰,唐裕华,张志强,王雪梅,张树良,熊永兰,陈春,黄丽珺.21世纪初主要发达国家科技人才政策新动向[J].世界科技研究与发展,2011(1).

高新辉.基于人才服务的大数据实现路径[J].国际人才交流,2016(4).

高子平.国际人才流动：研究范式的演进与重塑[J].探索与争鸣,2010(12).

高子平.海外科技人才回流意愿的影响因素研究[J].科研管理,2012(8).

高子平.海外科技人才回流中的信息不对称问题研究[J].当代青年研究,2012(10).

高子平.海外理工科留学人才队伍新态势[J].中国人才,2015(2).

高子平.全球经济波动与海外人才引进政策转型[J].科学学研究,2012(12).

高子平.外籍人才引进的风险管理研究[J].中国行政管理,2013(9).

高子平.外籍人才引进中的国籍之争与"中国话语"的构建[J].华侨华人历史研究,2013(4).

高子平.学术相关性维度的海外理工科留学人才回流意愿研究[J].自然辩证法研究,2014(6).

高子平.学术相关性维度的海外理工科留学人才回流意愿研究[J].自然辩证法研究,2014(6).

高子平.在美华人科技人才回流意愿变化与我国海外人才引进政策转型[J].科技进步与对策,2012(19).

顾承卫,田贵超.上海市引进海外科技人才政策实施情况研究[J].科技和产业,2015(7).

桂昭明.全球人才"流"与"留"的规律[J].人事天地,2011(1).

桂昭明.人才产业聚集是人才强国,区域发展的布局战略[J].人事天地,2013(8).

何会涛,袁勇志.海外人才跨国创业研究现状探析与未来展望——基于双重网络嵌入视角[J].外国经济与管理,2012(6).

胡蓓.产业集群的人才集聚效应:理论与实证研究[M].北京:科学出版社,2009.

江勇.人才大数据综合架构及应用研究[J].国际人才交流,2016(4).

李丽.发达国家吸引海外高端科技人才策略引发的思考[J].未来与发展,2009(7).

李玲.企业人才管理新手段——大数据式人才测评[J].商场现代化,2015(27).

李青,范利君.我国高层次创新型人才引进问题的研究[J].科教文汇(上旬刊),2016(3).

梁茂信.美国人才吸引战略与政策史研究[M].北京:中国社会科学出版社,2015.

梁雪青.大数据在人力资源管理中的应用[J].中国管理信息化,2015(24).

刘春梅.科技人才集聚与产业集聚的互动发展研究[J].中国经贸导刊,2009(22).

刘大北,贾一苇.日本《大数据时代的人才培养》倡议:制定背景,研究方向,计划及举措[J].电子政务,2015(10).

刘国福.技术移民法律制度研究:中国引进海外人才的法律透视[M].北京:中国经济出版社,2011.

刘国福.技术移民法律制度研究——中国引进海外人才的法律透视[M].北京:中国经济出版社,2011.

刘建勋.知识型组织人才集聚效应[J].人才开发,2010(5).

刘思峰.王锐兰.科技人才集聚的机制,效应与对策[J].南京航空航天大学学报(社会科学版),2008(3).

刘松汉.国际视野下的人才战略[J].群众,2010(11).

毛军权,孙美佳.高层次人才联系服务工作中的现实问题及其对策研究[J].领导科学,2015(29).

苗丹国.新加坡引进国外人才制度与相关政策[J].中国人才,2011(12).

倪鹏飞,潘晨光.人才国际竞争力:探寻中国的方位[M].北京:社会科学文献出版社,2010.

秦建秀.大数据如何影响人才猎聘[J].软件和信息服务,2013(5).

孙虹,葛浩.我国高层次人才创业过程中的团队结构效应及应用策略研究——基于实证分析的政策设计[J].科技进步与对策.30(6),2013.

孙健.人才集聚的理论分析与实证研究[M].北京:科学出版社,2014.

孙欣,石蕾,张舜,刘月.人才大数据背景下的海外高层次人才需求预测机制研究——以天津地区为例[J].现代商业,2014(9).

唐果.改善地方政府吸引海外人才政策效果之因子分析[J].科技与经济,2013(3).

陶庆华."非常之功"必待"非常之人"[N].光明日报,2015-9-4.

陶庆华.以互联网思维会聚网络英才[N].光明日报,2016-2-2.

陶庆华.以政策创新塑造引才优势[N].光明日报,2015-6-9.

[美]瓦贝尔.大数据管理——大数据时代如何打造高效团队[M].北京:中信出版社,2014.

王辉耀.德国的国际人才竞争战略[J].国际人才交流,2011(10).

王辉耀.国家战略——人才改变世界[M].北京:人民出版社,2010.

王辉耀.人才战争[M].北京:中信出版社,2009.

王丽平,李利群.双重网络嵌入下海外人才回国创业演进过程研究[J].科技进步与对策,2015(15).

王通讯.大数据与人才管理升级[J].中国人才,2013(17).

王通讯.人才战略[M].北京:党建读物出版社,2014.

王雯.人力资源管理大数据应用探讨[J].石油化工管理干部学院学报,2015(4).

王雯雯,张雷,臧一超,李圣尧.大数据时代人才竞争力的提升策略[J].当代电力文化,2015(12).

卫承霏.大数据思维下人才引培管理模式的变革[J].改革与开放,2015(24).

吴道槐,王晓君.国外高技能人才战略[M].北京:党建读物出版社,2014.

吴华刚.国外科技人才政策与制度研究[M].发展研究,2015(9).

吴江,张相林.我国海外人才引进后的团队建设问题调查[J].中国行政管理,2015(9).

肖义平.大数据时代创新人才培养教学改革探索[J].高教学刊,2016(1).

杨河清,陈怡安.海外高层次人才引进政策实施效果评价:以中央"千人计划"为例[J].科技进步与对策,2013(16).

杨丽.浅析大数据时代对企业人力资源管理的影响[J].企业导报,2015(23).

叶忠海.人才学与人才资源开发研究[M].北京:党建读物出版社,2015.

叶忠海.新编人才学通论[M].北京:党建读物出版社,2013.

游忠惠.迈进"人才大数据"时代.开启"互联网+人才"元年[J].国际人才交流,2016(2).

张樨樨,张鹏飞,徐子轶.海洋产业集聚与海洋科技人才集聚协同发展研究——基于耦合模型构建[J].山东大学学报(哲学社会科学版),2014(6).

张樨樨.我国人才集聚的理论分析与实证研究——基于IMSA分析范式[M].北京:首都经济贸易大学出版社,2010.

张樨樨.我国人才集聚预警机制研究[J].云南财经大学学报,2010(1).

张樨樨.中国人才集聚的理论分析与实证研究[M].北京:首都经济贸易大学出版社,2010.

赵永乐.宏观人才学概论[M].北京:党建读物出版社,2014.

赵勇.金融危机背景下吸引海外科技人才的思考[J].科技与经济,2009(3).

郑其绪.微观人才学概论[M].北京:党建读物出版社,2013.

郑永彪,高洁玉,许睢宁.世界主要发达国家吸引海外人才的政策及启示[J].科学学研究,2013(2).

朱军文,沈悦青.我国省级政府海外人才引进政策的现状,问题与建议[J].上海交通大学学报(哲学社会科学版),2013(1).

邹晓东.创新驱动与海外高层次人才区域政策[M].杭州:浙江大学出版社,2015.

(二) 外文参考文献

Amankwah-Amoah J, Sarpong D. The Battle for Brainpower: The Role of Market Intermediaries in Lateral Hiring [J]. 23(3－4),2014.

Artuc E, Docquier F, Ozden C, Parsons C. A Global Assessment of Human Capital Mobility: The Role of Non-OECD Destinations [A]. Bonn: Institute for the Study of Labor (IZA) Working Paper, 2014.

Beine M, Boucher A, Burgoon B, et al. Comparing Immigration Policies: An Overview from the IMPALA Database [J]. International Migration Review, 2015.

Boeri T, Brücker H, Docquier F, Rapoport H, eds. Brain Drain and Brain Gain: The Global Competition to Attract Highskilled Migrants [M]. Oxford: Oxford University Press, 2012.

Chen L, Chan H, Gao J, Yu J. Party Management of Talent: Building a Party-led, Merit-based Talent Market in China [J]. Australian Journal of Public Administration, 74 (3),2015.

Davis T, Hart D M. International Cooperation to Manage High-Skill Migration: The Case of India-U. S. Relations [J]. Review of Policy Research, 27(4),2010.

Docquier F, Lowell B L, Marfouk A. A Gendered Assessment of Highly Skilled Emigration [J]. Population and Development Review, 35(2),2009.

Docquier F, Peri G, Ruyssen I. The Cross-country Determinants of Potential and Actual Migration [J]. International Migration Review, 48(s1),2014.

Doke D. Talent mobility [J]. Recruiter; 2015(7).

Doke D. Techno-talent [J]. Recruiter, 2014(8).

Fu M. A Cultural Analysis of China's Scientific Brain Drain: the Case of Chinese Immigrant Scientists in Canadian Academia [J]. Migration & Integration, 2013.

Fung A. Redefining Creative Labor: East Asian Comparisons [A]. Precarious Creativity: Global Media, Local Labor, University of California Press, 2016.

Geddie K. Policy Mobilities in The Race for Talent: Competitive State Strategies in International Student Mobility [J]. Transactions of the Institute of British Geographers, 40(2),2015.

Groenhout R. The "brain drain" problem: Migrating medical professionals and global health care [J]. International Journal of Feminist Approaches to Bioethics, 5(1),2012.

Hainmueller J, Hiscox M J. Attitudes Toward Highly Skilled and Low-Skilled Immigration: Evidence From a Survey Experiment [J]. American Political Science Review 104(1),2010.

Harvey W S, Groutsis D. Reputation and talent mobility in the Asia Pacific [J]. Asia Pacific Journal of Human Resources, 53(1),2015.

Harvey W. Victory can be yours in the global war for talent [J]. Human Resource

Management International Digest, 21(1),2013.

How Firms Can Attract Top Talent: The Growing Influence of Non-financial Rewards [J]. Human Resource Management International Digest, 24(1),2016.

Li H, Zhang Y(A), Lyles M. Knowledge Spillovers, Search, and Creation in China's Emerging Market [J]. Management and Organization Review, 9(3),2013.

Marshall J P. The Information Society: Permanent Crisis through the (Dis) Ordering of Networks [J]. Global Networks, 13(3),2013.

Mpinganjira M. Retaining Africa's Talent: The Role of Africa's Higher Education [J]. International Journal of Emerging Markets, 6(2),2011.

Ng P T. Singapore's Response to the Global War for Talent: Politics and Education [J]. International Journal of Educational Development, 5,2010.

Noorden R V. Global Mobility: Science on The Move — The Big Picture of Global Migration Shows That Scientists Usually Follow The Research Money — But Culture Can Skew This Pattern [N]. Nature, 490,2012.

Ozgen C, Peters C, Niebuhr A, Nijkamp P, Poot J. Does Cultural Diversity of Migrant Employees Affect Innovation? International Migration Review, 48(s1),2014.

Pramila R. Social Networking Sites (SNS): Talent Management in Emerging Markets: India and Mexico [A]// Miguel R. Olivas-Lujan Tanya Bondarouk, Social Media in Strategic Management, Emerald Group Publishing Limited, 2013.

Price Water House Coopers, Talent mobility: 2020 and beyond [OL]. https://www.pwc. com/gx/en/managing-tomorrows-people/future-of-work/pdf/pwc-talent-mobility-2020. pdf,2012.

Prudencio L, Ortega D. Highly-skilled Migration: Estonia's Attraction Policy and Its Congruence with The Determinants of "Talent Mobility" [OL]. http://dspace. ut. ee/ bitstream/handle/10062/42851/leonardo. pdf? sequence=1&isAllowed=y,2014.

Ransdell J M. Scientific Rationality and the Logic of Research Acceptance [J]. Transactions of the Charles S. Peirce Society, 49(4),2013.

Reiner C. Brain Competition Policy as A New Paradigm of Regional Policy: A European Perspective [J]. Regional Science, 89(2),2010.

Sabharwal M. High-Skilled Immigrants: How Satisfied Are Foreign-Born Scientists and Engineers Employed at American Universities? [J]. Review of Public Personnel Administration, 31(2),2011.

Silvanto S, Ryan J, McNulty Y, An Empirical Study of Nation Branding for Attracting Internationally Mobile Skilled Professionals, Career Development International, 20 (3),2015.

Sopper J R. Rebundling Undergraduate Teaching: Scholarship, Instruction, and Advising [J]. The Journal of General Education, 64(2),2015.

Velema T A. The Contingent Nature of Brain Gain and Brain Circulation: Their Foreign Context and the Impact of Return Scientists on the Scientific Community in Their Country of Origin [J]. Scientometrics, 93,2012.

Zhatkanbaeva A, Zhatkanbaeva J. Zhatkanbaev E. The Impact of Globalization on "Brain

Drain" in Developing Countries [J]. Procedia-Social and Behavioral Sciences，47,2012.

Zweig D，Wang H. Can China Bring Back the Best? The Communist Party Organizes China's Search for Talent [J]. The China Quarterly，2013(215).

图书在版编目(CIP)数据

海外高层次科技人才流动与集聚问题研究/高子平
著.—上海:上海社会科学院出版社,2017
　ISBN 978 - 7 - 5520 - 2049 - 6

Ⅰ.①海…　Ⅱ.①高…　Ⅲ.①技术人才-人才流动-
研究-中国　Ⅳ.①G316

中国版本图书馆 CIP 数据核字(2017)第 209216 号

海外高层次科技人才流动与集聚问题研究

著　　者:高子平
责任编辑:应韶荃
封面设计:李　廉
出版发行:上海社会科学院出版社
　　　　　上海顺昌路 622 号　邮编 200025
　　　　　电话总机 021 - 63315900　销售热线 021 - 53063735
　　　　　http://www.sassp.org.cn　E-mail:sassp@sass.org.cn
照　　版:南京前锦排版服务有限公司
印　　刷:江苏凤凰数码印务有限公司
开　　本:710×1010 毫米　1/16 开
印　　张:20.75
插　　页:2
字　　数:264 千字
版　　次:2017 年 8 月第 1 版　2018 年 8 月第 2 次印刷

ISBN 978 - 7 - 5520 - 2049 - 6/G·493　　　　　定价:80.00 元